普通高等教育数据科学与大数据技术系列教材

数据治理与认知安全

主　编　薛向阳　李　斌

副主编　邹　宏　黄瑞阳

科学出版社

北　京

内 容 简 介

数据治理与认知安全在推动国家发展、保障国家安全、维护社会稳定和促进经济高质量发展等方面具有不可替代的重要作用。本书覆盖数据治理与认知安全两部分内容。数据治理包含数据治理体系、数据处理方法和数据合规审计三方面内容，主要关注数据的采集、清洗、集成、标注、增强和分析等规范化的管理过程，确保数据在整个生命周期中保持高质量、一致性、准确性和合规性，使得数据能被正确利用，有序释放数据价值。认知安全包含数据建模的基础理论、认知安全威胁和认知安全防御的理论与方法三方面内容，主要强调在数据驱动的人工智能应用范式下，确保数据的机密性、完整性、可用性、责任性和不可抵赖性，以及数据驱动的算法模型的可解释性、鲁棒性和稳定性。

本书适合有一定数据科学和人工智能基础的高年级本科生及研究生作为教材使用；本书知识体系覆盖了数据治理与认知安全的基本要素和核心技术，也可为感兴趣的读者与研究者提供参考。

图书在版编目（CIP）数据

数据治理与认知安全 / 薛向阳，李斌主编. -- 北京 : 科学出版社，2025.3 . --（普通高等教育数据科学与大数据技术系列教材）. --ISBN 978-7-03-080095-4

Ⅰ．TP274

中国国家版本馆 CIP 数据核字第 2024F0V206 号

责任编辑：于海云　滕　云 / 责任校对：王　瑞
责任印制：师艳茹 / 封面设计：无极书装

科 学 出 版 社 出版
北京东黄城根北街 16 号
邮政编码：100717
http://www.sciencep.com

三河市骏杰印刷有限公司印刷
科学出版社发行　各地新华书店经销

*

2025 年 3 月第 一 版　开本：787×1092　1/16
2025 年 3 月第一次印刷　印张：13 1/4
字数：315 000

定价：59.00 元

（如有印装质量问题，我社负责调换）

前　　言

　　当今世界处于数据爆炸式增长、人工智能高速发展的时代，数字经济是这一轮新科技革命的必然产物，已成为推动社会发展与经济增长的新引擎。在数字经济时代，数据作为新型生产要素，已融入社会的生产、分配、流通、消费、服务、管理等各环节。党的二十大报告明确指出"健全国家安全体系""强化经济、重大基础设施、金融、网络、数据、生物、资源、核、太空、海洋等安全保障体系建设"。有效的数据治理与安全的机器认知有助于确保数据被正确利用、智能系统不受恶意影响和操控。数据治理构建了认知安全所需的可靠数据基础，认知安全则进一步驱动数据治理方法的创新与发展。

　　数据治理的目标是确保数据具备高质量、安全性、可用性以及合规性，其技术体系主要由四个核心部分组成：数据治理标准、数据治理框架、数据治理制度以及数据治理平台。其中，数据治理标准负责制定具体的标准和政策，以保障数据质量、维护数据安全，并推动数据的有效共享；数据治理框架则通过模块化的方式，界定了数据治理的主体、目标、对象、手段及过程；数据治理制度为数据资产的管理和规范提供了一套完整的治理架构；而数据治理平台作为技术支撑，为数据治理的各项活动提供了必要的技术支持和实践工具。

　　数据处理是数据治理体系中不可或缺的一个环节。在数据处理过程中，通过采集获取原始数据，通过清洗以降低噪声和填补缺失，通过集成不同来源数据以形成统一的数据视图，通过人工标注以提升数据的可解释性及组织管理性能，通过增强技术扩大数据规模，最后通过可视化分析将数据转化为直观图表，从而在实际应用中充分发挥数据价值，显著提升数据的可靠性与可用性。

　　数据合规的核心目标就是致力于保证数据治理工作全面遵循并满足所有适用的法律法规和标准规范，让每一项数据处理活动都能在合法、正当且必要的框架内进行。近年来，随着相关法律法规和标准规范的日益完善，数据合规已成为数据治理中必不可少的关键环节。它不仅要求在数据安全和隐私保护方面达到更高标准，还应强化实施数据安全风险评估，预先识别并防范潜在威胁，同时严格保护数据隐私，维护信息主体的合法权益。

　　在数据治理的坚实基础上，解锁数据潜在价值的核心途径在于数据建模。传统的机器学习算法在处理蕴含复杂模式的大规模数据时，通常受限于特征的手动设计与选择，导致实际应用中模型泛化性能不强。相比之下，深度学习模型凭借其多层非线性变换的建模能力，自动学习数据的表征，实现了从原始数据到最终输出的端到端建模。在深度学习基础上发展起来的大语言模型，利用强大算力资源在海量文本数据上进行训练，很好地掌握了语言的模式、语法和语义，胜任分类、问答、对话等自然语言处理任务。进一步，在大语言模型上发展起来的多模态大语言模型，不仅能处理文本数据，还能融合处理图像、视频、音频等多种类型的数据，为数据价值的充分释放开辟了新的道路。

　　认知安全是为了保障机器认知过程不受恶意干扰、误导和操控，其核心在于守护数据与模型的安全。针对数据的攻击，其目的是破坏训练数据的精确性、一致性和隐私性，从而扭曲目标模型的推理结果；而对模型进行攻击时，旨在篡改目标模型结构来操控模型行为，或窃取目标模型的结构、参数等敏感信息，严重威胁模型的安全。为了确保模型的安全、可靠运行，必须能有效地识别和防御这些形形色色的攻击手段。深入剖析这些攻击手段的底层逻辑与运行机制，是全面构建认知安全防御体系的理论基础与实践指导。

鉴于数据和模型在决策、预测等实际应用中扮演着举足轻重的作用，认知安全防御的核心在于确保机器认知过程中的数据与模型免受各类攻击。面对投毒、伪造、窃取等层出不穷的攻击手段，要从数据和模型两个层面入手。一方面通过异常数据检测技术以及数据加密手段，确保数据安全；另一方面，通过加密模型参数结构、实施鲁棒性训练等策略，提升模型的抗攻击能力。

本书共分为7章，第1章"绪论"简要介绍全书内容，其余章节主要包含两部分内容。第一部分为第2~4章，主要介绍如何进行数据治理以保障认知安全，具体内容包括数据治理体系、数据处理和数据合规。第2章"数据治理体系"设定数据治理的基础，介绍了建立统一数据治理标准、框架、制度及平台，为后续章节在数据处理和合规方面的详细讨论提供指导和基础。第3章"数据处理"详细讲解数据治理过程中的数据采集、清洗、集成、标注、增强和分析等关键步骤，强调数据处理在提升数据质量和支持认知安全中的核心作用。第4章"数据合规"深入探讨数据合规性的要求，突出保障数据合规性在维护数据安全中的重要性。

第二部分为第5~7章，主要讲述数据治理后如何实现认知安全，即从数据安全与模型安全来分析认知安全，具体内容包括数据建模、认知安全威胁和认知安全防御。第5章"数据建模"探讨了机器学习模型构建的理论与实践，包括经典深度学习模型和大模型的构建方法，为后续讨论认知安全问题及防御策略提供了理论指导和实践基础。第6章"认知安全威胁"细致分析了数据和模型面临的安全威胁问题，揭示了认知安全面临的巨大挑战。第7章"认知安全防御"介绍了一系列针对数据和模型安全威胁的防御措施，旨在提升认知系统的安全性和可信度。综上所述，本书既明确了数据治理对认知安全的基础支撑作用，又深入阐述了在数据治理基础上实现认知安全的问题、策略和方法。

本书在写作过程中得到了众多专家和学生的大力支持与帮助。特别感谢钟凌潇、李煦、尹子墨、赵梦阳、赖承杭、施凡、傅腾、牛柯、伍瑾轩、陈小磊、梁宇轩、郑毅、杨铭钊等同学在收集整理文献资料等方面为本书做了大量工作。在本书编写过程中，我们学习了大量公开文献资料，这些资料为构建本书知识体系提供了重要参考，这里特别感谢这些文献资料的作者们。

鉴于作者的认知水平和所从事研究工作的局限，本书难免存在疏漏之处，恳请各位专家、读者批评指正，你们的意见对本书的修改是非常重要的。

薛向阳
2024年11月

目　　录

第1章　绪论 ··· 1
　1.1　数据治理概述 ··· 1
　　　1.1.1　数据的概念 ·· 1
　　　1.1.2　数据治理的内涵与目标 ·· 7
　1.2　认知安全概述 ··· 11
　　　1.2.1　认知的概念 ·· 11
　　　1.2.2　认知安全的内涵 ·· 13
　1.3　从数据治理到认知安全 ·· 15
　　　1.3.1　数据治理支撑认知安全 ·· 15
　　　1.3.2　认知安全促进数据治理 ·· 16
　　　1.3.3　大模型时代的数据治理与认知安全 ·· 16
　1.4　本章小结 ··· 17
　1.5　习题 ·· 18

第2章　数据治理体系 ·· 19
　2.1　数据治理标准 ··· 19
　　　2.1.1　数据质量标准 ··· 19
　　　2.1.2　数据安全标准 ··· 20
　　　2.1.3　数据共享与交换标准 ·· 22
　2.2　数据治理框架 ··· 23
　　　2.2.1　数据治理的主体 ·· 23
　　　2.2.2　数据治理的目标 ·· 25
　　　2.2.3　数据治理的对象 ·· 27
　　　2.2.4　数据治理的手段 ·· 28
　　　2.2.5　数据治理的过程 ·· 31
　2.3　数据治理制度 ··· 32
　　　2.3.1　集中式数据治理 ·· 32
　　　2.3.2　分散式数据治理 ·· 33
　　　2.3.3　混合式数据治理 ·· 34
　2.4　数据治理平台 ··· 36
　　　2.4.1　平台架构 ··· 36
　　　2.4.2　平台功能 ··· 38
　　　2.4.3　案例分析 ··· 39
　2.5　本章小结 ··· 41

2.6 习题 ········· 42
第 3 章 数据处理 ········· 43
  3.1 数据采集 ········· 43
    3.1.1 自动采集 ········· 43
    3.1.2 人工采集 ········· 44
  3.2 数据清洗 ········· 45
    3.2.1 数据问题 ········· 45
    3.2.2 清洗方法 ········· 46
  3.3 数据集成 ········· 51
    3.3.1 数据提取 ········· 52
    3.3.2 数据转换 ········· 53
    3.3.3 数据加载 ········· 55
  3.4 数据标注 ········· 56
    3.4.1 手动标注 ········· 57
    3.4.2 半自动标注 ········· 58
    3.4.3 自动标注 ········· 58
  3.5 数据增强 ········· 59
    3.5.1 增强方法 ········· 60
    3.5.2 增强策略 ········· 67
  3.6 数据分析 ········· 70
    3.6.1 统计学角度 ········· 70
    3.6.2 决策进程角度 ········· 71
    3.6.3 数据可视化 ········· 73
  3.7 本章小结 ········· 75
  3.8 习题 ········· 75
第 4 章 数据合规 ········· 76
  4.1 法律法规和标准规范 ········· 76
    4.1.1 法律法规 ········· 76
    4.1.2 标准规范 ········· 83
  4.2 数据安全风险评估 ········· 85
    4.2.1 数据安全风险类型 ········· 85
    4.2.2 数据生命周期中的风险 ········· 86
    4.2.3 风险评估方法 ········· 87
  4.3 数据隐私保护 ········· 89
    4.3.1 数据隐私保护的作用 ········· 89
    4.3.2 数据隐私保护技术发展历程 ········· 90
    4.3.3 数据隐私保护技术及其应用 ········· 91
  4.4 监督与审计 ········· 94

  4.4.1 监督与审计方案制定 94
  4.4.2 数据合规监督手段 95
  4.4.3 审计分析与持续优化 96
  4.4.4 响应与应急处理 96
 4.5 本章小结 97
 4.6 习题 97

第 5 章 数据建模 99
 5.1 机器学习 99
  5.1.1 基本概念 99
  5.1.2 学习范式 100
  5.1.3 损失函数与优化算法 105
  5.1.4 正则化和标准化 107
 5.2 深度学习 108
  5.2.1 深度学习基础 109
  5.2.2 卷积神经网络 113
  5.2.3 循环神经网络 118
  5.2.4 深度生成模型 121
 5.3 大语言模型 124
  5.3.1 大语言模型基础 124
  5.3.2 预训练 126
  5.3.3 指令微调 127
  5.3.4 基于人类反馈的强化学习 129
 5.4 多模态大语言模型 132
  5.4.1 模型架构设计 132
  5.4.2 模型训练与微调 133
 5.5 本章小结 134
 5.6 习题 134

第 6 章 认知安全威胁 136
 6.1 数据安全威胁 136
  6.1.1 数据投毒攻击 137
  6.1.2 数据对抗攻击 141
  6.1.3 数据伪造攻击 144
  6.1.4 数据隐私攻击 147
  6.1.5 数据窃取攻击 151
 6.2 模型安全威胁 153
  6.2.1 模型扰动攻击 154
  6.2.2 模型拓展攻击 156
  6.2.3 方程求解攻击 159

		6.2.4 替代模型攻击	160
		6.2.5 元模型攻击	161
	6.3	本章小结	164
	6.4	习题	164
第7章		认知安全防御	166
	7.1	数据安全防御	166
		7.1.1 伪造与篡改数据检测	166
		7.1.2 差分隐私	170
		7.1.3 同态加密	173
		7.1.4 联邦学习	178
	7.2	模型安全防御	180
		7.2.1 针对对抗样本攻击的防御	180
		7.2.2 模型遗忘	190
		7.2.3 针对模型窃取的防御	192
	7.3	本章小结	194
	7.4	习题	195
参考文献			196
附录　常用符号表			202

第 1 章 绪 论

数字经济,作为一种新兴的经济发展模式,正在全球范围内迅速崛起,成为推动经济发展的新引擎。这种新的经济模式以数据为生产要素,渗透到各行各业,引领传统行业转型升级,还催生了许多基于数据的新兴经济活动,如在线市场、数字支付、共享经济等,开辟了全新的商业模式和市场空间,为全球经济带来了新的增长点。

在数字经济时代,面对数据来源的多样化和数据规模的爆炸式增长,数据的真实性、准确性、可靠性和安全性等方面存在着诸多问题,数据质量高低已直接影响到数字经济发展的速度和质量。因此,全社会应高度重视数据治理与认知安全,了解数据治理与认知安全方面的知识,这对数字社会平稳发展具有十分重要的现实意义。

数据治理构建了认知安全所需的坚实数据基础,认知安全则进一步促进数据治理方法的创新与发展。数据治理与认知安全相互作用,为应对数字经济时代安全挑战、促进社会和谐发展提供了技术支撑。

1.1 数据治理概述

当今,数据被认为是"新的石油",具有巨大的经济价值和战略意义。然而,数据质量就像是一桶石油的品质。如果数据质量不高,则容易产生误导性决策、极低的信任度、合规风险等诸多问题。因此,本节将围绕数据治理这一主题,从数据的概念定义入手,阐述数据治理的内涵及目标,为数据要素价值释放筑牢根基。

1.1.1 数据的概念

1. 数据的定义及分类

数据,简而言之,是指对现实世界中的事件和活动的符号记录。根据国际数据管理协会(Data Management Association, DAMA)[1]的定义,数据可以用文字、数值、图表、图片、音频和视频等多种方式来描述现实情况。《辞海》第七版[2]把数据定义为以数字、字符、图像和声音等形式表现的信息。《中华人民共和国数据安全法》[3]则定义数据为以电子或任何其他方式记录的信息。这些定义共同指出了数据的多样化特性,即数据能够以多种形式存在。

数据的发展与人类历史紧密相连,并在人类社会发展过程中扮演着重要的角色。传统的数据主要表现为有组织和规则化的集合,如我国古代的户籍册子和天文观测记录,这些以特定格式登记和编纂的记录详细描述了社会与自然界的各种属性和相互作用。随着计算机的诞生,数据开始与计算机编码紧密关联,任何可以转化为0和1的二进制形式的记录都变成了计算机能够处理的对象。进入 21 世纪，数据的发展已经成为全球性的趋势，特别是大数据、人工智能和物联网等技术的发展，使得数据分析利用和价值挖掘能力得到了空前的提升，数据已经成为驱动经济发展和创新的重要力量，对人类社会生产力发展等多个方面产生了深远影响。

然而，随着数据规模的爆炸性增长，高效管理和充分利用这些数据成为一个重要课题。数据分类作为数据管理的基本手段，对提高数据利用效率、促进数据分析和决策具有重要意义。数据分类将数据按照一定的标准或特征划分为不同类别。通过有效分类，数据使用者能够快速定位出关键数据，简化数据检索过程，优化存储效率，同时提高数据分析的准确性。数据分类可以基于多种维度，如数据性质、结构化程度、使用频率和处理方式等。

1) 按照数据性质分类

数据可被分为定量数据和定性数据。定量数据是指能够通过数值来量化的数据，适合进行数学计算和统计分析，主要用于量化比较和预测模型的构建。定量数据可进一步分为离散数据(如计数值、年龄)和连续数据(如身高、体重)。定性数据是指那些不能通过数值来表示的数据，而是用文字、符号或类别来描述事物的属性、特征、关系等，是对客观世界的一种质性描述，如一个人的性别、民族、教育水平，一家公司的经营策略、文化氛围，一个国家的政治制度、文化传统等。定性数据可进一步分为名义数据和序数数据，名义数据反映了无序类别(如性别)，而序数数据则代表了有序类别(如考核评级)。这种按数据性质分类的方法，不仅为数据分析提供了清晰路径，还能够确保分析方法的适当性和准确性。

2) 按照结构化程度分类

数据可被分为结构化数据、半结构化数据和非结构化数据。结构化数据是指按照预定义格式组织存储的数据，通常存储在关系数据库中。半结构化数据是介于结构化数据和非结构化数据之间的一种数据类型。它具有某种结构，但格式不一致，字段可能不完全规范，同时也可能包含一些非结构化的元素。非结构化数据是指没有明确定义的数据模型或结构，通常以自然语言、图像、音频或视频等形式存在，不能用表格或关系数据库记录。

结构化数据特征明显，拥有明确的数据模型，以下是一个具体的结构化数据实例：一家电商公司的客户数据库中，每一行代表一个客户，包含诸如客户的姓名、性别、年龄、联系方式、地理位置、消费偏好等字段，这些字段严格按照预定义的结构排列，便于进行客户细分、市场分析和个性化推荐等，如表 1-1 所示。

表 1-1 结构化数据实例——客户信息

姓名	性别	年龄	电话	国家	城市	偏好
张三	男	35	15××××××××××	中国	南京	汽车
李四	女	24	18××××××××××	中国	上海	食物

半结构化数据虽不具有固定的结构,但仍包含标签或其他标记来分隔语义元素,并使数据的组成部分具有可识别性。以下是一些半结构化数据的典型例子。

HTML 文档:网页源代码是一种典型的半结构化数据,其中包含 HTML 标签(如<head>、<body>、<h1>、<p>等)来界定页面各部分的功能和层级关系。尽管文本内容本身是非结构化的,但通过解析 HTML 标签,可以轻松抽取标题、段落、链接等结构化信息,供搜索引擎索引、网页抓取或内容分析使用。

下面是一个 HTML 文档抽取信息示例:

```
<!DOCTYPE html>
<html lang="en">
<head>
    <meta charset="UTF-8">
    <title>Simple HTML Page</title>
</head>
<body>
    <h1>Hello, World!</h1>
    <p>This is a very simple HTML page.</p>
</body>
</html>
```

其中,<!DOCTYPE html>声明这是个 HTML 文档;<html lang="en">声明使用英文;<head>标签内包含了所有头部元素,如元数据、标题、样式表链接等;<body>标签定义了页面主体,如文字、背景颜色、外边距等样式;<title>标签定义了页面的标题,在浏览器标签上显示;<h1>标签定义了一个大标题;<p>标签定义了一个段落。在配置文件、科研文献元数据等领域广泛应用的 XML(eXtensible markup language)格式,通过自定义标签描述数据元素及其关系。例如,一份科研论文的 XML 元数据可能包含<title>、<author>、、<keywords>等标签,虽然具体内容无固定结构,但标签的存在使得机器能准确识别并提取关键信息。

非结构化数据没有预定义数据模型,它不适合在传统关系数据库中存储。例如,文本文档,如报告、论文、小说等,其内容由自由格式的文本、图片、表格等元素构成,缺乏固定的数据结构;又如,视频和音频等视听媒体数据包含复杂的时空信息和感知内容,分析这些非结构化数据需要运用计算机视觉、语音识别、情感分析等技术,以提取有用信息;再如,微博、X(原名推特)等平台上用户发布的社交媒体帖子,包含文字、图片、链接、表情、位置信息等多模态的非结构化信息。

在整个数据生态中,三种数据类型共同构成了数据存储、处理和分析的基础,它们各自的特性决定了各自在不同场景下的优势和适用性,如表 1-2 所示。

表 1-2 三种数据类型的特点

类型	优势	适用
结构化数据	1. 拥有明确的预定义模式 2. 数据以行和列的形式存储在关系数据库中 3. 数据元素之间具有固定的关系和结构 4. 可通过 SQL(structured query language)等查询语言高效检索	1. 关系数据库中的客户信息表 2. 员工数据库 3. 销售记录表
半结构化数据	1. 具有部分结构信息,但不遵循严格的表格模式 2. 数据元素间有一定的关联性,通常通过标签、属性或自描述性来组织 3. 可以是层次化的或嵌套的结构	1. HTML 文档 2. XML 文档
非结构化数据	1. 无预定义模式或结构 2. 内容和格式自由,通常难以通过算法直接解析 3. 信息隐含在自由文本、图像、音频、视频等形式中	1. 文本文档 2. 图像、音频和视频文件 3. 社交媒体帖子

3) 按照使用频率分类

数据可被分为热数据、温数据和冷数据。热数据是指被频繁访问和操作的数据,通常是操作和决策过程中最活跃的数据部分。例如,在线零售商可能将最近一周的交易记录视为热数据,因为这些数据需要及时分析以优化库存和响应客户需求。由于热数据需要快速、实时地访问,通常存储在性能较高的存储系统中,以减少数据检索时间。温数据是指访问频率较低,但偶尔需要检索的数据。以公司的财务报告为例,这些报告可能每个季度审查一次,因而可以被归类为温数据。温数据通常存储在成本效率较高的介质上,这些介质的访问速度比用于热数据的高性能存储慢,但要比用于冷数据的存储快。冷数据是指很少或根本不被访问的数据,但出于合规、法律或历史记录的原因需要长期保存。例如,受到监管要求的银行可能需要保存超过十年的交易记录,尽管这些记录几乎不会被查询,它们就是典型的冷数据。冷数据的存储成本应尽可能低,因此经常被迁移到磁带、低成本的硬盘或云存储服务的归档层存储。这种基于使用频率的数据分类有助于保障关键数据的即时访问,在降低成本的同时保持长期数据的合规性和可用性,使数据管理经济高效。

4) 按照处理方式分类

数据可被分为批处理数据和实时数据。批处理数据指的是在特定时间点或满足一定条件时统一进行处理的数据。批处理通常用于不需要即时反馈的场景,允许数据在处理前积累,从而优化资源使用和处理效率。批处理数据的典型应用包括日终结算、报告生成、大规模数据分析和转换。例如,银行通常在每日营业结束后进行批处理,对所有的交易记录执行结算和清算过程。实时数据指的是数据生成后立即进行处理的数据,以支持快速做出反应或决策。实时数据处理旨在最小化数据生成到处理结果产生之间的延迟,通常用于对时效性要求高的应用场景,如监控系统、欺诈检测、实时推荐和在线交易处理。

2. 数据的组织与管理

对数据分析利用来说,组织与管理数据是一个重要的环节,它有助于提高数据的可访问性和可应用性。特别是在数据量较为庞大的情况下，合理地组织和存储数据，可以让人们在需要时快速地找到并应用数据。本节重点介绍元数据和数据标签化，以及数据存储格式和数据编码。

1) 元数据和数据标签化

元数据是一种描述数据的特殊数据，它并不涉及数据的具体内容，只是提供关于数据的背景信息，如数据的来源、格式、作者、创建时间以及访问权限等，这些信息有助于用户理解数据的结构和用途。通过对数据进行恰当的描述，元数据使得数据的组织、检索和处理变得更为高效和精确。例如，在图书馆的数字档案系统中，每本书的元数据包括书名、作者、出版日期、国际标准书号以及分类信息等，这些信息有助于用户和图书馆管理员快速找到所需的书籍，并了解书籍的基本信息。因此，元数据的独特意义和价值在于它为数据赋予了可理解性和可操作性，使数据不仅仅是一系列数字或文本，而且是一个具有丰富上下文和含义的信息实体。

数据标签化是将标签或关键字分配给数据项的过程，以便于数据的分类、索引和检索。这些标签可以基于数据的内容、上下文或使用方式来定义。通过为数据赋予有意义的标签，可以更容易管理和利用庞大的数据资源，提高数据的可发现性和可访问性。数据标签化对于提高数据的搜索效率、支持复杂的数据分析和实现精准的信息检索至关重要。数据标签化可以应用于各种场景，如将文档标记为"财务报告"、"员工记录"或"客户反馈"，或者在图像识别系统中，将图片标记为包含"汽车"、"人物"或"沙滩"的标签。

元数据和数据标签化都是数据组织和数据管理的重要手段。元数据提供了关于数据的详细背景信息，而数据标签化则侧重于通过简单的标签或关键字来分类和索引数据。二者共同提升了数据的可利用性、可发现性和治理效率。在一些情况下，数据标签本身也可以视为元数据的一部分，因为它们提供了关于数据内容或属性的附加信息。

在发展并使用元数据和数据标签化以帮助人们组织和管理数据之后，数据存储格式，即数据在计算机中是如何表示和存储的，在数据的应用过程中将受到广泛关注。

2) 数据存储格式

数据的存储格式是指将数据组织、编码和保存在计算机或存储介质上的方式，它定义了数据在存储介质上的物理表示形式，以便于计算机系统能够有效地读取、写入、处理和传输数据。存储格式决定了数据在存储介质上的布局结构、编码规则和访问方式，对数据的存储效率、读取速度、数据完整性和安全性等方面都有重要影响。这些格式可以是简单的文本文件，也可以是复杂的二进制文件格式。根据数据的类型和用途，选择合适的存储格式对于数据处理的效率和方便性至关重要。

文本格式由于其易于阅读和编辑的特性，成为数据处理和交换的重要基础，如常见的 CSV(comma-separated values)、JSON(javascript object notation)、XML 等。这些格式既满足了人们对数据可读性的需求，也适应了机器处理的高效性，从而在众多应用场景中发挥着核心作用。文本格式在数据存储和交换中都扮演着不可替代的角色，其简单性特点和人类可读性优势使得用户更容易操作和理解它们。

与文本格式相比，二进制格式是一种更为高效的数据存储方式，尤其适用于大量级数据处理及需要快速读写操作的场景。二进制格式利用由 0 和 1 组成的二进制代码直接存储数据，从而优化了处理速度和空间利用率。常见的二进制格式包括 HDF5(hierarchical data format version 5)、Protobuf(protocol buffers)、apache avro、apache parquet、BSON (binary JSON)和 messagepack 等。二进制格式根据特定应用需求，如数据结构的复杂性、读写性能以及跨平台兼容性等方面，为处理大规模数据集提供了选择，通常提供比文本格式更高的读写性能和更低的空间占用。

虽然所有数据最终在计算机内部都以二进制形式处理，但文本格式和二进制格式在数据存储和处理中还是有着根本的区别，主要体现在可读性、效率和适用场景上。文本格式是为了优化人类的可读性而设计的。例如，用户可以用任何文本编辑器打开 CSV 或 JSON 文件，并直接阅读和理解其内容(数字、文本等)。然而，文本格式通常需要占用计算机更多的存储空间，因为它们用文本字符表示数据，并且还需存储额外的控制字符(如换行符、制表符等)。相比之下，二进制格式重点优化了数据的处理效率。二进制文件直接使用二进制编码，存储方式更紧凑，特别适用于需要处理大量数据的应用场景。但是，二进制数据对人类来说是无法直接阅读的，需要专用软件来查看或编辑。当数据的可读性更为重要时，文本格式是更好的选择。反之，当需求侧重于数据处理的效率和存储的紧凑性时，二进制格式则显得更加合适。

3) 数据编码

在计算机系统中，所有数据无论其原始格式如何(文本、图像、声音、数值等)，最终都会被转换成二进制形式进行存储和处理。这一过程中使用的转换规则便是"数据编码方法"。这些方法不仅涉及数据如何转换为二进制形式，还包括如何在不同的数据类型和结构之间进行有效转换，以确保数据的准确性和一致性。对数据编码的深入理解，对于确保数据的兼容性和正确传输至关重要。表 1-3 中列出了数据编码的主要类型、具体定义，以及常用的部分格式。

表 1-3 数据编码类型、定义和格式

类型	定义	格式
字符编码	字符编码是实现文本数据数字化的基础，使计算机能够存储、处理和展示各种语言文字	1. ASCII 2. Unicode
图像编码	图像编码是将图像数据转换为计算机能够识别和处理的特定格式的过程	1. JPEG 2. PNG 3. GIF
音频编码	音频编码是将声音数据转换为数字形式的过程，以便于存储、传输和处理	1. MP3 2. AAC 3. WAV
视频编码	视频编码是将视频数据转换为数字形式的过程，以便于存储、传输和处理	1. H.264 2. AVI 3. HEVC
数据压缩编码	数据压缩编码是通过压缩算法将数据转换为更紧凑的格式，以减少存储空间或传输带宽的消耗	1. ZIP 2. RAR 3. 7Z
二进制编码	二进制编码是最基本的编码形式，将数据转换为 0 和 1 的序列。所有的计算机数据在最底层都以二进制形式表示	1. 基本二进制 2. 浮点数编码 3. 指令集编码

3. 数据要素化

随着大数据的兴起,数据的概念和价值得到了重新定义。数据不再仅仅作为被动记录的信息,而是开始被视为推动社会进步和经济发展的关键要素。这种转变引出了数据要素化的概念,即将数据视为一种重要的生产要素,与传统的土地、劳动力、资本和技术等并列。数据要素化不仅关注数据的收集和分析,更强调数据的流通和利用,将数据转化为驱动创新和增值的力量。

从微观角度来看,数据要素化涉及将原始数据经过清洗、处理和整理,转化为机器可读的格式,以适应生产和使用的需要,并通过流通加入到更广泛的社会生产活动中。从宏观角度来看,数据要素化体现为推动数据资源在市场中的配置,实现其在整个社会中的广泛流通和应用。这就涉及完善数据市场的制度建设、基础设施搭建、规范制定、技术创新及其在各个产业的应用,不仅需要政府部门的规范和指导,也需要行业企业的积极参与和推动。我国制定了"数据要素×"行动计划,以解决数据供给质量不高、流通机制不畅、应用潜力释放不够等问题,从而提高全要素生产率,开辟经济增长新空间,培育经济发展新动能。

在讨论数据要素化的过程中,需特别关注数据要素的独特属性,这些属性对处理、流通和利用数据要素提出了挑战。

(1) 虚拟性:数据要素的虚拟性特点使其与传统物理资源截然不同。作为数字化资源,数据要素通过网络传输和处理利用才能变得更加有价值。然而,虚拟性也带来了时效性的挑战,即数据要素在不同时间点的价值可能发生变化,这对实时处理和分析的能力提出了要求。

(2) 非排他性:数据要素的非排他性意味着同一份数据要素可被多方同时使用且不会影响彼此的使用效果。这种属性极大地促进了数据要素的广泛流通,但也引起了数据产权与隐私保护的复杂问题。

(3) 非稀缺性:数据要素的非稀缺性表明数据不受传统物理资源如土地或矿产的限制,可以在不减少其原有存量的情况下被无限复制和共享。这一特性使得数据要素可以被广泛地分发和重复使用,且不会消耗或减少。

(4) 流动性:数据要素的流动性使得数据要素能快速跨越时空和行业边界,广泛应用于多种多样的场景中。

(5) 产权模糊性:数据要素化过程中常见产权模糊性问题,即数据要素的所有权和使用权常不明确,故对其保护构成法律层面的挑战。在数据驱动的经济中,确保数据要素的合法使用并保护创作者及相关权益者的利益是一个重要课题。

总之,数据治理包括数据的隐私保护、安全防护措施和合规使用等方面,在数据要素化过程中发挥着至关重要的作用。良好的数据治理不仅保证数据的质量和安全,也为数据的有序流通提供了制度保障,在确保数据带来经济效益的同时,也应符合法律法规和伦理标准。

1.1.2 数据治理的内涵与目标

1. 数据治理的定义

国际数据管理协会(DAMA)在其《DAMA 数据管理知识体系指南(原书第 2 版)》[1]

一书中对数据治理进行了定义,即数据治理是对数据资产管理行使权力、控制和共享决策(规划、监测和执行)的系列活动。此外,DAMA 还将数据治理作为数据管理十大知识领域的中心,负责知识领域的平衡和一致性。

《DAMA 数据管理知识体系指南(原书第 2 版)》[1]一书中介绍的数据治理框架如图 1-1 所示,该书用一个"车轮图"定义了数据管理的 11 个知识领域。数据治理位于"车轮图"中央。在数据管理的 11 个知识领域中,数据治理是数据资产管理的权威性和控制性活动(规划、监视和强制执行),是对数据管理的高层计划与控制,其他 10 个知识领域是在数据治理这个高层战略框架下执行的数据管理流程。

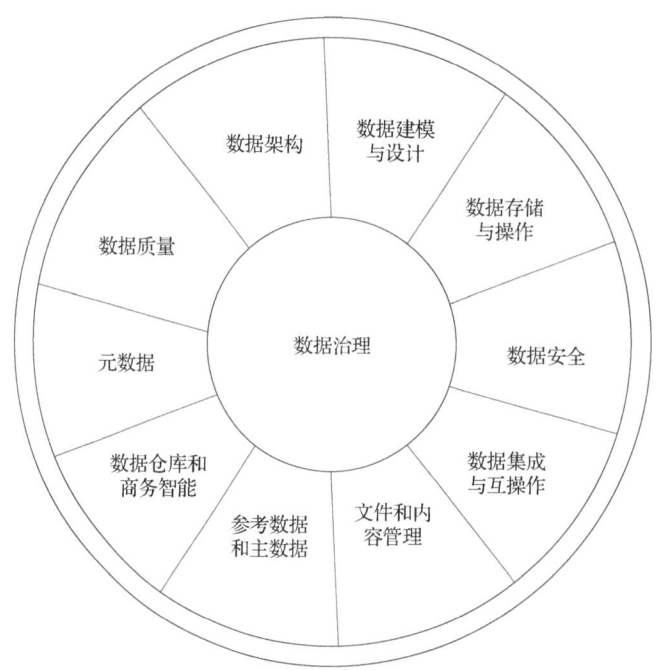

图 1-1　DAMA 数据治理框架图[1]

中国国家标准《信息技术服务 治理 第 5 部分:数据治理规范》(GB/T 34960.5—2018)[4]中给出了数据治理的定义,即数据资源及应用过程中相关管控活动、绩效和风险管理的集合。该标准规定了数据治理的顶层设计、数据治理环境、数据治理域及数据治理过程的要求,从而完成运营合规、风险可控和价值实现的目标。

2. 数据治理的发展历程

数据治理作为一个不断演进的概念,其发展历程不仅揭示了技术和管理实践的变革,也反映了整个社会对数据价值认识的深化。从早期的数据收集和简单管理到现阶段的全面数据治理,这一过程展现了人们对数据管理重要性认识的提升和对数据潜力利用的不断探索。下面简要回顾其发展过程。

(1) 起步阶段。

20 世纪 80 年代,随着数据库技术的发展,企业开始意识到数据的重要性。当时数据管理主要依靠数据库系统，直到 1988 年美国麻省理工学院启动了全面数据质量管理 (toward total data quality management, TDQM)计划[5]，同年 DAMA 成立。2002 年，美国两位学者发表题为《数据仓库治理》[6]的研究论文，在学术界首次提出数据治理的概念。

(2) 理论研究阶段。

进入 21 世纪后，随着互联网和大数据的兴起，数据量急剧增长，相关国际组织开始关注数据管理问题。2003 年，国际数据治理研究所(DGI)成立，开始研究数据治理的理论框架。国际标准化组织(ISO)也对数据管理与数据治理进行了定义。到 2009 年，DAMA 发布《数据管理知识体系指南》，至此数据治理的理论框架基本确定。

(3) 推广应用阶段。

随着理论研究的深入，数据治理逐步进入推广应用阶段。2011 年，美国高德纳公司(Gartner)将数据治理列为信息技术(IT)领域前十大趋势之一，越来越多跨国企业成立了独立的数据治理部门。

(4) 成熟运营阶段。

伴随着数据仓库的建设，以及主数据管理与商务智能平台的实施，数据治理在更多行业和领域得到广泛应用，例如，一些跨国互联网行业开始对全球各业务线数据进行监管，率先推行数据管理体系建设。

近 10 年来，随着数据规模的爆炸性增长，数据治理方法也将面对大数据带来的治理挑战，大数据具有以下显著特征。

(1) 规模性。

规模性(volume)指的是数据的总量，即数据的规模和容量。在大数据的背景下，数据量巨大，从 TB(太字节)、PB(拍字节)到 EB(艾字节)甚至更多，远远超过了传统数据库能够处理的范围。这种庞大的数据量来源于互联网、社交媒体、商业交易、传感器网络、视频监控等多种渠道。数据的规模是大数据最直观的特征之一，治理这些大规模的数据需要采用新的计算技术，如分布式处理、云计算等。

(2) 多样性。

多样性(variety)指的是数据类型多样、来源多样、模态多样。不同于传统数据库主要处理结构化数据，大数据环境下的数据类型包括结构化数据、半结构化数据和非结构化数据。这些数据来自不同的数据源，以不同的格式存在，还拥有不同的模态，这对数据处理和治理提出了更高的要求。

(3) 高速性。

高速性(velocity)指的是数据生成、收集和处理的速度。在大数据时代，数据以前所未有的速度被生成和流通。这包括实时数据流、在线交易记录、社交媒体更新等，它们需要被快速收集、处理和分析，以实现实时响应和决策支持。高速性要求数据处理系统能够以极高的效率进行数据的存储、查询和分析，以应对持续增长的数据流，这给数据治理同样带来了巨大挑战。

(4) 高价值。

高价值(value)是大数据的关键特征之一，它指的是数据中蕴含的潜在价值。虽然数据的规模庞大、类型多样且更新迅速，但并非所有数据都是有用的。从海量数据中提取有价值的信息，转化为可行的洞察和知识，是大数据分析的最终目标。高价值强调了通过分析和挖掘大数据，为决策提供支持，推动业务发展和创新。实现数据的价值最大化，需要采用高效的数据分析工具和算法。在数据转化为价值的过程中，数据治理不可或缺地发挥着重要作用，确保整个价值释放过程的有序性和合规性。

数据治理将继续朝着智能化、自动化和实时化的方向发展，结合人工智能、区块链等新技术，提高数据治理的效率和水平。同时，随着全社会对数据隐私和安全性重视程度的不断提高，数据治理将更加注重数据的安全、隐私和合规等。

3. 数据治理的目标

随着数据治理从概念的提出到实践的深入，其目标和意义也逐渐清晰。回顾数据治理的发展历程有助于理解它如何适应时代的变迁和技术的进步，其目标的确立则为治理实践提供了明确的方向和动力。数据治理的目标不仅涉及数据的质量和安全，更关注数据的有效利用和价值最大化，反映了数据治理对社会发展的深远影响。下面介绍数据治理的主要目标。

(1) 构建数据标准体系。通过制定统一的数据标准并结合严格的制度约束与系统控制手段，确保数据的完整性、有效性、一致性和规范性。这一过程包括使用数据管理框架来实现标准化，通过数据的清洗、转换及加载，确保不同来源的数据达到一致的标准。统一的数据标准可以降低不确定性、促进数据共享，并通过标准化过程，提升数据治理效率，降低治理成本。

(2) 提升数据质量。数据质量是实现目标和业务价值的基础，较低的数据质量反映数据治理过程中的不足。提高数据质量能直接影响决策制定和业务支持的能力，同时避免由数据问题导致的决策失误。

(3) 建设数据安全体系。建设数据安全体系是保护全生命周期数据的基础，可以明确数据所有权的合理分配和建立完备的责任制度，以满足监管和合规的需求。通过对数据进行分级分类和明确使用范围，采取如数据加密、权限管理等技术手段，进一步保护敏感数据，降低数据泄露风险。

(4) 建设数据资产体系。数据治理支持数据资源向数据资产的转换，通过建立数据资产体系，为各业务领域提供数据服务。在构建过程中，需结合战略规划，从宏观维度赋能业务，形成一个闭环、高效的数据资产管理和服务体系，实现数据资产的智能化管理。

(5) 建立管理组织体系。有效的数据管理将超越单一部门的管理权限，依赖于更高层的驱动和跨部门、跨业务的组织合作，才能确保内部高效协作和数据治理任务的顺利执行。通过建立专职的数据管理办公室或部门，制定和维护数据管理制度，提升数据治理能力，建立和传播数据治理文化。

(6) 促进数据安全共享。数据治理促进数据的有序安全流动，打破数据孤岛，通过开放和共享释放数据价值。因此，要促进数据的汇聚和安全共享，优化数据供应链，建立规范的数据共享机制。

1.2 认知安全概述

数据是现代数字社会的基石，它驱动着经济、政治、科技等各个领域的发展。然而，随着数据规模的不断扩大和数据应用的日益深入，数据安全问题日益凸显。如何提高数据安全水平，防范数据安全风险，已成为当前紧迫的时代课题。认知安全是确保基于数据的认知理解过程不受恶意影响、误导和操控的一种重要技术手段。随着人工智能技术的快速发展，如何保障数据的安全，以及保障基于数据训练而成的人工智能模型的安全，是认知安全主要关注的领域。本节将从认知的基本概念入手，进而提出机器认知安全的内涵。

1.2.1 认知的概念

认知的概念包括人类认知、机器认知和人机混合认知三个方面。对人类认知的深入研究揭示了人类如何感知、思考和解决问题，为人工智能的发展提供了理论基础。进而，机器认知的概念将这些理论应用于实际的智能系统中，让机器能够进行感知、学习和决策。最后，人机混合认知的出现标志着智能技术的一个新阶段，它结合了人类直觉和机器的计算能力，旨在创造出能够解决复杂问题的增强智能系统，这不仅推动了人工智能技术的发展，也拓宽了人类对智能本质的理解。

1. 人类认知

人类认知是指人类对信息的感知、理解、思考、记忆和应用的能力[7,8]。认知科学以研究人类认知为目的，涵盖了心理学、神经科学、语言学、计算机科学、人类学、社会学等多个学科，旨在探索人的思维、感知和记忆等认知过程的本质。在认知科学的发展过程中，涌现出多种理论体系，试图从不同的角度解释人的认知过程。结构主义、功能主义、联想主义和行为主义等认知理论学说反映了科学家在不同历史阶段的研究重点。

(1) 结构主义：发展于19世纪末，旨在理解人类意识和感知的基本要素，分析意识经验转化为其最基本的组成部分或结构，如情感、注意力、记忆、感觉等。结构主义的研究方法强调在实验控制环境下，被试者进行系统性的反省、自我检视。例如，研究人员可以发布问卷调查，让参与者观察和报告自己针对特定心理任务的意识体验。

(2) 功能主义：强调人类认知的变化过程，并且这种变化具有自主性。即人的认知活动受到环境的影响，同时人也会主动适应环境。功能主义考虑人与环境的相互作用，而不是将意识分解为孤立的元素。举例来说，如果一个人表明自己某门专业课成绩很差，结构主义者将试图从其自身的心理特点出发进行分析，而功能主义者的观点可能是"教师的授课水平有限"。

(3) 联想主义：将联想看作人类一切心理历程的基本形式，用联想来解释所有的心理现象。事件或想法之间关联可能源自邻近性(同时发生的事物具有联系)、相似性(有相似特征或属性的事物具有联系)、对立性(对立事物具有联系)。爱德华·李·桑代克(Edward Lee Thorndike)认为，感觉上的满足是形成联想的关键。如果人因为某种反应而得到奖励,那么将倾向于在特定情况下做出类似的反应。

(4) 行为主义:关注行为与环境事件或刺激之间的关系,被认为是联想主义的极端形式。伊万·巴甫洛夫是行为主义实验的先驱之一。在他的著名实验中,发现狗在听到与食物一同呈现的铃声后,即使没有食物出现,也会开始分泌唾液。这种现象后来被称为"经典条件作用",表明动物(包括人类)可以通过环境中的线索学会对特定刺激做出反应。

认知科学从不同角度研究了人类认知过程,人工智能则尝试通过计算机系统来模拟人的思维、感知和记忆等认知过程,因此也就出现了对机器认知的研究。

2. 机器认知

1950 年,阿兰·图灵(Alan Mathison Turing)提出图灵测试,探讨机器是否能显示出与人类相似的智能行为。1956 年 8 月 31 日,在达特茅斯会议上,约翰·麦卡锡(John McCarthy)等科学家提出了"人工智能"这一概念。1973 年,克里斯多福·朗吉特-希金斯(Christopher Longuet-Higgins)提出认知科学(cognitive science)的概念,其核心观点认为智能并非仅仅局限于人类,而是可以通过系统所表现出来的智能功能来定义。上述理论和观点不仅推动了人工智能技术的进步,也为机器认知的发展提供了理论基础。

机器认知作为认知科学与人工智能交叉的产物,扮演着将理论转化为实践的桥梁角色。它不仅仅是模拟人类思维过程的尝试,更是对智能本质的深度探索。在机器认知的研究中,人们不只是试图让机器模仿人类的认知行为,更是在寻求理解智能的工作原理,并将这些原理应用于创建能够思考、学习和解决问题的机器。

机器的认知智能通常指基于人工智能技术,使计算机系统或机器人能够模拟和实现人类感知、理解、学习、推理、判断和决策等一系列认知功能,研究人员可以通过编写程序让计算机实现一定的认知能力,也可以从底层开始构建符合人类认知结构的认知计算模型。当从计算的视角来审视人类的认知过程时,常常要回答两个重要问题,即"人类需要计算什么"与"人类应当如何计算"。为了回答上述问题,在机器认知智能的研究发展过程中,科学家提出了以下四种主流方法。

(1) 符号主义方法。在早期人工智能研究中,机器认知主要基于符号主义理论,强调使用逻辑和规则进行思考。在此阶段,计算的重点是逻辑推理和决策规则的形式化,旨在模拟人类的专家系统和决策过程;计算方式是基于规则和逻辑的清晰定义。这一方法依赖于明确的逻辑推理程序,尝试通过硬编码的知识和规则来解决问题。

(2) 连接主义方法。随着神经网络的兴起,连接主义成为机器认知智能的主流。在此阶段,计算的重点是模式识别和感知问题,如图像和语音识别,这些是人脑处理外界环境信息的基本方式;计算方式是通过模拟神经网络,尤其是大脑神经元的工作方式,强调通过学习而非预设规则来解决问题。

(3) 统计学习方法。机器认知开始融入更多的统计学习方法,包括支持向量机、随机森林和梯度提升机等。在此阶段,计算的重点是从复杂数据中提取趋势和模式,这对于预测和数据驱动的决策至关重要;计算方式是利用统计模型和算法来分析数据,使机器能够自动从历史数据中挖掘规律和做出预测,而不是仅依赖人工硬编码的知识和规则。

(4) 深度学习方法。深度学习的发展标志着机器认知的一个新时代。在此阶段，计算的重点是处理更复杂的认知任务，这些任务需要更深层次的数据理解；计算方式是通过更深层次的神经网络结构，学习数据中的高级抽象和表示，从而处理之前无法解决的复杂问题。

随着技术的进一步发展，机器认知智能将更加注重模拟人类认知的复杂过程，包含感知、思考、记忆、学习、理解、推理、规划和决策等各个方面，构建更加完善和强大的认知智能系统。随着计算能力的提升、数据量的增加和算法的不断创新，机器认知智能将不断取得突破和进步，为人类社会的发展和进步带来全新的可能与机遇。

3. 人机混合认知

人机混合认知是一种融合人类认知与机器认知的框架，旨在通过人工智能技术增强人类的决策、学习和创造等认知能力，它代表着认知科学和人工智能研究的一次重要进步，不仅拓宽了人们对智能本质的理解，也为解决复杂问题开辟了新途径。通过人机混合认知，人类可将人的直觉、创造力和经验与机器拥有的巨大计算能力和数据处理能力等结合起来，创造出超越人或机器各自能力边界的解决方案。人机混合认知有以下特点。

(1) 互补性：通过结合人类和机器的各自优势，提高人机混合系统的整体能力。例如，在自然灾害发生时，机器可以快速分析大量数据(如卫星图像、社交媒体报告和气象数据)，而人类可以根据机器分析决策结果制定复杂的救援计划。

(2) 交互性：混合认知强调人机交互的重要性，通过直观的界面和交互方式，确保人类用户能够有效地与机器系统沟通，共同解决问题。例如，设计师利用人工智能工具生成设计选项，然后依据人类的审美、用户体验和文化理解进行选择和优化。

(3) 适应性：机器不仅能够处理复杂和不断变化的环境，而且能够从人类决策过程中实时学习并调整其行为。例如，在医疗领域，智能诊断系统能够分析来自不同患者的大量数据，通过与医生的决策反馈相结合，逐渐优化其算法，以提高辅助诊断的准确性和效率。

1.2.2 认知安全的内涵

1. 认知安全的定义

认知安全是确保认知过程不受恶意影响、误导和操控的重要手段。本书所讨论的认知安全主要包含数据安全和模型安全两个方面。数据安全主要强调数据的完整性、保密性与可用性。数据安全确保人工智能模型的数据基础不受错误信息、虚假信息、偏差等可能导致认知扭曲的内容形式的污染，高质量、真实且无偏差的数据是人工智能模型学习和推理决策过程的基础。模型安全则强调人工智能模型的公平性、鲁棒性、隐私性和可解释性，主要解决人工智能模型产生欺骗性内容、放大刻板印象、易遭对抗攻击、决策过程缺少透明性、泄露用户隐私等问题。数据安全和模型安全涵盖了人工智能技术发展带来的一系列认知安全威胁，二者之间存在复杂联系与相互作用。如今，必须同时确保数据和模型两方面的安全性、可靠性和完整性。

2. 认知安全的重要性

认知安全在于维护人和机器根据可靠真实数据做出正确决策的能力，因此认知安全至少包括数据和模型两个层面的安全，主要体现在以下三点。

(1) 确保数据的真实性。数据安全保障信息的真实性，阻止虚假或误导性信息的传播，对模型做出正确判断和决策至关重要。例如，社交平台标记或删除虚假信息以减少虚假信息传播，保护公众不受误导；搜索引擎的搜索算法显示具有可靠信源的报道，抑制虚假新闻网站的排名，为用户提供更可靠的搜索结果。

(2) 保障决策的准确性。模型安全降低算法偏差，确保决策过程的公正性和准确性，有助于做出更科学合理的决策。例如，使用机器学习算法进行刑事预测时，避免历史数据偏差导致的决策错误，保证公平性；在医疗领域，通过对医学研究数据进行严格的审核和验证，保证医疗建议和治疗方法的可靠性。

(3) 维护认知的自主性。认知安全通过技术和法律手段，保护认知的独立性和完整性。例如，使用加密通信技术保护个人隐私，防止未授权访问通信内容；通过数据保护法律赋予个人或单位对数据的控制权。认知能力受到侵蚀的一个表现是对人工智能技术的过度依赖，如过度依赖搜索引擎导致获取知识信息的来源受限、过度依赖卫星导航系统导致空间认知水平的下降等。

对个体而言，认知安全提高了接收信息的准确性以及自身信息的安全性；对社会与国家而言，认知安全有助于提高生产力，维护国家安全。因此，政策制定者、技术开发者和社会各界需要共同努力，确保机器认知技术被负责任地开发和使用，为人类带来利益，而不是成为风险的来源。

3. 认知安全面临的全新挑战

认知安全的重要性得到全社会的高度重视，2023 年 10 月，我国提出《全球人工智能治理倡议》[9]，突显了中国政府对人工智能治理的重视，并强调了确保人工智能技术的有益、安全和公平。在这一背景下，认知安全作为数据安全和模型安全的结合体，面临着更多新的研究挑战。

(1) 模型鲁棒性与可解释性的挑战。在模型的鲁棒性方面，随着智能系统越来越复杂，其对输入数据的微小变化变得更加敏感，因此在面对未见过的新数据或对抗性数据样本时，模型的预测结果可能出现大幅偏差。在模型的可解释性方面，对于应用在关键领域的智能系统，计算过程与模型结构透明和可解释，将有利于专业人员做出可靠的决策。此外，开发可解释的人工智能系统有助于提高其可信度和接受度。

(2) 恶意攻击与安全威胁的挑战。恶意攻击不仅限于传统的网络攻击，还包括针对智能系统的对抗性攻击，例如，通过人眼难以察觉的输入变化来欺骗模型做出错误的预测。为应对这些威胁，需要构建更加安全的智能系统、要增强数据和模型的安全性、引入实时异常检测和响应机制等。

(3) 偏差与公平性的挑战。数据偏差源自不平衡或有偏差的训练数据集，而算法偏差则来源于模型设计和训练过程中的偏好设定。为了减小偏差，需要采取措施确保数据集的多样性和代表性,以及开发去偏算法,如通过重采样技术、偏差校正和公平性约束优化等方法。智能系统的公平性不仅需要在模型开发阶段考虑,还需要在模型部署和运行过程中持续监督和评估,如建立公平性评估指标、实施公平性审计以及建立反馈机制等。

面对这些挑战,强化认知安全至关重要。加强国际合作和制定全球人工智能治理标准是确保技术安全、公正与有效发展的关键步骤。此外,通过加强数据和模型的安全性、鲁棒性以及公平性,持续监测和防范潜在的安全威胁,可以提升整个系统的可靠性和可信度。这些措施共同确保认知安全,保护认知系统免受恶意攻击和偏见影响,从而支持人工智能技术的健康成长和广泛应用。

1.3 从数据治理到认知安全

随着机器学习的广泛应用和大模型时代的到来,数据安全和模型安全问题受到越来越多的关注,认知安全要同时考虑数据安全和模型安全,二者缺一不可。从数据治理到认知安全,需要将数据治理的理念和方法与认知安全的原则和实践相结合,这意味着不仅要规范数据的采集、清洗、集成、标注、增强和分析过程,还应关注模型的训练、部署和评估过程,这样才能构建更鲁棒、更可信的认知安全体系,为人类社会数字化转型提供更强大的技术保障。

1.3.1 数据治理支撑认知安全

数据治理在支撑认知安全方面发挥着基础作用,尤其是在确保数据和模型的安全性方面,通过维持数据的高质量、一致性、准确性和合规性,可为数据使用和模型训练提供坚实可靠的保障。

1. 数据治理支撑数据安全

数据治理可以确保数据在采集、清洗、集成、标注、增强和分析的整个生命周期中的安全。例如,在采集过程中,确保数据符合适用的法律法规和相关政策,以维持数据的合规性,有助于防范数据投毒者输入恶意数据;在清洗、集成和标注过程中,确保所有源的数据都经过清洗和验证,以维持数据的高质量、一致性和准确性,有助于识别并删改虚假或伪造数据;在增强和分析过程中,确保数据的使用和处理遵循明确的合规要求,以维持数据的高质量和合规性,有助于防范隐私窃取者通过未授权的访问获取数据。

2. 数据治理支撑模型安全

数据治理可以通过维持数据的高质量、一致性、准确性和合规性以支撑模型安全。例如,在数据采集和集成过程中,需要确保收集的数据来源可靠,无恶意篡改,同时加强数据验证和筛选过程,排除异常值或看似合理但实际上用于植入后门的数据,从而降低模型后门攻击的风险。在数据清洗和标注过程中,确保标注的正确性和一致性,删除或修正无效、不准确或异常的数据,同样可降低模型后门攻击的风险。在数据增强过程中,确保所使用的方法和生成的数据保持高度的透明度和可追踪性,防止潜在的恶意操作。在数据分析阶段，实施严格的安全措施，如加密数据和使用安全的计算环境，可以降低模型窃取的风险。

1.3.2 认知安全促进数据治理

数据治理与认知安全之间的关系是互补的，认知安全在促进数据治理方面发挥了关键作用。通过引入高级的数据安全和模型安全技术，可以有效地提升数据保护能力和管理水平，促进数据治理措施的完善。

1. 数据安全促进数据治理的实施

合格的数据安全策略，如异常数据检测、篡改与伪造数据检测、差分隐私以及同态加密，对数据的整个生命周期中使用的数据治理方法都有促进作用。例如，在数据采集过程中，异常数据检测和篡改与伪造数据检测可以识别出异常或篡改的数据输入，在数据进入系统前即被隔离和修正，保障数据源的纯净性和可信度；在数据集成过程中，差分隐私技术可以通过添加噪声来遮蔽或模糊个体数据的精确值，从而在不泄露个体隐私的情况下实现数据的聚合和分析；在数据清洗过程中，篡改与伪造数据检测可以识别并纠正那些可能被篡改或伪造的数据，确保数据清洗后的输出保持高度的真实性和可信度；在数据标注过程中，异常数据检测可以帮助识别可能导致模型学习错误或偏差的错误标注数据；在数据增强过程中，使用差分隐私技术可以在增加数据集体量和多样性的同时保护数据来源的隐私；在数据分析过程中，同态加密提供了一种安全的数据利用方式，允许在加密数据上直接进行分析和处理，而无须解密，极大地增强了数据在使用过程中的安全性和隐私保护。

2. 模型安全促进数据治理的优化

在数据治理全生命周期中，模型安全策略，如对抗攻击防御、模型遗忘和模型窃取防御的应用，不仅保护了模型本身的安全，也有助于优化数据治理的效果和效率。例如，在数据采集过程中，对抗攻击防御策略可以帮助识别和过滤那些专门设计来误导模型的恶意数据；在数据集成过程中，模型窃取防御策略能在集成多源数据时保护数据不被未经授权地访问和使用，防止数据在集成过程中被篡改；在数据清洗过程中，模型遗忘策略可以应用于处理过时或不再相关的数据，通过从数据集中删除这些数据，不仅可以提高数据处理的效率，还可以减少存储和管理成本，保持数据的时效性和相关性；在数据标注过程中，对抗攻击防御可以识别那些可能导致模型性能下降的恶意标注数据，确保标注的数据高质量和可靠性；在数据增强过程中，对抗攻击防御策略有助于生成更加鲁棒的数据，以增强模型对不同类型攻击的抵抗力，同时模型遗忘策略可以确保增强数据不会包含不应传播的旧模式或偏差；在数据分析过程中，模型窃取防御策略可以保护分析模型不被未授权访问或复制，从而保护模型的知识产权。

1.3.3 大模型时代的数据治理与认知安全

2022年以来，大模型的研究和应用呈现出突飞猛进的发展态势，给数据治理与认知安全带来了新机遇和新挑战。大模型的训练基于海量数据，这些数据不仅量级巨大，而且类型多样，包括文本、图像、音频和视频等，能够处理海量数据的能力使大模型可以在数据海洋中发现复杂模式和关联关系。此外，大模型除了具有多模态数据的分析处理能力，还能生成多种模态的数据，这为人工智能技术发展带来了前所未有的突破，随之而来的机遇与挑战也层出不穷，主要体现在以下几个方面。

(1) 在数据治理中，生成式多模态大模型能创建丰富的、多样化的数据，极大增加了数据的多样性和覆盖范围，在数据治理中采集、集成、增强和分析等多个数据生命周期的环节都能提升数据的价值。然而，大模型的生成数据也会带来新问题，首先是治理难度增加，自动生成的数据需要精确的分类、存储和管理，更加重要的是对生成数据进行鉴别，要能精确区分生成数据与真实数据；其次是自动化过程中的错误积累，自动生成的数据可能复制甚至放大原始数据中的偏差或幻觉，导致数据治理问题更加复杂。

(2) 在数据安全中，多模态大模型的生成能力可以创造不涉及敏感或私人信息的模拟数据，用于训练模型而不违反隐私政策。然而，大模型强大的生成能力也会增加数据滥用风险，可能被用于创建误导性或虚假信息，如假新闻或伪造文档、替换图像中的人脸或伪造诈骗语音等，从而导致产生前所未有的数据安全风险。

(3) 在模型安全中，基于多模态大模型生成丰富的多模态数据，研究者通过利用不同模态之间的相互关系信息，设计出能够检测和抵抗针对特定模态的对抗性攻击的策略，以增强模型对于对抗性攻击的检测和防御能力。然而，如果大模型生成数据存在偏差或噪声，在没有足够外部验证信息的情况下，将这种数据投入训练可能导致模型的性能下降，同时增加模型后门攻击的安全风险，对模型的整体安全性能产生负面影响。

这些机遇和挑战显示出在大模型时代，数据治理与认知安全的实施不仅关乎技术的有效运用，更关系到社会的安全保障和平稳发展。在挖掘大模型时代的数据治理与认知安全潜力的同时，更应当防止这些新技术对社会产生的各种风险。

(1) 在数据治理中，应当增强元数据的管理作用，对于自动生成的数据，增加详细的元数据记录，包括生成时间、生成模型的参数、用途说明等，以便于数据的跟踪、管理和审核；应当实施自动和人工的验证流程，确保生成数据的质量和真实性；应当设计和实施算法来识别和纠正数据中的偏差，使用更加多样化的数据来平衡训练数据。

(2) 在数据安全中，应当对生成数据实施严格的访问控制和使用审计，确保生成数据不被滥用；应当开发和部署内容检测技术来识别和过滤假新闻、虚假信息和误导内容；应当制定和维护一套清晰的法律和伦理指导原则，确保生成数据遵守隐私保护和数据安全的法规。

(3) 在模型安全中，应当采用对抗性训练方法增强模型的鲁棒性，使其能够识别并抵抗对抗性攻击；应当定期对模型进行全面的测试和验证，评估其对新场景和新数据的响应能力，确保模型的行为符合预期；应当提升模型的透明度和决策过程的可解释性，让开发者和用户都能理解模型的决策逻辑和潜在的局限性。

1.4 本章小结

本章简要探讨了数据治理与认知安全两个关键领域及其相互联系。数据治理部分着重于明确数字时代数据治理领域的重要价值，首先明确数据的概念，包括数据是什么、有哪些种类、如何组织并管理以及如何正确利用，接着明确数据治理的基本概念，重点讨论了数据治理的定义、发展历程和目标。认知安全部分着重于明确认知过程中的数据安全和模型安全，首先明确认知的概念，包括人类认知、机器认知与人机混合认知，接着讨论了认知安全的定义、重要性和面临的全新挑战。数据治理可以支撑认知安全，认知安全可以促进数据治理，这两个领域的有效结合，能为人类社会在人工智能时代提供更强大的安全保障。

1.5 习　　题

1. 解释什么是数据，并举例说明数据可以以哪些形式存在。
2. 区分定量数据与定性数据，并给出各自的一个实例。
3. 解释文本格式与二进制格式在数据存储中的不同应用场景。
4. "4V"模型是描述大数据的常用方法，请解释 volume、variety、velocity 和 value 分别指的是什么。
5. 根据 DAMA 的定义，简述数据治理包括哪些关键活动。
6. 解释什么是机器认知，并举例说明它在日常生活中的一个应用。
7. 认知安全包含哪两个关键方面？请简要解释每个方面的意义。
8. 列举大模型时代的一个特点，并解释它对认知安全的潜在影响。
9. 预测一个可能的未来数据治理或认知安全的发展趋势，并解释其重要性。

第 2 章 数据治理体系

数据治理(data governance)是一套涉及数据使用和管理的政策、流程和实践的系统性行为，旨在确保数据的完整性、准确性、安全性和合规性，同时实现数据价值最大化，并降低数据相关的风险。数据治理体系覆盖数据在其生命周期的各个环节，涉及数据的创建、存储、使用、维护、保护、分发和销毁等。本章介绍的数据治理体系包括四部分内容，即数据治理标准、数据治理框架、数据治理制度和数据治理平台。数据治理标准为保障数据质量、保护数据安全和促进数据有效共享与交换设定了具体的标准和政策；数据治理框架模块化地定义了数据治理的主体、目标、对象、手段以及过程；数据治理制度为规范和管理数据资产提供了一套治理架构；数据治理平台则是支撑数据治理活动的技术基础，提供必要的技术支持和实践工具。这四个部分形成一个完整的技术体系，以确保在全球化背景下有效管理和利用数据资产。

2.1 数据治理标准

数据治理标准为如何管理、保护和交换数据提供了一套规范和指南，是数据治理体系的核心组成部分。制定和执行这些标准可以保证数据的质量、安全性和流通性，同时促进数据的合规使用，进而支撑业务决策、创新和发展。数据治理的关键标准包括数据质量标准、数据安全标准以及数据共享与交换标准。

2.1.1 数据质量标准

数据质量是从多个维度衡量数据健康状况的指标[10]。这些维度通常包括准确性、完整性、一致性、及时性和唯一性。准确性旨在衡量数据是否正确地反映了现实世界或数据源中的事实。例如，在客户信息数据库中，客户的姓名、地址和联系方式如果与实际情况完全一致，则这些数据被认为是准确的。完整性则关注数据是否包含了所有必需的数据项。例如，一个客户信息记录若缺少电话号码或邮件地址，则在完整性方面存在缺陷。一致性衡量的是在不同数据集或系统中的相同信息是否保持一致，要求在所有数据源中使用统一的数据格式、度量单位和定义。例如，一个系统中客户名为"John Smith"，而另一个系统中为"J. Smith"，则存在一致性问题。及时性则反映数据在需要时的可用程度。例如，使用最近一季度的销售数据进行市场分析，相较于使用去年的数据更为及时，因此更有价值。唯一性是指数据集中的每条记录都是独一无二的，意味着同一数据实体在一个数据集中只被记录一次。例如，一个客户名单中的每个客户不应该被重复记录。

数据质量标准指的是一组明确定义的准则和规范，用以评估、监控和确保数据在其生命周期内满足特定质量要求。这些标准通常涵盖了数据质量的各个维度，旨在为数据的采集、处理、存储和使用提供量化的质量指标和评估方法。数据质量标准不仅能指导数据拥有者在技术和操作层面维护数据质量，还能确保数据在支持决策制定、符合法规要求、提升业务流程效率等方面的适用性和有效性。实施这些标准能够提升数据的可信度和价值，以及数据治理的成熟度，加强对数据资产的管理和利用。数据质量标准包括一系列国际标准、国家标准和行业标准，如以下几种。

Software Engineering-Software Product Quality Requirements and Evaluation(SQuaRE) — Data Quality Model(ISO/IEC 25012)：国际标准化组织和国际电工委员会发布，旨在为计算机系统内以结构化格式保存的数据定义一个通用的数据质量模型。该标准提供了一个框架，用于建立数据质量要求、定义数据质量度量或规划和执行数据质量评估，最终改进软件产品中的数据质量[11]。

Data Quality(ISO 8000)：国际标准化组织发布的一个系列标准，定义了数据质量管理的基本原则，说明了影响数据质量的各种特性，描述了维护和提高数据质量必须执行的流程与步骤，包括数据质量的测量、监控和改进方法[12]。

《信息技术 数据质量评价指标》(GB/T 36344—2018)：国家市场监督管理总局和国家标准化管理委员会共同发布，旨在规范信息技术领域的数据质量评估。该标准规定了数据质量评估的指标体系、评估方法和流程，为数据质量的评估与改进提供了指南和依据[13]。

《工业数据质量 通用技术规范》(GB/T 39400—2020)：国家市场监督管理总局和国家标准化管理委员会发布，重点针对工业数据在采集、传输、维护和使用阶段的质量管理。该标准提出了一个用于工业数据质量持续改进的模型，明确了对工业数据质量的描述、识别、评估、控制和报告的相关要求[14]。

《数据质量》(GB/T 42381—2023)：国家市场监督管理总局和国家标准化管理委员会发布的系列标准。该标准基于 ISO 8000 系列标准本地化改编而来，定义了信息和数据质量的关键特征，并提供了一套完整的方法论用于管理、测量和提升数据质量[15]。

随着信息技术的快速发展和数据规模的剧增，数据质量标准已成为确保数据可靠和有效的关键工具。这些标准的演进反映了全球对高质量数据的迫切需求和对数据治理实践的持续改进。未来，随着大数据和人工智能等技术的进一步发展和应用，数据质量标准预计将更加重视数据的实时性、动态性和复杂性。同时，预计将增加对数据伦理、隐私保护以及跨境数据流动的规范。此外，随着数字化转型的加深，将出现更多针对特定行业的数据质量标准，以满足不同应用领域对数据质量的具体需求。

2.1.2 数据安全标准

数据安全是通过实施一系列技术措施和管理策略来保护存储、处理或传输中的数据免遭未经授权的访问、修改、披露或破坏的过程。该过程的关键目标包括确保数据的机密性、完整性、可用性、责任性和不可抵赖性。机密性是指通过加密、访问控制和身份验证等技术防止数据的未授权访问。完整性是指通过数据防篡改、校验和数字签名等技术保护数据不被未授权更改。可用性是指通过防止服务拒绝攻击和实施有效的系统维护与灾难恢复策略来保证数据在需要时可供授权用户访问。责任性通过日志记录、审计和监控等措施确保数据处理活动可以追溯到具体责任人，以便发现和纠正违规行为。不可抵赖性是指通过如数字签名和密钥加密等技术确保数据交换双方的行动是可验证的，防止任何一方否认已发送或接收数据。

数据安全标准设定了一组规范和指南，明确了保护数据安全所需遵循的实践规则和技术要求。这些标准详细规定了数据安全保护的技术措施、管理流程和合规性要求，并提供了监控与评估数据安全控制措施的具体指导。制定并执行这些标准对于增强数据的安全防护、确保符合法律和行业规定、减少安全事件以及支持持续的技术创新至关重要。常见的数据安全标准有以下几种。

Information Technology-Security Techniques — Code of Practice for Protection of Personally Identifiable Information (PII) in Public Clouds Acting as PII Processors(ISO/IEC 27018)：国际标准化组织和国际电工委员会发布。该标准建立在欧洲联盟(简称欧盟)数据保护法基础之上，专门为云服务提供商(作为个人身份信息处理者)提供了一套评估风险和实施高级控制措施的详细指导，旨在帮助云服务提供商有效保护其用户的个人身份信息[16]。

《信息安全技术 大数据安全管理指南》(GB/T 37973—2019)：国家市场监督管理总局和国家标准化管理委员会发布，旨在为企事业单位、政府部门以及处理大数据的其他组织提供大数据安全管理和风险评估的指导。该标准详细阐述了如何有效和安全地应用大数据技术，并介绍了确保数据安全所需采用的技术和管理措施[17]。

《金融数据安全 数据生命周期安全规范》(JR/T 0223—2021)：中国人民银行发布，旨在为金融机构提供电子数据安全防护的指导，并为第三方测评机构提供数据安全检查与评估的参考依据。该标准阐述了金融数据在其整个生命周期内的安全原则、防护措施、组织保障以及信息系统的运维要求，建立了一个覆盖数据采集、传输、存储、使用、删除和销毁等各个阶段的安全框架[18]。

Information Technology-Security Techniques — Information Security Management Systems — Requirements(ISO/IEC 27001)：国际标准化组织和国际电工委员会共同发布，旨在通过明确的管理控制实现信息安全。该标准规定了实施、监控、维护及不断改进信息安全管理体系的各项要求和实践规则，包括文档编制要求、责任划分、可用性、访问控制、安全性、审核，以及纠正和预防措施[19]。

《信息安全技术 网络数据处理安全要求》(GB/T 41479—2022)：国家市场监督管理总局和国家标准化管理委员会发布，旨在规范网络运营者的网络数据处理行为，并为监管部门和第三方评估机构提供网络数据处理的监管和评估指南。该标准阐述了网络运营者开展网络数据收集、存储、使用、加工、传输、提供、公开等数据处理环节的安全技术与管理要求[20]。

随着信息技术的发展和数据泄露事件的频发，数据安全已成为全球的关注焦点。数据安全标准的制定和实施涵盖了从技术防护措施到管理流程以及法规遵循的广泛方面。这些标准已从早期的基本安全措施演变为包含详尽的风险评估和复杂的信息保护的策略。未来，数据安全标准将更进一步强化跨平台的数据安全管理、云计算安全，以及应对量子计算等新技术的挑战。同时，随着数据隐私法规如欧盟的通用数据保护条例

(general data protection regulation, GDPR)的实施,将出现更多针对特定行业和技术环境的定制化数据安全标准,以应对不断变化的法律法规和技术需求。

2.1.3 数据共享与交换标准

数据共享与交换是指在不同的个体、机构或信息系统之间传递、发布或以其他方式提供数据的过程。这一过程包括数据的格式化、传输和接收,旨在确保数据的可用性和可访问性,从而支持分析决策、业务运营、科研合作和政策制定等。数据共享是指将数据从其原始位置或控制者处向外部个体或机构开放的行为,旨在增加信息的透明度,促进知识的传播和创新,或满足法规要求。数据交换则涉及在两个或多个实体之间按照约定的协议和标准发送、传输和接收数据,需要确保数据在移动时的安全性、完整性和正确性,从而确保接收方获得准确和可靠的信息。

数据共享与交换标准是一组规范和指南,用于指导和标准化在不同实体之间传输和访问数据的过程。这些标准确保了数据在共享和交换过程中的一致性、安全性、可用性以及互操作性。实施这些标准可以有效地管理和保护在各方之间流通的信息,确保数据交换的效率与合规性,同时促进技术系统之间的无缝整合和协作。常见的数据共享与交换标准有以下几种。

Data Exchange Standards-Health Level Seven Version 2.5 — An Application Protocol for Electronic Data Exchange in Healthcare Environments(ISO/HL7 27931):国际标准化组织等发布,定义了医疗领域内电子信息交换所需的结构和协议,旨在优化和标准化不同医疗设施间的数据通信。通过实施这一标准,医疗服务提供者能够更高效地共享关键数据,如患者记录和治疗数据等,从而提高医疗服务的质量和效率[21]。

Information Technology-Security Techniques-Information Security Management for Inter-Sector and Inter-Organizational Communications(ISO/IEC 27010):国际标准化组织和国际电工委员会发布,为信息共享社区提供了信息安全管理的指导框架,用于支持公共和私有部门在国际范围内的同行业或跨行业间敏感信息的安全共享和交换。该标准明确了信息交换的安全协议和实践,构建了信息共享的信任基础,促进了信息共享社区的国际合作[22]。

Information and Documentation — Data Exchange Protocol for Interoperability and Preservation(ISO 20614):国际标准化组织发布,专门针对数据存储、交换和归档中互操作性问题的数据交换协议。该标准提供了一个框架,确保敏感和归档信息能够安全且无损地访问与传输,同时保护其元数据,并降低信息泄露或存储风险。该标准特别提供了去中心化归档的灵活性,包括允许采用外部的归档服务提供者,同时保持最高级别的归档真实性[23]。

《跨区域交通出行服务信息交换》:中国国家质量监督检验检疫总局和国家标准化管理委员会发布,适用于不同区域之间的交通出行服务信息系统的信息交换。该标准为公路、水路、铁路、民用航空和城市客运五种交通服务的出行服务信息规定了交换内容、数据规范和交换机制[24]。

《物联网 信息交换和共享》:国家市场监督管理总局和国家标准化管理委员会发布

的一个系列标准。该标准分为四个部分,第一部分定义了物联网系统间信息交换和共享的基本框架,包括过程活动、功能实体和交换模式;第二部分提出了系统间交换与共享信息的技术标准和要求;第三部分规定了信息交换所需的元数据结构和标准;第四部分详细描述了数据交互的接口规范[25]。

随着全球信息化的持续发展,确保不同实体之间数据的一致性、安全性、可用性以及互操作性变得至关重要。数据共享与交换标准为数据的格式化、传输和接收流程制定了明确要求,增强了数据的透明度和流通性。从医疗和信息安全到运输与物联网,各行业的专用标准都在持续演进,以适应不断变化的技术和需求。未来,随着大数据、人工智能和区块链等技术的广泛应用,数据共享与交换标准将进一步强化数据治理的动态性、实时性和跨领域的融合能力。同时,随着对数据隐私和安全的关注度不断增加,未来的数据共享与交换标准预计将更加重视个人隐私和敏感信息的保护。

2.2 数据治理框架

数据治理框架为构建数据治理系统提供模块化的设计思想。如图 2-1 所示,数据治理框架包括数据治理的主体、目标、对象、手段和过程五个组成部分。

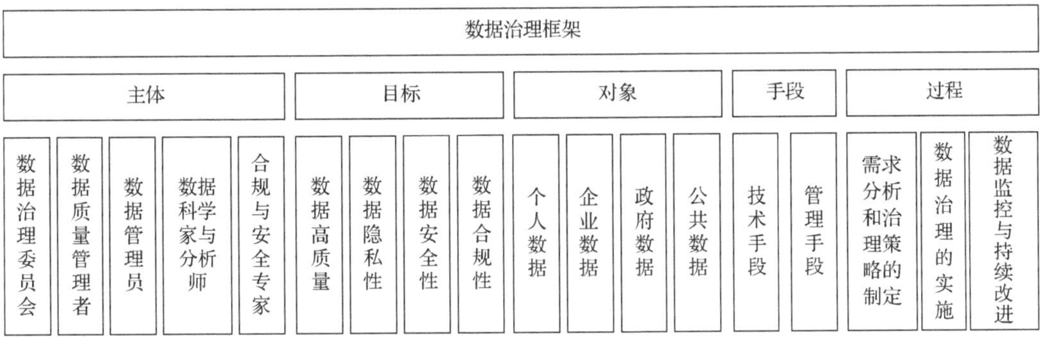

数据治理框架				
主体	目标	对象	手段	过程
数据治理委员会 / 数据质量管理者 / 数据管理员 / 数据科学家与分析师 / 合规与安全专家	数据高质量 / 数据隐私性 / 数据安全性 / 数据合规性	个人数据 / 企业数据 / 政府数据 / 公共数据	技术手段 / 管理手段	需求分析和治理策略的制定 / 数据治理的实施 / 数据监控与持续改进

图 2-1 数据治理框架图

2.2.1 数据治理的主体

数据治理是一个包含策略制定、执行、监控和改进的复杂过程,数据治理的主体是实施这一过程的关键参与者,对于确保数据治理的有效性至关重要。数据治理的主体包括以下几类关键角色:数据治理委员会、数据质量管理者、数据管理员、数据科学家与分析师以及合规与安全专家。这些角色各司其职,通过紧密协作,共同构建出一个稳固的数据治理框架,确保数据治理活动的顺利推进。

1. 数据治理委员会

数据治理委员会(data governance committee, DGC)是一个由高层管理人员和关键利益相关者组成的机构,负责制定和维护组织的数据治理策略和政策。委员会通常由来自不同部门的代表组成,如信息技术、法律、风险管理、业务部门等,主要负责制定整体策略和主要方向，确保数据治理实践符合法律和法规要求。其为数据治理提供领导力、战略视角和必要的资源支持，确保数据治理策略的连贯性和有效性。同时，委员会还促进了跨部门的合作和沟通，是建立健全数据治理体系的关键。

数据治理委员会的主要职责包括以下几点。

(1) 政策与框架制定：制定数据治理政策和实施框架，确保数据治理方针与战略目标、法律要求保持一致。

(2) 监督执行：监督数据治理政策和程序的实施情况，评估数据治理活动的效果，确保数据治理实践符合既定标准。

(3) 促进多方沟通：促进高级管理层、中层部门领导等利益相关者之间的沟通，确保数据治理的目标和计划得到理解与支持。

2. 数据质量管理者

数据质量管理者(data quality manager)负责监控和提升数据质量，通过制定数据质量标准、执行数据清洗和校验等措施，确保数据的高质量，避免因数据错误导致的决策失误和潜在损失。

数据质量管理者的主要职责包括以下几点。

(1) 数据质量标准制定：制定和维护数据质量标准，规范数据的采集、处理和使用过程。同时，需要与各部门协作，了解业务需求，制定符合实际业务场景的数据质量要求和准则，确保所有数据治理活动有章可循。

(2) 数据质量监控：使用数据质量工具来识别和诊断数据质量问题，定期生成质量报告以评估数据是否符合既定的质量标准。

(3) 数据清洗和整理：执行数据清洗活动，纠正数据中的错误和不一致性，如删除重复项、更正错误输入和更新过时数据等。

3. 数据管理员

数据管理员(data steward)是负责数据日常管理和技术维护的专业人员，确保数据的准确性、完整性和安全性。其通过设计、维护和更新数据模型与数据库，执行数据存储、备份和恢复等操作，防止数据损坏、丢失和未授权访问。该角色不仅提高了数据治理的效率，还支持了数据科学和业务分析的需求，增加了数据资产的价值。

数据管理员的主要职责包括以下几点。

(1) 数据维护与管理：确保数据库和其他数据存储系统的稳定运行与性能优化，支持数据的备份、恢复、更新和维护，提升数据访问的速度和效率。

(2) 数据安全与保护：设置合适的访问权限，管理用户账户和密码，以及实施数据加密和其他安全措施，防止数据泄露或未授权访问。

(3) 提供数据咨询服务：对所管理的数据有全面的了解，能够将复杂的技术概念以简明易懂的方式传达给非技术人员或部门，同时还能指导和帮助其合理使用数据资源。

4. 数据科学家与分析师

数据科学家与分析师(data scientist and analyst)负责利用统计学、机器学习等技术，从数据中提取有价值的信息。通过设计和实施复杂的数据模型与算法，该角色能够拥有数据驱动决策的能力，极大地提升了数据的应用价值。

数据科学家与分析师的主要职责包括以下几点。

(1) 数据分析与挖掘：运用统计学方法和机器学习算法对数据进行深入分析，以识别数据中的模式、趋势和异常等。

(2) 预测建模与优化：构建预测模型来预测未来趋势或行为，同时优化现有模型的预测准确性和效率。

(3) 数据可视化：创建直观的图表、仪表板和报告，帮助没有技术背景的利益相关者理解数据分析的结果。

5. 合规与安全专家

合规与安全专家(compliance and security specialist)负责确保数据治理符合法律法规和内部政策，并负责实施数据安全措施，包括数据加密、访问控制和风险评估等。确保数据治理的合规性和安全性不仅能够避免潜在的法律风险，也有助于维护声誉并获取外部利益相关者的信任，是维护数据治理体系可持续发展的关键。

合规与安全专家的主要职责包括以下几点。

(1) 合规性审查与监控：定期检查和评估数据治理活动，确保其符合相关的法律法规、行业规定和内部政策。

(2) 风险管理：识别和评估与数据相关的潜在风险，如数据泄露、滥用或丢失，并制定应对措施。

(3) 安全措施的实施：设计和执行数据安全策略与程序，包括访问控制、数据加密、数据分类和安全审计等。

通过设定明确的职责和合作机制，上述角色共同构成了数据治理的主体。各角色都对数据的有效管理和使用负有不可或缺的责任，最终确保数据治理策略得以有效实施。

2.2.2 数据治理的目标

数据治理的目标是确保数据的高质量、隐私性、安全性与合规性。实现这些目标需要制定清晰的策略，实施有效的技术手段，并持续进行监控和改进。通过明确和实现这些目标，数据治理活动能够为数据创造更大的价值，并确保数据资产在整个生命周期内得到妥善管理和利用。

1. 高质量

确保数据的高质量是数据治理的核心目标。高质量数据具有准确性、完整性、一致性、及时性和唯一性，是实现精确分析和科学决策的基础。数据质量直接影响数据的可信度和应用效果，只有高质量的数据才能为各项业务提供可靠支持。数据治理活动可以有效监控并改进数据质量，进而保障数据的价值和应用潜力。

确保数据的高质量涉及一系列系统化措施。数据治理主体需制定明确的数据质量标准和指标，评估和监控数据质量，定期实施数据清洗和校验过程，纠正错误并消除重复数据。数据治理过程中，主体还应引入数据质量管理工具和技术，如数据质量监控系统和自动化数据清洗工具。同时，主体需建立数据质量管理的组织架构和责任机制，明确各角色在数据质量管理中的职责和权限，确保工作的有序推进。

2. 隐私性

确保数据的隐私性能让个人信息在整个数据生命周期中得到保护，防止未授权访问和滥用。维护良好的数据隐私，有助于增强用户对单位的信任，并确保各种数据保护法规的遵守，如通用数据保护条例(GDPR)或加利福尼亚州消费者隐私法案(CCPA)[26]。

实现良好的数据隐私性应采取综合性的措施。数据治理主体需实行数据最小化原则，仅收集完成特定任务所必需的数据，去除涉及个人或集体隐私的元素，同时加强数据访问控制，实施严格的权限管理和定期审查，确保只有授权人员能够接触敏感信息。此外，主体还需提高数据处理透明度，明确告知相关个体自身的数据处理方式，并提供访问、更正或删除其信息的机制。最后，主体应进行数据保护影响评估，识别潜在隐私风险并采取相应的缓解措施。

3. 安全性

保证数据的安全性旨在保护数据免受未授权访问、破坏、修改或丢失等威胁。数据的安全性对于保护信息资产、维护个体隐私权和防范潜在的法律风险至关重要。高水平的数据安全能够防止数据泄露和损坏，并增强利益相关者对数据治理主体的信任，从而支持业务的可持续发展和创新。

实现数据的安全性需要采用多层次的安全措施和策略。数据治理主体需制定并严格实施数据安全标准和政策，包括数据加密、访问控制和身份验证等基本安全措施，同时建立完善的数据备份和恢复机制，确保在数据遭遇意外损失时能够迅速恢复，保障业务连续性。此外，主体需部署防火墙、防病毒软件和入侵检测系统等技术手段，以抵御网络攻击和恶意软件威胁，并建立明确的数据安全责任机制，确保各主体明确其在数据安全管理中的职责，从而形成全方位的数据安全保障体系。

4. 合规性

合规性要求在处理和使用数据时严格遵守相关的法律法规和行业标准。实现合规性目标涉及对数据的收集、存储、使用和传输等环节进行法律审查和合规检验。实现数据的合规性有助于确保数据操作的透明度和可追溯性，对于构建和维持外部利益相关者的信任至关重要。

实现数据的合规性同样需要采取系统化的措施和策略。数据治理主体需建立全面的数据合规政策和流程，确保所有数据处理活动都有明确的指导和规范，同时定期进行合规审计和评估，识别并解决潜在的合规风险和漏洞，并引入合规管理工具和技术，如合规监控系统和自动化检查工具，以提高合规管理的效率和效果。此外，主体需建立合规管理责任机制，明确各主体在合规管理中的角色和责任，并加强与法律和合规专家的合作，确保所有政策和操作及时反映最新的法律与行业标准。

通过将数据的高质量、隐私性、安全性和合规性设为主要目标，数据治理能够为数据创造更大的价值。这些目标不仅保障了数据的可靠性和有效性，支持了数据驱动的决策和业务优化，还维护了数据主体的权益，并增强了利益相关者的信任。

2.2.3 数据治理的对象

数据治理的对象是指数据治理活动所处理的数据类型，包括个人数据、企业数据、政府数据和公共数据。这些数据类型各有特点但不相互独立，对应的治理策略也会因其性质和用途不同而存在差异。

1. 个人数据

个人数据是指任何直接或间接与特定个人关联的信息，包括姓名、地址、电子邮件、电话号码、身份证号码等基本信息，以及种族、健康状况和政治立场等敏感信息。由于个人数据具有高度私密性和敏感性，治理个人数据时必须确保其合法性和道德性。在收集和使用数据时需有法律依据和个人同意，同时还需要特别的保护措施以防止数据泄露或滥用，并遵守数据最小化原则，即仅收集完成特定目的所需的最少数据量，且处理活动应当透明、可追溯。例如，医疗机构必须严格保护病人的诊疗记录，实施加密措施、限制访问权限，并进行定期安全审计。此外，在个人数据的治理上，全球各国和地区均有相应法规，如欧盟的通用数据保护条例，规定了处理个人数据的法律要求，赋予了个人访问、更正和被遗忘等权利，确保数据处理既满足需求，又保护个人权利和自由。

2. 企业数据

企业数据是指企业在经营活动中使用和生成的数据，如客户信息、交易记录、财务报表和员工记录等，通常具有多样性、复杂性和高度动态性。例如，零售公司通常需要处理广泛的数据类型，包括顾客的购买历史、库存水平、供应链信息、顾客满意度调查以及营销活动的反馈等。这些数据的来源和格式各异，且会随着业务的进行不断更新和变化。这就要求相关的数据治理活动能够通过复杂的数据集成和管理流程进行数据整合与分析，同时必须拥有快速响应的能力。

3. 政府数据

政府数据是指政府机构在各种职能活动中生成或收集的信息，包括人口统计数据、经济指标、公共健康数据、环境数据、交通流量数据，以及法律和政策记录等。作为公共资产，政府数据通常需要对外公开，以便公众、研究人员和私营部门可以访问和使用这些数据，从而提高政府的透明度和公众参与度。同时，政府数据通常规模大且范围广，涵盖广泛的社会经济活动和自然现象。政府数据的安全性和隐私保护至关重要。虽然政府数据的透明化是一种趋势，但如何在保障个人隐私的前提下进行适当的公开，是一个需要严格考虑的问题。例如，处理涉及个人健康信息的公共卫生数据时，必须采取严格的数据匿名化和加密措施，以防止数据泄露导致隐私侵犯。

4. 公共数据

公共数据指的是那些被认为对社会公众有用且支持公开访问的数据资源，包括环境监测数据、政府支出报告、交通数据、教育和科研机构的研究成果等，通常由政府机构、国际组织或其他公共实体生成和维护。高度的开放性意味着任何个人或组织都可以自由地访问和使用这些数据，无须支付费用或面对复杂的许可限制。例如，美国地质调查局(United States Geological Survey, USGS)提供的地震数据通过在线平台实时更新并开放给公众，以支持科学研究、灾害准备和教育项目。通过这种方式，公共数据不仅增加了政府和机构的透明度，也促进了知识的共享和新技术的开发。另外，为了使数据能够被广泛地使用和交叉参考，公共数据往往需要遵循一定的标准和格式，使其具备标准性和易用性。例如，欧盟的 InSPIRE(international student program in research experience)指令规定了环境和地理信息的共享标准，确保不同国家等来源的数据可以被有效整合和比较。此外，由于这些数据经常被用于支持政策制定和公共决策，因此必须确保数据的准确性和时效性，需要专业流程来定期收集、更新和验证数据。

综上所述，这四种数据类型具有各自的特点和治理挑战。通过深入理解并妥善管理这些数据，可以有效支持各种决策过程，促进知识的创造和信息的有益利用，从而实现数据治理的综合目标。

2.2.4 数据治理的手段

数据治理的手段是确保数据治理过程有效性的关键方法，主要分为技术手段和管理手段。通过选择合适的技术和管理方法，可以有效地控制和优化数据治理过程，确保数据资产的价值最大化并降低风险。

1. 技术手段

技术手段主要通过采用现代技术工具和方法来提升数据的质量、安全性和可用性。常见的技术手段包括数据库管理系统(database management system, DBMS)、数据质量工具、数据集成工具、数据安全技术以及数据备份与恢复解决方案。

1) 数据库管理系统

数据库管理系统提供了存储、检索、管理和保护数据的功能。数据库管理系统通常分为两大类：关系数据库管理系统(relational database management system, RDBMS)和非关系数据库管理系统(NoSQL DBMS)。关系数据库管理系统使用表格结构组织数据，并通过结构化查询语言进行操作，适用于对数据完整性和复杂查询能力要求较高的情况。常见的关系数据库有 Oracle、MySQL 和 PostgreSQL，均提供广泛的数据处理功能，如事务管理、并发控制、数据恢复和更新管理等。非关系数据库管理系统则提供了一种更灵活的数据存储选项，适用于非结构化数据或大规模数据集，其不使用传统的表格模式，而是采用键值对、文档、图形或列式存储等多种数据模型。常见的非关系数据库有

MongoDB、Cassandra 和 Redis，均以高性能、易扩展性和高可用性而受到青睐，适合对快速开发和迭代需求较高的大数据应用。

2) 数据质量工具

数据质量工具通常拥有包括数据清洗、数据标准化、数据验证和数据监控等功能。数据清洗功能帮助去除数据集中的重复记录、纠正错误的格式和修正错误数据。例如，数据清洗工具可能会自动检测并更正数据中的拼写错误，如将"Nwe York"更正为"New York"。数据标准化工具确保不同来源的数据在整合时保持格式和值的一致性，如将日期格式统一为"YYYY-MM-DD"，以防止由格式不一致导致数据处理错误。数据验证工具主要确保数据输入满足特定的质量标准，如检验邮箱地址的有效性或电话号码的格式正确性。通过规则引擎或模式匹配技术，数据验证工具能自动识别不符合规范的数据项，并在数据入库前进行修正或标记。数据监控工具则用于持续追踪数据质量问题和趋势。通过设置警报和通知，数据监控工具可以在数据质量下降到某个阈值时自动通知相关人员，使得问题可以被及时发现和处理。例如，当一个实时更新的数据集突然出现大量缺失值或异常值时，数据监控工具可以立即提醒数据团队进行检查和修复。

3) 数据集成工具

数据集成工具用于从多个数据源中收集、合并和管理数据。这类工具通常包括提取-转换-加载(extract-transform-load, ETL)工具、数据虚拟化工具和应用程序接口(application program interface, API)管理工具，均有助于简化数据处理流程，确保数据的一致性和准确性。ETL 工具是数据集成的核心，特别是在需要处理大量异构数据源的情况下。ETL 工具首先从原始数据源中提取数据，随后对数据进行清洗和转换以匹配目标系统的格式与需求，最后加载到数据仓库或其他分析平台中。例如，ETL 工具可以从客户关系管理系统、财务软件和在线交易平台提取数据，将这些数据统一格式化，解决数据重复和不一致的问题，然后将整合后的数据集存储在企业数据仓库中供进一步分析使用。数据虚拟化工具提供了一种不同于传统 ETL 的数据集成方法。通过数据虚拟化工具，可以在不复制数据的情况下提供数据的统一视图，从而允许用户对不同来源的数据进行实时查询和分析。这种工具减少了数据移动和存储需求，加快了数据访问速度，使得实时数据分析变得更加可行。数据虚拟化工具如 Denodo 和 TIBCO Data Virtualization，通过建立一个抽象层来访问分散的数据源，使得用户能够以统一的方式查询和分析异源数据，而无须关心数据实际的存储位置或格式。API 管理工具用于管理和监控数据相关的 API，从而实现应用程序之间的无缝数据流动，支持包括移动应用、网页和第三方应用在内的多平台数据集成。例如，Apigee 或 AWS API Gateway 等 API 管理工具，可以统一管理不同服务之间的接口调用，监控数据传输的性能和安全性，确保数据在系统间传递时的准确性和及时性。

4) 数据安全技术

数据安全技术是数据能够被安全使用的重要保障，包括数据加密、访问控制和数据脱敏等技术。数据加密技术可以将数据转换为只有拥有正确密钥的授权用户才能解读的格式，从而防止数据在传输过程中被截取或在存储时被非法访问。常见的加密算法包括对称加密(如 AES)和非对称加密(如 RSA)。访问控制技术用于确保只有授权用户和系统能够访问或处理数据。访问控制通常包括身份验证和授权两个步骤：身份验证用于确定请求者的身份，而授权则用于确定可以访问的数据类型和范围。常见的访问控制技术有控制列表(ACLs)、角色基础访问控制(RBAC)和属性基础访问控制(ABAC)等，均有助于细粒度地管理各类用户对数据的操作权限，从而防止未授权的数据访问和数据泄露。数据脱敏技术用于去除数据中的个人或机密信息，同时保留剩余的有用信息。这类技术在数据共享和外部合作时尤为重要，例如，在向第三方展示公开数据时，脱敏处理可以确保敏感信息(如个人身份标识)不被泄露。常见的数据脱敏技术包括数据掩码、伪装和哈希处理，这些技术可以在保护隐私的前提下发挥数据价值。

5) 数据备份与恢复解决方案

数据备份与恢复解决方案用于确保在数据丢失、系统故障或其他灾难情况下能够迅速恢复数据。数据备份解决方案是指定期创建数据的安全备份，并在必要时能够从这些备份中恢复原有数据的方案。数据备份涉及将数据从主存储位置复制到一个或多个次级存储位置。这些备份可以是全备份、增量备份或差异备份。全备份复制所有选定数据，而增量备份只复制自上次备份以来发生变化的数据，差异备份则复制自上次全备份以来所有变更的数据。这些备份数据通常存储在物理驱动器、磁带或云存储服务中，以保护数据免受物理或技术故障的影响。数据恢复解决方案则是指从备份中迅速恢复数据的方案。其在设计时需考虑恢复时间目标(RTO)和恢复点目标(RPO)，前者是指从故障发生到系统恢复所需的时间，后者则指在灾难发生时能够接受的数据丢失范围的最大时间长度。恢复解决方案需要综合考虑上述两个目标，确保在接受的时间窗口内能够恢复必要的数据量。现代的数据备份与恢复解决方案越来越多地依赖于云技术。云备份解决方案提供了灵活性和可扩展性，可以根据需要动态调整资源。另外，云服务还提供了地理冗余，即数据可以在多个地理位置进行备份，提升了数据安全性和灾难恢复的能力。

2. 管理手段

管理手段旨在通过制定与实施数据政策和标准、进行数据审计和监控，系统化确保数据的质量、安全性和合规性。这些管理手段不仅为数据治理提供了明确的指导框架，还通过持续的监控和评估，确保数据治理实践的有效性和持续改进。

1) 数据政策和标准

数据政策和标准定义了数据处理的各种原则、规则和程序，确保数据在整个生命周期中的合法性、合规性、安全和有效使用。数据政策涵盖了数据的收集、存储、访问、共享和销毁等方面。这些政策旨在确保数据处理活动遵循法律法规，并符合道德和社会标准。例如，数据隐私政策规定了如何合理收集和使用个人数据，而数据安全政策则给出了保护数据免受未授权访问和损失的措施。数据标准更具体地规定了对于数据质量、安全和共享及交换的要求。例如，数据质量标准为数据的采集、处理、存储和使用提供了量化的质量指标和评估方法，而数据安全标准则明确了保护数据安全所需遵循的实践规则和技术要求。

2) 数据审计和监控

数据审计和监控提供了一种机制来评估和确保数据治理活动的合规性、安全性和效率。数据审计涉及对数据相关活动的系统性评估,包括数据的创建、修改、删除和访问等。审计目的是验证这些活动是否符合既定的数据政策和标准,确保数据治理过程透明、可追踪,并符合相关的法律法规。数据审计通常会记录详细的日志,包括谁在什么时候访问了哪些数据,进行了什么操作。这些日志不仅可以用来在发生安全事件时进行调查和恢复,也可以用来分析数据使用模式,从而优化数据治理策略。数据监控则是一种更为动态的数据治理管理手段,侧重于实时或近实时监控数据环境,以确保数据的完整性和安全性。监控系统会持续检测数据环境中的异常活动,如非授权的数据访问尝试、异常的数据修改或不符合标准的数据输入。一旦检测到这类事件,监控系统会立即发出警报,允许相关人员迅速采取行动以防止数据损失或破坏。此外,监控工具也常用于性能监控,确保数据处理和访问活动不会超出系统容量,影响数据服务的质量。

技术和管理手段的结合可以从技术层面保证数据的安全和质量,同时从管理层面确保数据治理策略的实施和优化。

2.2.5 数据治理的过程

数据治理的过程通常包括三个主要阶段:需求分析和治理策略的制定、数据治理的实施,以及数据监控与持续改进。这三个阶段的紧密衔接和有序推进可以明确数据治理的目标与路径,确保治理措施的有效落地,并通过持续的监控和改进,提升数据治理的整体水平。

1. 需求分析和治理策略的制定

需求分析和治理策略的制定是数据治理过程的起点,旨在明确数据治理的目标与路径。在这一阶段,数据治理主体需要通过需求分析,识别数据治理中的关键需求和挑战,包括与各利益相关者沟通以了解其对数据治理的期望和需求。根据需求分析的结果,制定具体的治理策略和计划。这些策略应包括明确的数据治理目标、关键绩效指标、治理框架和实施步骤。此外,还需要制定相关的政策和标准,为后续的治理实施提供指导和依据。这一阶段的工作至关重要,为整个数据治理过程奠定了基础,确保治理活动有明确的方向和具体的行动计划。

2. 数据治理的实施

数据治理的实施是将理论转化为实践的过程,其利用各种技术手段和管理手段确保数据治理的各项策略得到有效执行,从而能够支撑数据治理的需求。在这一阶段,首先需要搭建与优化数据管理平台和工具,确保技术基础设施能够支持数据治理目标。接着,基于这些平台和工具,利用技术手段实现数据处理,如数据采集、数据清洗、数据集成、数据标注、数据增强和数据分析等。同时,还需要实施数据安全措施,包括数据加密、访问控制和风险管理,保障数据的安全性和隐私性。此外,本阶段还涉及培训和教育相关人员,确保其熟悉并有效执行数据治理政策和操作流程。通过一系列的技术手段和管理手段的实施,数据治理策略得以在实际业务中应用,从而推动数据治理工作的全面落地。

3. 数据监控与持续改进

数据监控与持续改进是确保数据治理措施长期有效和灵活的重要环节。在这一阶段，需要持续监控数据治理的执行情况，通过数据质量、数据安全和合规性等关键指标评估治理效果。使用监控工具和系统，定期生成报告，识别与分析潜在的问题和风险。基于监控结果，采取相应的改进措施，如调整治理策略、优化技术工具和更新管理流程。此外，还需保持与各利益相关者的沟通，收集反馈意见，确保治理措施能与业务需求和外部环境的变化相适应。通过持续的监控和改进，数据治理能够不断优化和提升，确保其始终以高质量、安全性、隐私性和合规性为目标。

总体而言，上述各阶段共同构成了一个动态的、可持续的数据治理过程。这些阶段的紧密结合最终确保了数据治理的各项措施得以有效执行和持续优化。

2.3 数据治理制度

数据治理制度(data governance regime)旨在为规范和管理数据资产提供一套治理架构。合适的数据治理制度有利于保障数据的质量、安全性和合规性，促进数据的高效管理、共享和价值实现[27]。常见的数据治理制度包括集中式、分散式和混合式三种，各自具有不同的特点、优势和应用场景。

2.3.1 集中式数据治理

集中式数据治理的核心理念是将数据治理的职责、策略和执行权集中在数据治理委员会。该委员会负责整体制定并统一执行数据治理政策、标准和流程，监督数据的质量、安全性和合规性，实现数据的统一管理和监督[28]。

在集中式数据治理下，数据治理委员会的实践流程如下。首先，制定数据治理的政策和标准，包括数据收集、存储、处理、共享和使用等方面，以及数据安全性和合规性的要求。随后，定期组织数据质量管理者和合规与安全专家进行数据质量、安全性和合规性的检查与评估，并收集各部门的反馈意见，识别潜在问题，持续监督和改进数据治理的流程及实践。集中式数据治理具有以下优势。

1. 一致性与合规性

集中式数据治理有助于维护数据治理的一致性与合规性。数据治理委员会的统一管理可以防止由各部门采取不同数据治理方法导致的混乱，保证数据处理流程、数据质量标准和安全策略等方面的一致性。同时，数据治理委员会可以组织合规专家定期审查数据访问日志和操作记录，确保数据的使用符合政策和法规要求。例如，医疗领域的数据治理需要严格遵守相应的法规和行业标准以保障患者个人隐私信息，因此集中式数据治理在医疗行业中是比较多见的。

2. 安全性与可控性

集中式数据治理有助于提升数据的安全性与可控性。数据治理委员会监督整个数据流程，能及时发现并解决问题，减少数据泄露等安全风险的发生，保障数据安全性。同时，集中式数据治理简化了数据治理流程和决策层级，能够提高数据治理的可控性。例如，金融机构通常面临数据泄露、欺诈等风险，采用集中式数据治理能实施严格的数据安全措施，监控数据访问，及时发现并防止未经授权的数据访问和泄露。

3. 减少数据孤岛和冗余

数据孤岛和冗余问题会影响数据治理效率与数据价值。在集中式数据治理下，统一化的管理制度有助于推动数据共享和集成，避免部门独立管理数据带来问题，提高数据的利用率。例如，通过实施统一的数据定义、分类、编码规则等标准，不同部门或系统间的数据可以无缝对接，减小因数据定义不一致而导致的理解偏差，从而减少数据孤岛。同时，通过建立数据目录和元数据管理系统，可以清晰地记录数据来源、含义、用途等信息，便于查找和理解数据，避免数据的冗余。

集中式数据治理适用于对数据安全性和合规性有严格要求的组织，尤其是在处理高敏感度数据的行业中。例如，医疗保健、金融和政府机构的数据资产往往涉及个人隐私和国家安全，需要严格遵守相关的法规和标准[29]。实行集中式数据治理可以确保敏感数据的安全性和合规性。同时，统一管理数据流程和访问权限能够降低数据泄露风险，提高数据资源的质量，促进数据在决策和服务中的应用。

2.3.2 分散式数据治理

相较于集中式数据治理，分散式数据治理的核心理念是将制定和执行数据治理政策、标准与流程的权力下放至各个部门的数据所有权人，以便更好地适应不同部门的需求和特点。每个部门的数据所有权人具有自治权，可以根据数据需求与业务特点灵活地管理与维护自己的数据资源[30]。

分散式数据治理的实践流程如下。首先，数据治理委员会制定统一的政策和标准，并协调跨部门间的数据共享和协作。随后，各个部门的数据所有权人根据自身需求制定各自的数据治理策略和流程，并为各自的人员提供数据治理培训和支持，帮助其理解和遵守数据治理政策与流程。通过持续的改进和学习，不断提高数据治理的质量、安全性与合规性，逐步完善数据治理体系。分散式数据治理具有以下优势。

1. 灵活性和快速响应能力

分散式数据治理为各业务部门提供了更高的灵活性和快速响应变化的能力。各部门能够根据自身对数据的需求制定适合自己的数据管理策略，灵活地调整数据治理实践。除此之外，由于各个业务部门的数据所有权人拥有自主权，可以迅速调整数据管理策略和流程，以适应不断变化的外部环境和业务要求。例如，当某个业务部门突然需要增加数据访问权限时，分散式数据治理可以帮助其快速调整权限设置以满足业务需求，而不需要等待数据治理委员会的处理。

2. 降低中心化风险

分散式数据治理降低了对数据治理委员会的依赖，分散了管理风险。各部门的数据所有权人自主地管理和维护各自部门的数据资源，降低了数据治理委员会的失效风险。例如，教育机构的各学院可以采用分散式数据治理，自行管理和维护教学数据，即使校级的数据治理出现问题，也不会显著影响下属学院，保障了整个机构的稳定性和安全性。

分散式数据治理适用于多元化组织结构的数据治理，允许各个部门根据自身需求和特点制定适合自己的数据治理策略和流程，并促进部门间的数据共享和协作。在大型企业中，分散式数据治理具有广泛应用。例如，跨国公司的各个分支机构可以根据当地的法规和业务需求管理自己的数据，同时通过数据共享促进信息的跨分支部门流动。除此之外，在研究机构中，研究人员可能涉及多个学科领域和研究方向，通过分散式数据治理的方式，各研究团队可以管理和利用自己的数据资源，通过数据共享和协作实现跨学科的合作与创新，促进研究成果的产生和应用。

2.3.3 混合式数据治理

混合式数据治理是将集中式和分散式数据治理相结合的一种治理制度，整合了集中式和分散式数据治理的优势，以实现更灵活有效的数据治理。例如，一个单位可以集中式管理敏感数据或核心业务数据，而对于一些非敏感数据或辅助业务数据，则可以采用分散式的数据治理方式，允许各个业务部门的数据所有权人自主管理和使用数据，达到数据安全性和灵活性的平衡[31]。混合式数据治理具有以下优势。

1. 兼顾灵活性和安全性

混合式数据治理结合了集中式和分散式管理的优势。数据治理委员会制定数据治理政策和安全策略，保障数据的安全和规范。各部门拥有一定自治权，可以根据自身需求进行数据治理，满足不同需求。这种制度平衡了安全性和灵活性，例如，金融机构的数据治理委员会可以统一管理数据并控制风险，同时业务部门又可利用其数据自治权提高客户服务的个性化和灵活性。

2. 优化资源利用

混合式数据治理能够优化数据资源的利用。各部门充分利用专业知识和资源的同时，通过建立数据共享机制和协作平台，促进数据资源的共享和交流，提高数据整合和利用效率。例如，当一个企业的销售部门需要向财务部门共享客户信息时，可以遵循数据治理委员会制定的共享机制完成数据的共享和协作，确保财务部门可按需对客户数据进行有效的部门内治理，优化了客户数据资源的利用。

混合式数据治理通过科学结合集中式和分散式治理制度，可以更好地实现数据的有效管理和利用，在金融服务、电子商务等领域具有广泛应用。在金融领域，数据治理委员会制定数据治理策略和风险控制政策，监督数据流程，各部门根据各自的业务需求管理数据。在电子商务领域，数据治理委员会负责管理核心数据，进行商品管理和销售分析的总策略制定，各部门则根据需求对业务数据进行组织管理。

以下将结合通信运营商的数据治理案例(图 2-2)，介绍混合式数据治理的基本实施方法。

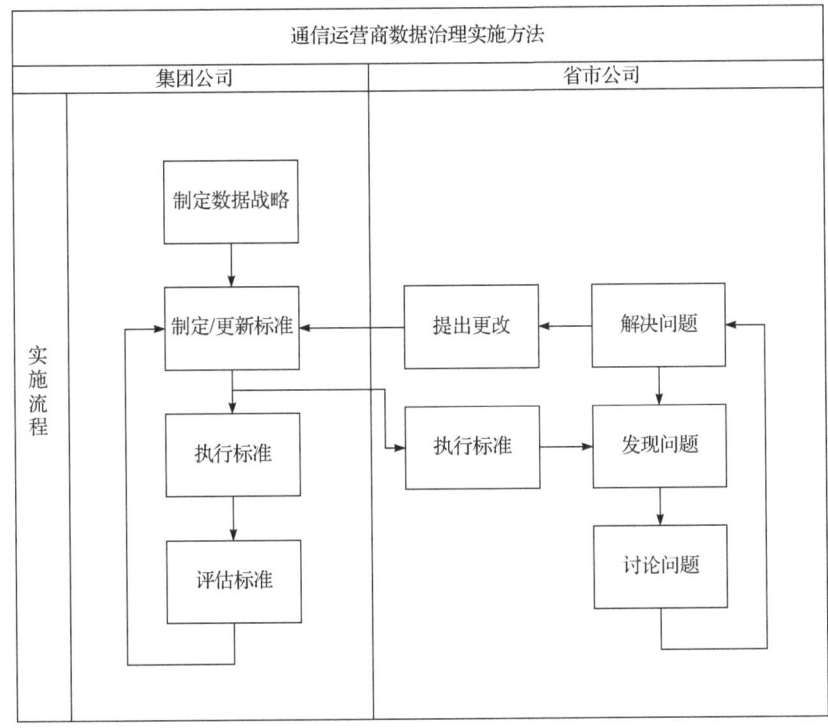

图 2-2 混合式数据治理实施方法

1) 制定整体框架

集团公司制定总体的治理框架和数据战略,明确集中治理和分散治理的责任与流程。同时,成立专门的数据治理委员会,负责制定具体的数据治理政策、标准和流程,监督和协调数据治理的整体工作。

2) 制定标准

数据治理委员会明确集团公司和各省市公司的数据治理责任与权限,根据实际情况统一制定数据治理政策和标准。例如,集团公司可以按照传统的瀑布模型,根据固定阶段的需求制定和执行整体数据治理流程,而各省市公司在执行标准时,可以采用迭代方式解决新出现的问题。

3) 执行标准

集团公司和各省市公司根据自身业务需求,按照标准实施具体的数据治理工作。同时,彼此建立定期沟通和协作机制,确保数据治理委员会与各省市公司之间的密切合作,了解各部门在执行标准时遇到的需求和挑战,及时调整数据治理政策和流程。

4) 持续监督与改进

集团公司和各省市公司的数据所有权人以及数据治理委员会持续监督和评估数据治理的执行情况,及时发现和解决数据治理中的问题与风险。数据治理委员会定期进行数据质量评估、数据安全检查等活动,不断改进数据治理的方法和流程,提升数据治理的效率和质量。

除基本流程之外,数据治理委员会还可以通过组织数据治理培训课程、提供数据治理工具和技术支持等,帮助各省市公司的数据所有权人理解并遵守数据治理的实施方法,提高其数据治理能力和意识。

2.4 数据治理平台

数据治理平台是管理数据资产的综合性软硬件系统,提供数据收集、存储、整合、管理、分析、保护以及合规保障等功能。其主要目标是确保数据的高质量、安全性、可用性和合规性,以便支持决策制定、业务运营和符合法规要求等。

2.4.1 平台架构

如图2-3所示,数据治理平台的架构分为七个层次,分别是硬件基础层、数据源层、数据集成层、数据存储层、治理政策层、数据分析层和数据应用层,支持从数据采集到数据应用的全流程数据治理。

数据应用层	业务应用系统	应用程序接口	数据报告	数据仪表盘
数据分析层	数据分析工具	数据挖掘工具	人工智能工具	
治理政策层	数据质量政策	数据安全政策	数据共享与交换政策	数据合规政策
数据存储层	关系型数据库	非关系型数据库	集中式数据库	分布式数据库	云存储
数据集成层	数据同步工具	数据提取工具	数据转换工具	数据加载工具
数据源层	文件型数据源	数据库型数据源	Web数据源	内存数据源
硬件基础层	计算设备	存储设备	网络设备	

图2-3 数据治理平台架构

1. 硬件基础层

硬件基础层由计算设备、存储设备和网络设备等物理基础设施组成。其主要功能是为数据治理平台的运行提供必要的算力资源、数据存储空间和网络连接能力。硬件基础层能够为上层的软件服务提供强大的基础设施支持,确保了平台的高效性、可靠性和可扩展性。算力资源和存储空间使得数据治理平台具备处理及存储大规模数据资产的能力。同时,高速和安全的网络设施保障了数据的高效和安全传输,为数据治理的各个环节提供了坚实的硬件支撑。

2. 数据源层

数据源层负责原始数据的采集和初步存储,涵盖如文件型数据源、数据库型数据源、

Web 数据源及内存数据源在内的各类数据源，支持结构化、半结构化和非结构化数据接入。其主要功能是从多样化的内外部环境中收集数据，并将这些数据初步存储在适合的格式和系统中，等待后续的数据集成。

3. 数据集成层

数据集成层负责整合来自数据源层的异源数据，该层集成了多种工具，包括数据同步工具、数据提取工具、数据转换工具、数据加载工具。数据同步工具保持数据的连续同步，数据提取工具从各种来源中提取有效数据，数据转换工具负责数据的清洗和标准化，而数据加载工具则用于将数据加载到目标系统。这些工具共同确保了数据从提取到加载过程中的一致性和可用性，提供了高质量的可存储数据。

4. 数据存储层

数据存储层负责存储和管理集成后的数据，由多种数据库和存储系统组成，包括关系型数据库、非关系型数据库、集中式数据库、分布式数据库及云存储。关系型数据库通过表格形式存储数据，便于执行结构化查询；非关系型数据库适合存储半结构化或非结构化数据，如文档、键值对等；集中式数据库将所有数据集中在单一节点处理，简化了数据管理；分布式数据库在多个节点上分布数据，增强数据的可访问性和容错能力；云存储则提供可扩展的数据存储解决方案，支持数据的远程访问和管理。该层支持高效的数据查询和检索，为数据分析层提供了数据支撑。

5. 治理政策层

治理政策层涵盖与数据质量、数据安全、数据共享与交换以及数据合规相关的一系列定制化政策。其允许用户自定义数据治理策略，以确保数据的安全性、合规性和整体治理效果。数据质量政策确保数据在整个生命周期中保持一致的高质量标准，涵盖数据的准确性、完整性、可靠性和及时性。数据安全政策涉及制定措施来防止数据泄露和未经授权的访问。数据共享与交换政策管理内外部的数据流动，确保数据交换在满足效率和合作的同时，遵守法律法规和内部规定。数据合规政策确保在处理数据时遵守相关的法律、规章和行业标准。治理政策层为数据应用层提供了安全且合规的数据保障，在利用数据推动业务发展的同时保护数据资产。

6. 数据分析层

数据分析层集成了数据分析工具、数据挖掘工具和人工智能工具。其主要功能是对存储层提供的数据开展数据分析、预测建模和数据可视化等活动，从而支持数据驱动的决策和业务创新。数据分析工具允许用户进行复杂的统计分析，识别数据趋势。数据挖掘工具通过算法识别数据中的模式和关联，揭示潜在的机会和风险。人工智能工具利用机器学习和深度学习自动化决策过程，解决复杂问题并提高效率。数据分析层不仅利用数据存储层的结构化和非结构化数据，还利用治理政策层的数据质量标准和一致性标准来优化数据分析，提高其准确率和效率，分析的结果随后被传递到数据应用层，用来推动业务应用的发展和智能决策的实施。

7. 数据应用层

数据应用层是数据治理平台中直接服务于业务需求和终端用户的部分，包括业务应用系统、应用程序接口、数据报告和数据仪表盘。这一层的主要功能是将数据分析层的分析和模型结果应用到具体的业务场景中，支持日常业务运营和决策制定。应用程序接口允许其他系统和服务以程序化的方式访问处理后的数据，增强了平台的操作性和数据的实时性。数据报告提供了结构化的数据视图，帮助决策者理解业务趋势和性能指标。数据仪表盘则通过图形化界面展示实时数据和关键性能指标，使决策者可以快速把握业务状态并做出及时响应。数据应用层能够直接面向终端用户和业务需求，将数据转化为具体服务，推动了数据价值的实现和业务目标的达成。

2.4.2 平台功能

数据治理平台通常提供以下核心能力，包括数据管理、数据质量控制、元数据管理和安全与合规性管理。

1. 数据管理

数据管理主要包括数据采集、存储、清洗、转换和集成等数据管控全流程。数据采集作为数据治理的起始步骤，通过自动或手动的方式从各个部门和服务中收集数据，包括但不限于传感器、日志文件、数据库、在线表单以及第三方服务。数据采集旨在确保数据在进入数据库前就以一种标准化的格式被准确记录，并进行初步的质量控制。数据存储旨在将采集来的数据安全地保存在适当的数据存储系统中。在设计存储解决方案时，必须兼顾数据的易用性、安全性、成本效率和扩展性，以支持后续的数据检索和分析工作。数据清洗旨在进一步提升数据质量，通常涉及去除重复项、纠正数据错误、填补缺失值以及确认数据准确性，保障了后续分析的正确性并提高了数据驱动决策的质量。数据转换旨在确保数据能够从一个格式或结构转变为另一种，以满足不同应用程序或存储需求的变化。例如，将非结构化的日志文件转化为结构化的数据表，或是实现不同数据库之间的数据迁移。数据集成旨在融合不同来源和系统的数据，包括数据的聚合、同步和关联，确保了数据的一致性和完整性，为跨部门和跨业务单元的分析提供了全面的数据视图。

2. 数据质量控制

数据质量控制是进行数据质量监控、评估和改进的过程，以确保数据的准确性和一致性。数据质量监控通过使用先进的监控工具来跟踪数据质量，设置关键的性能指标和阈值来实时识别潜在的质量问题。数据质量评估是一个详尽的分析过程，旨在从多个维度判定数据状态，涵盖数据的准确性、完整性、格式标准性和一致性。评估活动可以根据业务需求定期进行，或在特定事件如数据仓库更新时启动，以评估和量化数据的可靠性，并界定其使用范围。数据质量的改进措施包括自动或手动进行的数据清洗、数据去重、数据修复和数据校验，不断循环迭代，直至数据符合既定的质量标准。此外，标准化程序确保了来源不同的数据也能够遵循统一的格式和规则，通过建立数据字典和一致的规则集，加强了不同系统和流程中数据的一致性。

3. 元数据管理

元数据管理是管理描述数据的数据，包括数据定义、数据血缘、数据依赖等元数据信息。数据定义包括字段的名称、类型、可能的值等，确保了数据的一致性和正确性。数据血缘记录数据从生成到最终形态的完整历程，这在进行数据问题调试、影响分析、满足审计需求及确保数据透明度时极为重要。数据依赖揭示了数据元素间的相互关系和依存状况，有助于在进行系统变更时评估潜在的影响和风险。元数据管理所蕴含的元数据信息还扩展到数据的创建者、创建和修改日期、访问权限和使用记录等一系列上下文信息，这些信息是维护数据安全性、合规性和实施有效治理的基础。

4. 安全与合规性管理

安全与合规性管理是为了确保数据的使用和管理符合法规和标准，同时保护数据的安全与隐私。其涉及实施严格的策略和措施，如数据加密、访问控制和数据隐私保护，以预防数据泄露和未授权访问。数据加密通过将数据转换为不可读形式来保护数据的机密性，确保只有持有密钥的用户能访问原始数据。访问控制确保只有经过授权的用户可以访问数据，通常基于用户的身份或角色来限制数据的访问权限。数据隐私保护采用脱敏、匿名化等技术保护个人信息，防止未授权的使用和访问，确保隐私合规。

2.4.3 案例分析

1. 案例背景

某汽车服务部门打算改革成为智能化业务单元，专注于智能汽车行业全链条的技术开发与生态系统扩展。其业务领域包括自动驾驶、车联网技术、数据管理、智能生产和移动出行解决方案。该部门致力于在设计、生产、市场推广及顾客服务等全生命周期内推进数字化和智能化的策略实施。同时，该部门也推动其在相关集团中的业务执行，旨在为顾客创建一个智慧、个性化的新型移动空间，增添出行的乐趣。然而，目前该部门面临一些挑战，包括缺少统一的数据视图、数据孤岛以及数据质量低下等问题。

2. 平台建设内容

该汽车服务部门的数据治理平台是基于集中式数据库构建的，它整合了车辆网络服务以及各类应用系统。该平台致力于建立统一的标准，执行质量管理，并提高数据的实用性。如图 2-4 所示，其关键组成部分包括元数据管理、数据标准化、数据质量控制、数据安全保护、数据资产管理以及数据集成和平台的整体管理。

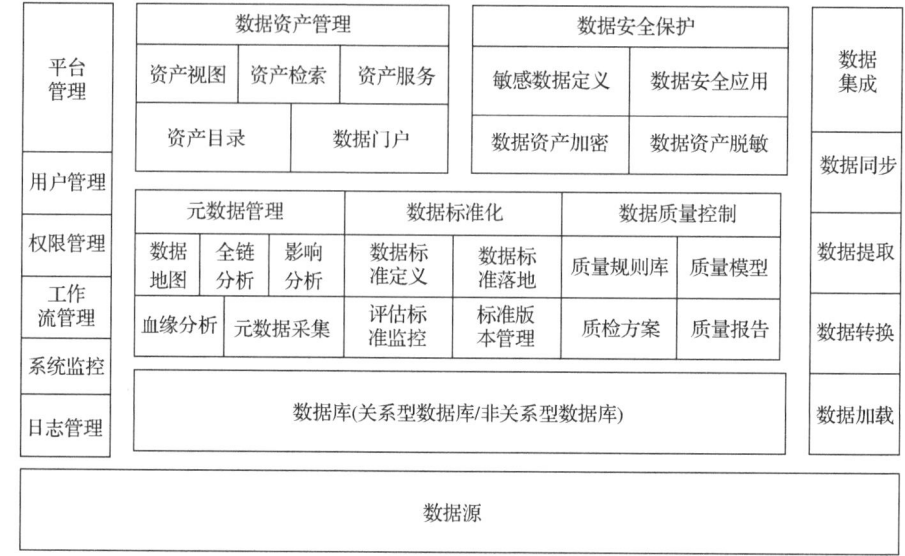

图 2-4　数据治理平台关键组成部分

数据治理平台一方面使用 Oracle 数据库来存储结构化数据,包括客户信息(客户 ID、姓名、联系方式、地址、购车记录)和业务操作数据(交易、维修和保养记录以及保险信息)。Oracle 强大的事务管理和查询优化能力确保了数据的一致性和安全性。另一方面,数据治理平台使用 MongoDB 来存储非结构化数据,如车辆传感器数据(时间戳、位置、速度、发动机状态、燃油效率和驾驶行为数据)及车辆日志和故障代码。MongoDB 的文档存储能力非常适合处理结构多变的数据,它支持灵活的文档结构,允许每个文档自定义字段和配置,无须固定的数据模式。这种配置不仅优化了数据的管理和查询性能,还支持数据分析和业务优化,有效地服务于整个汽车服务部门。

该汽车服务平台使用高效的数据集成工具,实现了数据的同步、提取、转换和加载。通过数据同步工具持续捕获车辆传感器的实时数据,数据库能够实时更新,以支持车辆状态监控、故障预警和紧急响应系统。数据提取工具从不同数据源(如车辆维修记录、驾驶行为数据、导航系统数据等)中提取结构化和非结构化数据,确保多源数据的整合。自动化的数据清洗、验证和格式转换技术对数据进行优化,使其符合车辆性能分析、用户行为分析和个性化服务推荐的需求。数据加载工具将清洗和处理后的数据加载到集中式数据库中,为平台的运营分析和战略决策提供坚实的支持。这些技术工具确保了数据从源头到分析的整个流程中的一致性和高质量,有效提升了平台的服务效率和客户满意度。

在元数据管理方面,该平台部署了 Apache Atlas 自动收集和更新所有数据资源的元数据,支持全链路分析,确保数据流的每一步都清晰可追踪。在计划更改数据或流程时,使用元数据进行影响分析,预测更改可能对业务流程的影响,同时实施数据血缘工具跟踪数据的来源和流向,帮助技术和业务团队理解数据流动。最后,创建一个动态的数据地图,展示数据的来源、流动路径和存储位置,使数据资产更加透明和可管理。

在数据标准化方面，平台为车辆数据、客户交互数据和内部运营数据定义了明确的数据标准，确保所有系统在数据交换时遵守这些标准，维护数据一致性。平台定期使用数据质量管理工具来监控标准的遵守情况。为了有效管理这些标准的变更，平台采用了 Git 作为版本控制系统，这样，每一次数据标准的更新都经过严格的审查和记录，确保能够迅速适应快速变化的业务需求和技术发展。

在数据质量方面，平台建立了与汽车服务相关的数据质量规则库，包括车辆传感器数据的精确度、客户信息的完整性和交易数据的一致性等，随着技术和市场的不断发展，这些规则也会进行更新。此外，平台开发了质量评分模型自动评估关键数据集，如车辆性能日志和客户服务记录，并标识问题数据以便进行修正。利用数据流处理工具实施定期的数据质量监控，自动化修复问题数据，并且为管理层和相关部门提供数据质量报告，以支持数据质量的持续改进。

数据安全包括敏感数据的严格定义、数据安全的综合应用、数据加密以及数据脱敏。敏感数据主要包括客户个人信息(如姓名、联系方式、驾驶和购车历史)、车辆性能数据(包括传感器和诊断数据)以及支付信息。为了保护这些数据，实施基于角色的访问控制，确保只有授权人员能够访问敏感信息，并部署入侵检测系统和安全信息事件管理系统，监控数据访问活动和安全威胁。此外，所有敏感数据在存储和传输过程中都通过高级加密标准(AES)和传输层安全(transport layer security, TLS)等技术进行加密，确保数据的机密性和完整性。在开发或测试环境中使用敏感数据时，采用数据掩码和数据伪装技术进行脱敏处理，以防止敏感信息泄露，同时保留数据的实用性。这些措施共同确保了数据治理平台在保护关键数据资产、维护客户隐私的同时，还能支持业务的连续性和合规性要求。

针对数据资产，该汽车服务平台建立了包括资产视图、资产检索、资产服务、资产目录和数据门户在内的关键组件。平台自动地对数据资产进行分类，包括车辆维护记录、客户服务历史和零件库存数据，使得管理人员和技术人员能够通过一个交互式视图快速查看数据的详细信息，如更新频率、质量评分和责任人信息等。检索功能允许用户通过关键词迅速定位车辆信息、客户反馈或维修服务记录，极大提升应对客户查询或紧急维修任务的效率。数据资产服务由应用程序接口提供，支持数据系统实时访问车辆状态或客户交互记录，支持实时预约、故障诊断和客户通知等服务。全面的资产目录详细记录车型数据的技术规格、保养周期和历史维修数据的元信息，提高数据透明度并帮助团队更好地理解数据的业务价值。最后，通过数据门户提供可视化展示和自定义分析，为管理层提供运营报表和绩效仪表盘,同时允许服务人员查询车辆维护建议和客户服务记录，直接提升服务效率和质量。

2.5 本章小结

本章全面探讨了数据治理体系的组成部分，包括数据治理标准、数据治理框架、数据治理制度和数据治理平台，这些元素共同确保了数据的高质量、安全性、可用性和合规性。数据治理标准部分介绍了数据质量标准、数据安全标准和数据共享与交换标准，这些标准为数据治理提供了必要的规范和指导。数据治理框架部分详述了数据治理的主体、目标、对象、手段和过程，明确这些元素能够更有效地设计和实施数据治理策略，从而提升整体的数据治理能力和业务效率。数据治理制度部分探讨了集中式、分散式和混合式数据治理的优势及适用场景，阐述了如何根据特定需求和数据环境选择不同的治理模式。数据治理平台部分则着重讨论了支撑数据治理实践的技术平台，包括平台架构、功能和案例，这些技术平台为数据治理提供了强大的技术支持，使数据资产的管理更高效和安全。总结而言，有效的数据治理体系不仅有助于遵守日益严格的合规要求，还优化了数据资源的利用，增强了数据驱动决策的能力。

2.6 习　　题

1. 请描述数据质量的五个维度，并用一个整体的例子来解释它们的概念。
2. 请解释数据安全的五个关键目标(机密性、完整性、可用性、责任性和不可抵赖性)，并说明它们如何保护一个单位的数据资产。
3. 请讨论数据共享与交换标准如何促进不同单位或系统间的数据流通和协作。
4. 请描述数据治理的主体有哪些，并简述它们各自的职责。
5. 公司 A 存储了大量的个人数据，包括客户的姓名、地址和购买记录。最近，该公司打算使用这些数据来改善市场定位策略。请回答以下问题。

问题 1：在这种情况下，个人数据的治理应该考虑哪些关键因素？

问题 2：如果公司想扩展其数据类型到企业数据，如收购另一公司的资产数据，这会对现有的数据治理策略产生什么影响？

6. 公司 A 正在努力提升其数据治理能力，决定采用新的数据加密技术和实施数据质量管理程序。请回答以下问题。

问题 1：数据加密技术在数据治理中扮演什么角色？它是如何增强数据安全的？

问题 2：数据质量管理程序通常包括哪些步骤？这对公司的数据治理战略有何意义？

7. 请介绍数据治理制度的定义，并介绍它的目的与意义。
8. 请介绍集中式和分散式数据治理的区别，并分别给出一个适用场景。
9. 混合式数据治理的特点是什么？为什么它被认为是一种灵活且有效的治理制度？
10. 数据治理平台在整个数据治理体系中扮演什么角色？
11. 数据治理平台的架构分为哪七个层次？简要描述每个层次的主要功能。
12. 数据治理平台在安全与合规性管理方面采取了哪些措施来确保数据的安全和合规？

第3章 数 据 处 理

数据处理是数据治理体系的一个重要组成部分,它通过数据的采集、清洗、集成、标注、增强和分析等步骤,确保数据的准确性、完整性和一致性,为数据治理提供了坚实的基础。数据处理的第一步是数据采集,从各种来源和渠道收集数据,目的是将这些散落的数据收集到一个地方,方便后续的分析和利用;接下来是数据清洗,目的是去除数据中的噪声和错误,确保数据的准确性和可靠性;数据集成则是将不同来源的数据整合在一起,形成一个统一的数据视图,这涉及数据的转换和整合,确保数据的格式和结构一致;然后是对数据进行分类或标记,为每个数据样本添加标签或描述,以便于后续机器学习模型的训练;数据增强环节通过简单变换、数据合成等技术手段,增加数据的规模和丰富性;最后,数据分析与可视化环节将复杂的数据转化为易于理解的图表,以直观地呈现数据规律。以上这六个处理步骤就形成了一个完整的数据处理流程。

3.1 数 据 采 集

作为数据处理的起始阶段,数据采集过程涵盖了所需数据的收集、记录与整理,以便于后续的分析、处理和应用。这些数据可能来自各种渠道,如数据库、社交媒体、传感器、调查问卷等。根据获取数据的操作方式不同,数据采集可分为自动采集和人工采集。

3.1.1 自动采集

自动采集是指利用技术手段从各类数据源自动获取信息的过程。这种方法能自动持续收集大量数据,特别适用于需要实时或近实时监测的场景,如网络流量监控、环境监测和社交媒体动态分析等。自动采集的优势在于其高效性,在获取海量数据时能保持一致性和准确性,显著降低人力成本和时间消耗。以下是一些代表性的自动采集方法。

(1) 基于网络爬虫的数据采集,是指通过模拟用户在浏览器上的操作从网上获取信息。网络爬虫系统的关键组成模块包括统一资源定位符(uniform resource locator, URL)种子管理器、URL 调度器、网页下载器、内容提取器以及数据管道等[32],这些模块协同工作,实现从网页获取、内容提取到数据存储的整个过程,使大规模的网络数据能够被有效采集。例如,要采集某电商网站上的用户评论信息,网络爬虫首先通过 URL 种子管理器收集所有评论页面的链接地址,然后使用 URL 调度器依次分配这些链接给网页下载器,网页下载器通过发送 HTTP 请求获取网页内容,最后内容提取器负责从 HTML 代码中提取用户的评论文本、评分、时间等关键字段。这些评论数据经过数据管道的进一步清理后存储到数据库中,为后续分析提供支持。

(2) 基于系统日志的数据采集，是指收集计算机系统内部生成的日志信息，包括操作系统、应用程序和网络设备的日志。通常需要安装专门的日志采集代理或软件，将日志数据发送至中央服务器或日志管理平台，以便后续查询、分析和生成报告。采集的日志信息可广泛应用于故障诊断、安全审计、合规性监控等领域。例如，在一个企业信息系统中，管理员可以通过日志采集工具收集服务器的运行状态、错误报告和访问记录，并实时监控异常活动，如非法登录或数据泄露企图。

(3) 基于物联网设备的数据采集，是指通过各种传感器实时收集环境数据或设备状态数据，是当前自动数据采集的重要来源。以常用的设备举例，温度传感器用于监测仓库温湿度变化；GPS 设备采集物流车辆的实时位置数据；视频采集设备分析公共场所的人流量动态。物联网数据采集的主要挑战在于，需确保高速采集，并维持数据的实时性和准确性。例如，智能城市中的交通管理系统必须每秒处理来自成千上万个传感器的数据，以动态调整红绿灯信号优化交通流量。这就要求采集系统能够高效处理大量数据流，并具备快速传输数据的能力，以适应动态变化的环境和需求。

3.1.2 人工采集

人工采集是一种依赖人力直接从源头收集信息的过程，通过调查问卷、访谈、观察等方式获取定性或定量数据。这种方法要求研究人员直接与数据源互动，获得更深层次的见解和多维度数据。以下是三种常见的人工采集方法。

(1) 调查问卷法通过纸质或在线问卷手动采集信息。这种方法允许同时向多名受访者分发问卷，适用于需要广泛社会反馈的研究领域。例如，在社会科学研究中，研究者可以设计问卷了解公众对某项政策的态度。采用标准化设计和统一处理的方式能确保数据具备一致性和可比性，提高研究结果的准确性及可靠性。另外，研究人员还能根据具体需求，灵活设计问卷内容和格式。问卷设置通常会结合开放式和封闭式问题，经常需要同时收集定性和定量信息。例如，封闭式问题："您对现行交通管理措施的满意度如何?(非常满意/一般/不满意)"；开放式问题："请简要描述您对交通管理的主要意见。"。

(2) 访谈法通过研究人员和参与者直接对话收集数据。研究人员手动记录讨论内容或受访者的见解，深入挖掘受访者的个人体验、态度、情感和行为，获得内容丰富的多维度数据，从而有助于研究者深入理解复杂的社会现象及个体差异，弥补了问卷调查等方法难以触及的深层次信息。例如，心理学研究人员可能会通过访谈了解抑郁症患者的情绪体验，获得深层次的个人见解；工程师在开发新产品前，通过访谈法可以了解潜在用户的需求和偏好，从而制定更贴近市场需求的设计方案。

(3) 观察法涉及研究人员直接观察研究对象的行为或环境，并手动记录观察到的数据，根据研究目的和需要，可以采取参与式或非参与式的方式进行。参与式观察是指研究人员参与到被观察者的活动中，例如，人类学家参与某部落的日常活动以研究其文化。非参与式观察则是研究人员仅作为旁观者，例如，通过监控设备记录商场顾客的购物路径。观察法广泛应用于社会科学、心理学、教育学、人类学和市场研究等领域，特别适用于那些难以通过访谈或问卷调查获取直接信息的场景。

在大数据时代，对于常用的图像和文本数据，目前自动采集方法占据了主导地位，通过网络爬虫或传感器等方法可以自动地进行大规模数据的获取和处理。这些自动采集方法由于其高效性和一致性，被广泛应用于各类实时监测和大规模数据收集的场景。然而，人工采集仍然保持着其独特的价值和意义。特别是对于那些需要细致个性化解读的数据，或是在自动化技术尚未触及的领域，人工采集显得尤为关键。例如，在深度访谈和情感分析中，研究人员通过直接与受访者互动，可以捕捉到机器无法理解的细微情感和复杂社会关系。这种细致的人工采集弥补了自动化方法的不足，为后续的数据处理步骤提供了更为丰富和精确的基础信息。

3.2 数据清洗

数据清洗旨在识别并修正数据集中的质量问题，确保其在数据分析、决策支持和模型构建中的可靠性。根据不同类型的数据问题，要采用相应的数据清洗方法，以保证数据的完整性、一致性、唯一性、准确性和时效性等。

3.2.1 数据问题

在日常的数据处理和使用中，往往面临各种各样的数据问题，以表 3-1 为例，常见的数据问题包括完整性、一致性、重复性、真实性、时效性等。

表 3-1 常见的数据问题

编号	姓名	性别	年龄	联系方式	家庭住址	更新时间
1	小王	男	300	000-0001	幸福路 12 号	2024.5
2	小红	女	26	0100(000)	奋斗路 23 号	2023.5
3	小红	女	26	0100(000)	奋斗路 23 号	2023.5
4	小李		33	012-3321	胜利路 8 号	2024.5
5						

(1) 数据的完整性问题，指的是部分属性值或整条记录的缺失。在一条记录中，如果某些字段的值缺失，则可以称为属性缺失。例如，编号为 4 的性别一项未被记录，这将影响到后续的数据处理。在整个数据集中缺少了某些类别的记录，如编号为 5 的条目所有信息均未记录，则可被称为记录缺失。

(2) 数据的一致性问题，指的是同一数据在系统中不同位置存在矛盾或冲突的情况。常见的一致性问题可能有格式上的差异，即同一属性在同一个系统中可能采用不同的格式或单位。例如，表中小红的联系方式格式与其他人不同，增加了数据分析难度。

(3) 数据的重复性问题，指的是数据集中存在完全相同的记录。这些重复数据没有额外信息价值，只会占用多余的存储空间和资源，干扰统计准确性。例如，表中编号为 2 和 3 的条目是关于小红的重复数据，在进行员工人数统计时就会导致统计结果过大，而在计算员工薪资时，重复的工资记录则会使总支出金额过高。

(4) 数据的真实性问题，指的是数据集中存在与事实不符的记录。这些不真实的数据可能是由人为输入错误或设备故障造成的。例如,编号为 1 的条目中,小王的年龄被错误地记录为 300 岁,明显偏离实际,此类错误会误导分析结果。

(5) 数据的时效性问题,指的是数据集中存在过时信息,这些信息不再反映当前的状态或趋势。如果数据集中包含大量过时信息,那么基于这些数据所做出的分析和决策可能就失去了参考价值。例如,信息表中小红的年龄是 26 岁,但更新时间相比于其他人早了 1 年,若目前是 2024 年 5 月,则该数据已经过时,如果用于一些涉及员工年龄的分析,如计算养老金,就会导致决策失误。

3.2.2 清洗方法

为了更好地应对上述的数据问题,一系列针对性的数据清洗方法随之提出。通过采用删除、填充、异常检测等方法,数据清洗过程能够提升数据集的整体质量,使其更适用于数据分析、决策支持和模型训练等关键环节。

1. 完整性问题的处理方法

缺失值的存在会危害数据的完整性和可靠性,导致分析结果产生偏差,并可能误导决策制定。在统计分析和机器学习模型中,不完整的数据集会降低算法的性能,影响预测的准确性。以下是对于数据完整性问题的常见处理方法。

(1) 删除法:简单但需审慎。

删除法是指直接移除表格中含有缺失值的数据记录,以期保持剩余数据的完整性与一致性。这种方法操作简便,能够迅速减少数据集中的缺失值数量。在表格中,删除法可分为两种主要形式:行删除和列删除。

行删除是指如果一条数据记录中存在至少一个缺失值,那么整条数据记录会从数据集中移除。这种方法的前提假设是,缺失数据意味着该观测信息不完全,可能不足以支撑后续的分析或模型训练。然而,删除带有缺失值的观测可能会导致有效数据量的显著减少,特别是在数据集中缺失值比较多的情况下。另外,如果删除的数据与待研究的目标变量有某种关联,可能会引入偏差。假设正在处理一个关于患者健康状况的医疗数据集,如果某一行数据中"血糖值"字段缺失,且认为血糖值对糖尿病风险预测模型至关重要,那么移除该条缺失血糖值的患者记录将会损害模型的预测能力。

列删除是指当某一特征的缺失值比例过高时,认为该特征对分析的价值较低,故选择直接删除整列数据。如果一个特征中有超过 80% 的数据缺失,那么保留该特征可能不仅无益于提高模型的预测能力,反而可能因数据过度稀疏而降低模型性能。例如,在分析电商用户的购买行为时,面对"浏览历史"列高达 90% 数据缺失的情况,经过综合评估模型需求、特征重要性及数据质量,可以选择删除该列以规避大规模缺失值对模型性能的潜在负面影响,转而依赖其他完整且高影响力的特征来优化产品推荐算法。

在实践中,采用删除法之前,数据分析人员需要仔细评估缺失值的性质和分布情况,权衡删除数据对分析结果的影响。对于缺失比例较高且数据总体量较大的情况,删除法可能是一个有效且简便的解决方案。然而,在数据稀缺或缺失值具有某种模式,如非随机缺失时,应当谨慎使用删除法,转而考虑其他缺失值处理策略,以充分挖掘和保护数据价值。

(2) 填充法：常用而需权衡。

填充法的基本思路是通过特定的方法估算或替换缺失值，使其尽可能恢复原有数据的真实含义和信息。填充法相较于删除法能够最大限度地保留数据集的完整性，特别是当数据集较小或者缺失值并非随机出现时。填充方法有很多，以下介绍几种常见策略。

均值、中位数填充：适用于数值型数据，如在一个包含学生考试成绩的数据集中，若"数学成绩"列存在缺失值，可以计算所有非缺失数学成绩的平均值，用此平均值代替缺失值。由于中位数对异常值不敏感，因此中位数填充适用于偏斜分布或存在极端值的数据。例如，在房价数据集中，如果"房屋面积"存在缺失值，则可以用所有非缺失面积的中位数进行填充。

众数填充：适用于类别型数据，将出现次数最多的类别用于填充缺失值。例如，在一个调查问卷数据集中，"职业"这一列可能存在缺失，通过计算众数，将最常见的职业填充到缺失项。

前向填充或后向填充：适用于时间序列数据，按照时间顺序采用前一个观测值或后一个观测值填充。例如，在股票价格的历史记录中，如果某一时刻的价格缺失，可以选择使用前一时刻或后一时刻的价格填充。

插值法：对于连续数据值，该方法通过分析周围已知数据点之间的关系，智能推算出丢失的数据值，确保数据序列的连续性和完整性。具体到不同的应用场景，可以采用线性插值、多项式插值或其他高级插值方法。例如，在地理空间数据中，对于地理位置上关于温度或风速的缺失值，可以使用二维插值方法填充。

基于模型的填充：使用机器学习算法根据已有数据预测缺失值。这种方法能够利用数据的内在关系和模式，提高填充结果的准确性。常用的机器学习算法包括 k 近邻 (k-nearest neighbor, k-NN)、回归模型等。其中，k-NN 算法是一种简单的基于实例的学习方法，它通过计算数据点之间的距离来预测缺失值。回归模型则是通过拟合数据中的已知特征与目标变量之间的关系来预测缺失值。例如，在医疗数据集中，如果心率值缺失，则可以根据其他生理指标(如血压、体温等)来填充。

在实际应用中，选择哪种填充方法应视具体问题而定，综合考虑数据的性质、缺失值的分布、分析目的以及数据集大小等因素。同时，需要注意的是，填充法并不能完全恢复缺失值的真实信息，因此在处理完缺失值之后，还需结合领域知识和数据分析结果，对填充效果进行评估和调整。

(3) 忽略法：直接但需谨慎。

忽略法不对缺失值进行任何形式的填充或删除，而是直接保留缺失状态并在后续分析或建模过程中加以考虑。这种做法看似草率，却在某些特定情况下具有其合理性与优势。忽略法适用于以下情形。

缺失值较少，且对分析结果影响不大。在数据集中，若某一特征的缺失值比例极低，对整体模型预测能力的影响微乎其微，此时忽略这些缺失值可能并不会显著降低模型的性能。例如，在一个包含百万条记录的消费者行为数据集中，若某一非关键特征，如兴趣爱好只有几百条记录缺失，那么在构建预测模型时，忽略这些缺失值并不会带来太大影响。

使用能够处理缺失值的算法。某些机器学习算法能够直接处理缺失值，如决策树、随机森林等。这些算法在划分节点时可以充分利用缺失值信息，自动将其作为一个类别处理，因此无须预先对缺失值进行填充。例如，在一个贷款违约预测模型中，如果"收入证明"这一特征存在缺失值，而使用的算法是随机森林，由于随机森林能够处理缺失值，所以不必对缺失的收入证明进行填充，模型会根据其余特征和缺失值本身的分布规律来进行决策。

总之，忽略法并不是对缺失值放任不管，而是在评估了缺失值对分析目标影响较小或缺失值本身具有意义的前提下，采取的一种针对性策略。在实际操作中，应结合具体任务、数据集特点以及分析需求，灵活选用合适的处理方法，力求既能保留有效信息又能降低由数据不完整引发的问题。

(4) 创建新特征：创新且增效显著。

创建新特征来应对数据中的缺失值问题，并不是直接填补原有缺失的数据点，而是通过增加额外的信息维度来间接处理缺失值。这种方法旨在从现有数据中提炼出更具表现力和解释力的信息，进而改善模型的预测能力和泛化性能。下面将介绍新特征的创建方法。

基于缺失值的新特征创建：当面对含有缺失值的数据时，一种创造性的方法是将缺失与否作为一个新的二进制特征。例如，在一个包含用户个人信息的数据集中，若"教育水平"这一列存在缺失值，可以新增一个特征"教育水平是否缺失"，其值为1表示该用户的教育水平信息缺失，0则表示存在。这种方式让模型能够学习到缺失值本身可能携带的信号。

基于统计量的新特征创建：在填充缺失值的同时，可以记录填充所使用的统计量，如均值、中位数、众数等，并将这些统计量作为附加特征引入模型。这样做的好处是，研究人员不仅可以观察填充后的完整数据，还能了解到缺失值原本所在列的整体分布情况。例如，在处理住房价格数据时，若"房间数量"列存在缺失值，除了用平均房间数量填充外，还可以创建一个新特征"平均房间数量"，以体现整个区域房源的平均水平。

基于其他特征推断的新特征创建：在某些情况下，可以利用现有特征来推断缺失值，并由此创建新特征。例如，在交通分析中，如果车辆速度数据缺失，但有行驶时间和距离数据，则可以利用速度公式(速度 = 距离 / 时间)推算出可能的速度范围。基于此，可以创建新的特征，如"估计速度"或"速度区间"，以补充和完善数据集。

总之，创建新特征提供了一种灵活且富有洞察力的解决方案，能通过挖掘和融合数据集中的深层次信息，增强机器学习模型的解释性和预测能力。在实践过程中，应结合具体业务场景和数据特点，灵活运用各种创建新特征的方法，以提升数据分析和机器学习的效果。

2. 不一致数据值的处理方法

在进行统计分析或建立预测模型时，数据值的不一致可能引发错误的关联结论及因果判断，进而对决策导向产生偏差。此外，这种不一致还会削弱数据的互比性，使得跨数据源或跨时间的分析变得复杂。因此，识别并解决数据值不一致的问题对于维护数据质量和提高数据分析的有效性至关重要。以下列举几种典型的数据值不一致处理方法。

(1) 手工校验与修正。对于小型数据集或特殊情况，人工审核是最直观和直接的解决方案。数据分析师或研究人员可以逐条检查数据记录，识别并修正不一致的值。如果发现地址信息中省份名称拼写错误、日期格式不统一等问题，可通过手动纠正实现数据标准化。

(2) 使用规则匹配与正则表达式。利用预定义的规则和正则表达式进行自动化处理，例如，对于电话号码或邮政编码这类格式的数据，可以通过编写正则表达式匹配并规范化不一致的数据格式；对于具有一定规律的不一致现象，可以编写逻辑规则进行统一处理，如将所有非标准缩写的美国州名替换为全称。

(3) 计算字符串相似度。对于非结构化的文本数据，可以采用字符串相似度算法，如莱文斯坦(Levenshtein)距离、杰卡德(Jaccard)相似系数、余弦相似度等，来衡量两个字符串之间的相似程度，并据此进行匹配。例如，Jaccard 相似系数计算两个集合的交集大小与并集大小之比，对于字符串集合 A 和 B，其 Jaccard 相似系数定义为

$$J(A,B) = \frac{|A \cap B|}{|A \cup B|} \tag{3-1}$$

这种方法在处理文本类数据时，即使拼写或排列顺序稍有不同，也能通过计算相似度找出可能是不一致对象的记录。例如，对于 Apple Inc 和 Apple Incorporated，其分词结果分别为 {apple，inc} 和 {apple，incorporated}，其交集为 {apple}，并集为 {apple，inc，incorporated}，所以 Jaccard 相似系数为 $\frac{1}{3} \approx 0.33$。预设的相似度阈值为 0.5，因此判断这对名称不是同一对象。

(4) 使用机器学习模型。对于复杂或大规模的数据不一致问题，可以采用机器学习模型，如朴素贝叶斯分类器、支持向量机、深度神经网络等。通过在已标注的历史数据上训练，机器学习模型能自动捕捉数据一致与否的模式和规律，内化数据不一致的判别规则。在实际应用时，给定新的未标注数据，模型可根据学习到的规则自动识别出不一致的数据。

(5) 参考实体链接与数据源。整合外部权威数据资源进行数据核对与修正。例如，使用地理编码将地址标准化，或使用专门工具进行地理坐标匹配。对于人名或机构名，可以借助知识图谱或企业名录进行实体链接。

综上所述，在处理数据值不一致问题时，应根据数据规模和特征类型选择合适的方法，有时需结合多种方法共同作用，才能确保数据的一致性，为后续的人工智能分析和模型训练奠定坚实的基础。

3. 重复数据的处理方法

重复数据会虚增数据集的规模，导致分析结果出现偏差，影响数据挖掘的效率，使得模型训练和预测分析的准确性下降。因此，识别和消除重复数据对于保持数据质量、提高分析效率和确保决策的准确性至关重要。以下列举常见的处理方法。

(1) 数据库 SQL 语句。在关系型数据库中，可以使用 SQL 的 DISTINCT 关键字或 DELETE 语句结合 GROUP BY 和 HAVING 子句进行数据去重。

(2) 主键与唯一约束。在数据库设计阶段，可以通过定义主键或唯一约束来防止重复数据的录入。主键确保了表中每一行的唯一标识，从而杜绝了重复记录的可能性。

(3) 哈希函数。哈希函数可以将任意长度的输入转换为固定长度的输出，相同的输入产生相同的哈希值。利用这一特性，可以为数据集中的每一行生成一个独特的哈希值，用以识别和去除重复记录。

(4) 编辑距离与相似度匹配。对于包含文本信息的数据，可以计算记录之间的编辑距离(如 Levenshtein 距离)或相似度(如余弦相似度)，根据设定的阈值判断其是否为重复记录。在处理姓名拼写不一致或地址细微差别的问题时，这种方法尤为适用。

(5) 集成方法与聚类分析。对于复杂情况下的重复数据检测，可以采用集成方法，结合多种特征和相似度度量进行聚类分析。此外，使用基于密度的聚类方法(如 DBSCAN)、谱聚类等方法，通过数据的内在结构发现并合并重复记录。

在实际操作中，数据去重不仅仅是简单地删除重复记录，还包括理解为什么会产生重复数据，以及如何在源头上减少重复数据的产生。此外，对于不同的分析目的和应用场景，可能需要对重复数据处理有不同的策略，如合并重复记录的统计信息，或是保留特定条件下最新的记录等。

4. 不真实数据的处理方法

在数据集中可能存在一些不真实数据，这将会导致统计分析产生误导性的结果，增加决策的风险。在模型训练中，不真实数据可能会被错误地解释为有效信号，进而难以获得数据的真实模式和规律。因此，确保数据的合理性和准确性是进行有效数据分析和构建可靠机器学习模型的前提。可以采取以下方法发现数据集中存在的不真实数据。

(1) 规则检查。制定数据合理性规则，如年龄在某个范围、身高体重满足特定公式等。利用这些规则对数据进行扫描，识别违反规则的记录为可疑不真实数据。例如，表 3-1 中小王的年龄被错误记录为 300 岁的情况，通过设置"年龄必须在 0～150 之间"的规则即可发现。

(2) 异常值检测。计算数据的统计量(均值、标准差等)，确定数据的正常分布范围，将偏离正常范围的数据点标记为异常值。

(3) 数据对比。将数据集中的部分记录与其他可信数据源进行交叉验证。例如，可以将公司员工数据中的部分记录与政府人口普查数据进行比对。若发现明显矛盾的记录，则极有可能是不真实数据。

(4) 模型分析。适用于待检测数据量较大的场景。首先，从整个数据集中通过规则检查、异常值检测、数据对比方法，初步筛选出一部分真实数据样本。基于这些数据样本训练一个机器学习模型，学习数据中潜在的模式和规律。然后，将模型应用到待检测数据，将模型预测值与原始数据值进行对比，其中异常或离群的数据可能就是不真实的。

(5) 外部审核。邀请领域专家或第三方对可疑数据进行审核和评估。专家可依据专业经验和常识判断，发现不合理的不真实数据。

鉴别出不真实数据后,修复和替换这些数据是提升数据质量的关键步骤。可采用前面所提到的一些处理方法,如对于极端异常值或明显不合理的数据,直接将其删除可能是最简单有效的做法。除此之外,利用相邻数据点或同类数据的值,通过插值等数学方法也可估算该不真实数据的合理值。对于一些偏差不太严重的数据,可以邀请领域专家根据专业经验和其他辅助信息对这些数据进行人工修正,使其更加合理。

5. 时效性问题的处理方法

数据时效性问题会导致基于这些数据的分析和决策失去参考价值,从而可能引发错误的业务决策和策略规划。在快速变化的环境中,过时的数据可能导致错失机会或采取不适应当前情况的行动。此外,数据时效性问题还可能影响机器学习模型训练的效果,降低预测的准确性,进而影响整个数据处理流程的可靠性和有效性。以下介绍三种常见的处理方法。

(1) 数据更新策略。

为了确保数据分析的准确性,需要建立数据更新策略,以便定期地从源头获取最新数据,如定期对数据库更新。在一些情况下,可能需要实现自动化的数据更新流程,以减少人工干预,提高效率。例如,企业可能会安排在每个交易日结束时更新其财务数据,或使用 API 实时获取最新的市场指数和股票价格。此外,数据更新的频率和时机,应根据数据的重要性和变化速度来决定,以平衡数据的时效性和系统的负载。

(2) 版本控制。

版本控制允许用户追踪数据的变化历史,确保数据的可追溯性。通过版本控制,可以记录每次数据更新的详细内容,包括更新时间、更新人员和变更描述。这不仅有助于快速定位数据问题,还能在必要时恢复到之前的版本。此外,版本控制还能与数据质量检查相结合,确保每次更新后的数据都经过验证,满足质量标准。

(3) 数据过期策略。

数据过期策略通过定义数据的"保质期",可以自动标记那些超出有效使用期限的数据。过期的数据应当从分析和决策过程中排除,或者明确标注其过期状态,提醒用户谨慎使用。数据过期策略需要根据数据的类型和用途来定制。例如,对于天气预报数据,可能只需要几个小时的有效期;而对于人口统计数据,有效期可能长达数年。实施数据过期策略时,可以利用数据库的生命周期管理功能,或者编写脚本来自动执行过期数据的识别和处理。此外,还应考虑数据过期对业务流程的影响,确保在数据过期后有相应的替代方案或更新机制。

3.3 数据集成

数据集成旨在将分布于不同系统与平台中的异构数据进行统一处理和管理,以消除信息孤岛,为用户提供一个清晰、一致和完整的数据视图。数据集成策略分为提取-转换-加载(extract-transform-load, ETL)和提取-加载-转换(extract-load-transform, ELT)。ETL 策略先提取数据,进行转换后再加载,确保数据准确性和一致性,适用于对数据质量要求高的场景[33];而 ELT 策略先提取和加载数据,随后在大数据平台上进行转换,更注重处理效率和灵活性，适合处理大规模非结构化数据的场景。

3.3.1 数据提取

数据提取作为数据集成流程的首要阶段，其任务是从各式各样的数据源中精准提取所需信息。依据数据的不同组织形式，数据提取技术可分为三大类。

(1) 结构化数据提取。这类数据以高度规则化的形式存在，如关系数据库中的表格数据，其特点是具有固定列名、每一列数据类型明确。结构化数据提取主要借助 SQL 等数据库查询语言来执行，利用其强大的数据检索与筛选能力，能够迅速且准确地从数据库中提取出满足特定条件的数据集。SQL 的灵活性允许用户通过复杂的查询逻辑来实现对数据的精准提取。

例如，某家零售公司希望从其销售数据库中提取 2023 年 10 月销售额超过 10000 元的门店数据，可以通过以下 SQL 语句实现：

```
SELECT store_name, sales_amount
FROM sales_data
WHERE sales_date BETWEEN '2023-10-01' AND '2023-10-31' AND sales_amount > 10000;
```

这种方式不仅简洁且高效，还能通过联结多个表以整合不同维度的数据，如将销售记录与客户信息关联，以生成更详尽的数据便于后续的分析需求。为了提升性能，现代数据库支持索引、分区等技术，使得数据提取过程更加快速。此外，数据提取工具，如 Informatica 还提供了图形化界面，支持拖拽式操作，降低了用户对编程的要求，适用于需要快速部署的场景。

(2) 半结构化数据提取。半结构化数据虽不如结构化数据那般严格规范，但仍保持一定程度的内部结构，如 XML 和 JSON 文档，它们通过标签或键值对的形式来组织信息。这类数据的提取通常采用 XPath 和 XQuery 等技术来定位和提取所需信息，或者利用 Python 等编程语言中的库(如 xml.etree.ElementTree、json 模块)来解析和提取数据。这些方法允许开发者灵活地遍历和提取半结构化数据中的元素和属性。

假设一个开发者需要从 JSON 格式的 API 响应中提取用户的姓名和邮箱地址，可以使用 Python 编写如下代码：

```python
import json
data = '''{
    "users": [
        {"name": "Alice", "email": "alice@example.com"},
        {"name": "Bob", "email": "bob@example.com"}
    ]}'''
parsed_data = json.loads(data)
for user in parsed_data['users']:
    print(f"Name: {user['name']}, Email: {user['email']}")
```

这段代码能够方便地提出半结构化的数据片段，便于后续处理。半结构化数据的提取在 Web 数据抓取和物联网设备数据处理等场景中有着广泛应用，如从实时 API 中提取城市天气信息或者分析智能家居设备生成的日志数据。

(3) 非结构化数据提取。面对缺乏固定模式的非结构化数据，如文本、图像、视频等，提取过程往往更为复杂，可以借助相关智能技术来解析和提取有用信息。例如，文本数据的提取可以依靠自然语言处理技术进行语义分析和关键词提取；图像和视频数据则可以通过计算机视觉技术识别物体、分析场景；音频数据则需要信号处理和语音识别技术来转译内容。这些智能算法的应用，丰富了非结构化数据的处理方法，极大地扩展了数据集成的边界和深度。

例如，在文本数据处理中，可以使用关键词提取技术从评论中提取常见的词汇。以下是一个使用 Python 的 NLTK 库提取文本关键词的简单示例：

```
from nltk.tokenize import word_tokenize
from nltk.probability import FreqDist
text = "The product is good, but the delivery was delayed. Overall, I like the product quality."
tokens = word_tokenize(text)        #分词操作
fdist = FreqDist(tokens)            #计算词频
print(fdist.most_common(3))         #获取词频最高的 3 个词元及其出现次数
```

这段代码展示了如何使用 Python 的 NLTK 库对文本进行分词，并统计词频以提取出最高频的三个关键词。

3.3.2 数据转换

在提取数据后，紧接着的步骤是实施数据转换，此环节对确保数据一致性至关重要。数据转换聚焦于两个核心操作：一是统一数据格式，二是统一度量单位。通过这两个操作，不仅可以增强数据间的可比性，还可大幅提升数据的实际应用价值。

1. 统一数据格式

数据遵循统一标准，这对数据的一致性和可读性至关重要。数据标准化有助于消除不同数据源之间的差异，使得数据能够在不同的系统和平台之间无缝对接。标准化可以通过定义数据模型、创建数据字典或采用通用的数据交换格式来实现。

(1) 数据模型。数据模型是数据库设计的核心，用于表达数据的逻辑结构和关系。例如，在构建客户管理系统时，一个数据模型可能会包括客户 ID、姓名、地址等属性，这些属性在关系模型中以表格形式存在，通过外键等关系型数据库机制相互联系，确保了数据结构的清晰性，便于查询优化和数据完整性的维护。

(2) 数据字典。相比于数据模型，数据字典更侧重于数据的详细描述和参考，类似于一个数据库的文档或目录，详细记录了每个数据元素的具体信息，包括数据类型、长度、格式等。数据字典在数据库的实现和运维中发挥着关键作用，以确保数据的一致性和标准化。以零售行业为例,数据字典中关于"产品类别"的条目可能会详细说明该字段的定义(电子产品、服装等)、数据类型(字符串)、允许的最大长度(100 字符)、枚举值列表(所有预定义的产品分类)以及任何业务规则(如"必填项")。这种详尽的描述对于开发人员理解需求、进行系统验证以及后续的数据治理都是不可或缺的。

(3) 数据交换格式。采用通用的数据交换格式,如 XML、JSON 等,可以提供一种标准化方法来表达和交换数据。这些格式不仅易于阅读和编写,而且方便机器解析,从而支持数据在不同系统和平台之间的无缝对接。假设一家公司需要将其内部的销售数据与外部的市场分析平台共享,可以使用 JSON 格式,销售记录被结构化为一系列数据对象,每个对象代表一条销售记录,包含日期、产品 ID、销售数量和售价等信息。这样的数据包易于生成,同时也便于接收方解析并导入到其系统中进行后续分析。

综上所述,通过精心设计的数据模型可以确保数据结构的逻辑性和完整性,利用数据字典可以强化数据元素的规范性和可理解性,采纳通用的数据交换格式可以促进跨系统数据流通的便捷性。通过采用这三种方法,数据集成能够高效地处理和管理多种来源的数据,确保数据的有效流动和利用。

2. 统一度量单位

在进行跨领域、跨时间或跨地区的数据分析时,通过统一度量单位可以确保数据在不同环境和条件下具有一致性和互操作性,从而为数据分析提供坚实的基础。统一度量单位通常涉及单位转换和数值缩放等操作。

(1) 单位转换。单位转换是指将不同数据使用的多种度量单位转换为一个共同的单位,这一过程对于整合不同来源的数据至关重要。例如,在进行科学计算或国际商务交易时,经常需要将英制单位转换为公制单位。实现单位转换通常需要运用特定的转换因子,通过乘法或除法操作完成,以确保数据的一致性和准确性。

(2) 数值缩放。数值缩放是指调整数据中数值的范围或尺度,使其转换至一个特定区间的过程。这在处理具有不同量级或分布的数据时非常有效,可以避免某些特征在后续的数据处理步骤中占据过大的权重。下面列举常见的数值缩放方法。

最小-最大归一化(min-max normalization)是最常用的归一化方法之一,它将所有数值缩放到 $[0,1]$ 区间内。对于数值 x,最小-最大归一化后的结果 x_{norm} 为

$$x_{\text{norm}} = \frac{x - x_{\min}}{x_{\max} - x_{\min}} \tag{3-2}$$

其中,$x_{\max}$ 和 $x_{\min}$ 分别是所有数值的最大值和最小值。这种方法的优点是简单快速,但如果新数据的数值超出了原有的最小值和最大值,会导致归一化值超出 $[0,1]$ 的范围。

Sigmoid 函数是将数值映射到 $(0,1)$ 区间的非线性函数,具有 S 形曲线。在 $(-0.5, 0.5)$ 区间内,Sigmoid 函数的曲线斜率较大,表明在这个区间内输入值的微小变化会导致输出值的显著变化。该函数能够将输入值映射到 $(0,1)$ 区间,当输入值向正无穷或负无穷极端移动时,函数的输出值会逐渐趋近于 1 或 0。这种特性使 Sigmoid 函数成为一个很好的阈值函数,适用于将连续数据的数值转换为类似概率的数值。对于数值 x,Sigmoid 函数归一化后的结果 x_{norm} 为

$$x_{\text{norm}} = \frac{1}{1+e^{-x}} \tag{3-3}$$

Sigmoid 函数归一化的优点是能够处理负值,并且对于数据的分布形状有一定的控制能力,但其非线性的特点可能导致一些数据点会聚集在数值范围的两端。

与 Sigmoid 函数不同,Softmax 函数将一个包含多个元素的向量映射为一个总和为 1 的概率分布。对于一个输入向量 $x=[x_1,x_2,\cdots,x_n]$,Softmax 函数的输出 $y=[y_1,y_2,\cdots,y_n]$,$\sum_{i=1}^{n} y_i = 1$,其中第 i 个元素 e^{x_i} 被归一化后的概率值 y_i 可按照如下公式计算:

$$y_i = \frac{e^{x_i}}{\sum_{j=1}^{n} e^{x_j}} \tag{3-4}$$

Softmax 函数的优点是能够将一组数值归一化为概率分布,使得所有值之和等于 1,从而便于解释和比较不同数值的相对大小,增强了数据的区分性。然而,Softmax 函数的非线性特点可能导致数值之间的差异被放大,使某些值占据主导地位,而其他值接近于 0,从而减小了部分数据点的影响力。

Z-score 标准化的目标是将数值转换为均值为 0、标准差为 1 的分布。对于数值 x,Z-score 归一化后的结果 x_{norm} 为

$$x_{\text{norm}} = \frac{x-\mu}{\sigma} \tag{3-5}$$

其中,μ 是所有数值的均值;σ 是所有数值的标准差。这种方法的优点是能够保留数据的分布特性,但如果数据中有异常值,则会对均值和标准差产生较大影响。

总体来说,最小-最大归一化适用于离群点较少的场景。Sigmoid 函数将输入值映射到 0~1 之间,使得每个值独立地表示为概率,适用于需要单独处理每个输入值的场景。Softmax 函数将一组输入值转换为概率分布,使得所有值的总和为 1,反映了相对概率分布,适用于需要对多个输入值进行归一化并比较其相对大小的场景。Z-score 标准化保留了数据的统计特征,适用于服从正态分布的数据场景,但若数据分布偏离正态或存在大量异常值,则效果不佳。因此,实际应用中需要结合数据分布和应用场景来选择合适的归一化方法,以确保数据转换的质量,为后续的数据处理提供可靠的数据支持。

3.3.3 数据加载

数据加载技术是数据集成的最后环节,涉及将经过提取和转换的数据加载到目标系统中,以便进行后续的访问、分析和利用。数据加载主要有三种模式:全量加载、批量加载和增量加载。

(1) 全量加载具有完整性的特点,它将源系统中的所有数据一次性地加载到目标系统中。通常用于初次构建数据仓库或者重建已有数据集。在加载过程中,所有的历史数据都会被迁移,为数据分析和综合业务视图的建立提供了基础。然而,由于涉及的数据量庞大,全量加载对系统性能、网络带宽和执行时间都有较高要求,加载过程可能需要数小时甚至数天才能完成。全量加载适用于一次性加载大量数据的场景,但由于需要完

全覆盖目标系统中的现有数据，因此不适合频繁更新的场景。例如，零售公司在建设其数据仓库时，可能会从多个业务系统（如销售系统、库存管理系统、客户关系管理系统等）一次性加载所有的历史数据。这些数据包括过去的销售记录、库存变化、客户交易历史等信息，目的在于为数据仓库提供完整的业务视图。全量加载不仅包括所有商品的销售数据，还包括每个客户的购买习惯、库存调整记录等详细信息。这样做的目的是确保在数据仓库中能够查询到零售业务的全面历史记录，帮助公司分析不同时间段的销售趋势、客户偏好以及库存优化等，从而为后续的市场分析、销售预测等决策提供支持。

(2) 批量加载具有周期性的特点，通常在固定的时间间隔内从源系统中提取数据，并将其加载到目标系统中。这种模式注重时间段内数据的整合，而非全量历史数据的迁移，因此具有较高的灵活性和资源利用效率。批量加载适用于对时效性要求不高且需要定期更新大规模数据的场景。例如，在某家大型零售公司中，批量加载常用于库存管理系统的更新。这家公司每月需要更新一次库存数据，以便进行库存盘点和销售分析。为了保证库存数据的准确性，公司会在每月的第一天执行一次批量加载任务，将上个月的销售记录和库存变动数据从不同的业务系统（如 POS 系统、供应链系统等）提取出来，经过转换和处理后，加载到目标库存管理系统中。这样，系统中的库存信息能够及时反映上个月的销售状况和库存调整，帮助管理人员进行库存规划和订单管理。

(3) 增量加载具有实时性的特点，它专注于捕捉源系统数据的变更，并及时将这些变更更新到目标系统中。其目标是高效、实时地同步源系统的新增、更新或删除记录到目标系统中。与全量加载和批量加载相比，增量加载具有数据传输量小、速度快的特点，特别适合需要实时更新的场景。以银行为例，增量加载在银行的核心业务系统中发挥着重要作用。银行的客户账户信息经常发生变化，如账户余额的实时更新、交易记录的不断生成等，这些变更需要及时同步到银行的数据库中，以确保客户随时可以查询到最新的账户状态。增量加载的实施通常依赖变更数据捕获（change data capture, CDC）技术。CDC 技术能够实时监测源系统中数据的增、删、改操作，捕捉数据的变动并通过数据同步机制将变更数据传输到目标系统。同样以银行交易系统为例，当客户进行存款、取款或转账操作时，CDC 技术会识别出这些操作并将变更数据及时传输到核心系统中，确保系统内数据的一致性和实时性。

在实际操作中，这三种加载方式往往并不孤立使用，而是根据不同的需求和数据特性灵活组合。例如，在一个大型公司中，初始的数据加载可能会采用全量加载方式，确保系统的完整数据基础，然而随着业务的开展，批量加载会定期用于更新库存数据，而增量加载则用于实时更新客户订单和交易信息。这种多方式结合的策略能够有效提升数据加载的效率与质量，确保系统在处理大规模数据的同时，依然能够提供高效、实时的服务。

3.4 数 据 标 注

数据标注是对原始数据进行分类、标记和描述的过程，可以为数据赋予语义信息，提高数据的可读性和可理解性，支持更精准的数据分析和应用。根据标注的方式不同，可以将数据标注划分为手动标注、半自动标注和自动标注。

3.4.1 手动标注

手动标注是完全依赖人工进行数据标注的过程，要求标注人员具备相关领域的知识和经验。这种方式因标注质量高、灵活性强，适合复杂且具有主观判断要求的任务。其缺点是需要耗费大量时间和人力资源，在处理大规模数据集时面临效率低下和成本高昂的问题。此外，如何避免在标注过程中的主观偏差和提升一致性也是手动标注需要重点解决的难题。因此，为确保高质量标注，手动标注通常需要制定严格的标注说明，明确数据标注的规则和标准，同时设置质量控制流程，监测和修正标注过程中可能出现的错误和偏差。常见的手动标注方式如下。

(1) 众包标注：通过互联网平台将标注任务拆分为小型、具体的单元，并分发给众多网络用户完成的模式。利用网络上的分布式人力资源池，将大规模数据标注任务进行分工协作。这种方法特别适合任务繁多且相对简单的数据标注需求，如图像分类、文本标注等。众包标注的优势在于其低成本和高效率。通过将标注任务分解为微小单元，平台可以快速吸引大量用户参与完成工作，同时分摊每个标注者的认知负担，从而显著提升标注效率。例如，在社交媒体分析中，可以将大量用户评论分发给众包用户进行情感标注，以便更快地构建情感分析模型。此外，众包标注平台通常具备强大的数据处理能力，能够实时整合和分析用户提供的标注结果。众包标注面临的最大挑战是质量控制。由于参与者水平参差不齐，标注结果可能存在较大偏差，因此建立完善的质量控制机制至关重要，如应当提供清晰的标注指引、对标注结果进行交叉验证、剔除异常标注结果等。

(2) 联合标注：由多个标注人员对同一数据样本独立进行标注，随后通过汇总机制，如多数判决或加权平均，来综合标注结果。这种方法利用多人的智慧和视角，在一定程度上避免了单一标注者可能出现的主观偏差，尤其适合对标注质量要求极高的领域。例如，在法律文本分析中，不同标注人员可能对条文的关键性有不同理解，通过联合标注的方式，可以得到更客观、权威的标注结果。联合标注的核心优势在于结果的可靠性和一致性。多位标注者的意见汇总，能够充分降低个人误判的风险。联合标注同样面临一定的挑战，例如，当标注者意见不一致时，如何设计科学的决策机制；联合标注的时间成本和人力投入较高，如何评估数据标注的进度。在实际操作中，可通过优化汇总流程、设置仲裁机制或引入自动化辅助工具来提高效率。

(3) 层级标注：将数据标注任务分为多个层级，由不同经验水平的标注者分工协作完成。初步标注通常由低级标注者完成，他们负责识别数据中的基本特征，而更复杂或需高度专业性的标注则由高级标注者进行审核和确认。这种分级协作模式能够有效减轻单一标注者的认知负担，同时最大化发挥专家的专业能力。层级标注的优势在于能够平衡效率与精度，尤其适用于复杂任务和大规模数据集。例如，在无人驾驶领域的道路场景标注中，初级标注者可以完成基本的道路边界和障碍物标注，而高级标注者则专注于细化处理复杂场景，如交通标志的识别与标注。通过这种层级划分，标注团队能够在确保标注质量的同时，大幅提升效率。层级标注也存在一定的风险，例如，低层级标注者可能在初始阶段犯错，这些错误若未被高层级标注者发现并纠正，可能被进一步放大。因此，在层级标注中，建立完善的审查机制尤为重要，可通过随机抽样检查低层级标注结果或引入机器学习算法对初步标注进行自动化检查，从而降低错误传递的风险。层级标注在实际操作中对团队协作的要求较高，需要明确每个层级的职责分工，避免出现责任模糊或任务重叠的情况。通过制定合理的工作流、优化任务分配和加强沟通，可以显著提升层级标注的效率与效果。

3.4.2 半自动标注

半自动标注技术结合了人类知识与自动化算法的双重优势，为大规模数据标注任务提供了相对高效且精准的解决方案。相较于完全依赖人工的手动标注，半自动标注显著降低了劳动强度，并利用机器学习算法提升了标注效率；与完全自动化的标注方法相比，它通过人工介入保证了标注质量的可靠性和精确性。当需要在效率与质量之间找到最佳平衡点的场景时，半自动标注是一种理想的选择。例如，在自然语言处理中的实体识别任务中，半自动标注可以快速扩充标注数据集，同时确保语义标注的准确性。半自动标注主要有以下实现方式。

(1) 主动学习(active learning)：一种以"模型驱动人工参与"为核心的迭代式标注策略，通过智能选择最有价值的数据样本进行人工标注，减少标注工作量并提升标注效率[34]。主动学习过程的起点是少量的已标注数据，基于这些数据训练一个初步模型。接下来，模型对未标注样本进行价值评估，同时根据预设的查询策略（如不确定性采样、代表性采样等）筛选出那些最有价值的样本。这些样本被优先提交给人工进行标注，标注完成后，被添加到训练集中。增加新标注数据后，模型被重新训练，以进一步提高预测性能。通过反复迭代，模型的预测精度与效率逐步提升，形成了一个标注质量和效率同步优化的良性循环。这种方法的核心在于"优先标注关键样本"，从而以最少的人工干预实现模型性能的快速提升。例如，在自动驾驶领域的目标检测任务中，主动学习可针对模型预测模糊或不确定的场景（如夜晚、雨天的交通状况、复杂交叉路口）进行优先标注。通过将注意力集中在这些复杂场景上，模型能够更快速地适应多变的道路条件。

(2) 人机交互(human-machine interaction)：一种以人工与机器协同工作作为基础的标注方式，强调在算法自动化处理的基础上引入人工审查和校正，以提高标注数据的质量[35]。其具体流程通常是先由人工对少量数据进行精细标注，作为种子数据初始化标注算法。然后，算法利用这些种子数据对剩余的大量数据进行自动标注。机器标注占据了主要部分，人工在标注流程中扮演监督者的角色，负责纠正机器标注中的错误，并通过反馈机制帮助算法不断优化。该方法在标注流程中将机器的大规模处理能力与人工的精确判断力相结合，形成了高效的协作模式，尤其适用于需要高质量数据标注的任务。例如，在医学影像分析中，在初始阶段，由放射科医生标注部分病例图像，这些标注为算法提供基础训练数据。随后，算法对新影像进行批量标注，而医生只需对高风险病例或异常标注进行审查，并对算法标注中出现的错误进行校正。这种"教与学"的互动模式显著提升了数据标注的效率，同时也让算法的性能通过持续反馈得到优化。值得注意的是，随着算法的学习能力不断增强，人工干预的需求逐渐减少，标注效率也随之提高。为避免在后期过度依赖算法，仍需保持定期的人工校验，以防止累积错误或偏差扩散。

3.4.3 自动标注

自动标注是指通过机器学习算法训练标注模型，对未标注数据自动预测生成标签的过程，无须人工参与。这种方式可以极大提高标注效率、处理海量数据，且成本最低，但缺点是标注质量完全依赖于模型，难以确保全部标注的准确性。常见的自动标注方法包括基于规则的标注、基于监督学习的标注、基于半监督学习的标注和基于无监督学习的标注。自动标注适用于对标注效率和成本较为敏感、对标注质量要求不太高的任务场景。常见的自动标注实现方式有以下几种[36]。

(1) 基于规则的标注：根据人工设计的一系列规则，通过模式匹配、条件判断等方式，为未标注数据自动添加标注。这些规则可以来源于统计信息、语法语义模式、专家知识等，其优点是直观可解释、执行效率高，但缺点是扩展性差、需人工编写大量规则，且对异常情况的适应能力有限。因此，基于规则的标注方法通常作为启动方案，结合其他自动化标注技术使用，或作为后期校正的辅助手段。在规则性强的特定领域，如生物医学文献挖掘、专利分析等，该方法具有应用价值。

(2) 基于监督学习的标注：基于大量已标注的训练数据，训练分类、回归等机器学习模型，然后将训练好的模型应用于未标注数据，对其进行自动标注。在标注过程中，需要将已标注数据集划分为训练集、验证集和测试集。模型性能由验证集进行评估，通过调整算法的超参数、增加训练数据等方式进行优化。此方法适用于已标注数据充足的任务，如图像目标识别、文本情感分析等。

(3) 基于半监督学习的标注：结合少量已标注数据和大量未标注数据进行机器学习模型训练。首先，使用少量已标注数据训练一个初始模型。然后，用这个模型对大量未标注数据进行自动标注。从自动标注结果中选取模型置信度最高的那一部分数据，可认为这些数据的标注质量较好。将这些高置信度标注的数据加入到训练集中，重新训练模型。重复这个过程，模型的标注质量会不断提高。这种方法适用于数据标注成本高昂或数据不平衡的场景，能够在有限资源下有效提升模型性能。

(4) 基于无监督学习的标注：无须标注数据，利用聚类等无监督学习算法发现数据内在的模式和结构，然后基于这些发现的模式自动对数据进行分组与标注。此方法对于探索性数据分析、用户行为分析等领域尤为有效，能揭示数据中隐藏的模式。然而，无监督标注的解释性和准确性往往难以保证，因为没有明确的"正确答案"作为参照。

综合来看，手动、半自动和自动方法各自适用于不同的应用场景。手动标注依赖人工经验和判断，适用于对标注质量要求极高、数据量有限的任务，标注成本高且效率低。半自动标注则结合了人类智慧与自动化处理的优势，适用于需要快速扩大标注数据集规模且不能妥协标注精确度的任务。它通过主动学习和人机交互等技术，在提升效率的同时保持较高的标注质量。自动标注完全由机器学习算法进行，适用于对标注效率和成本敏感且对标注质量要求不太高的任务场景。虽然自动标注能够处理海量数据，但其标注质量依赖于模型性能，因此在需要高精度的应用中，通常会结合手动或半自动方法进行校正和补充。

3.5 数据增强

数据增强是指在保持数据原始语义的前提下，通过编辑、合成和生成数据样本来扩大数据集规模的方法。它可以有效缓解数据不平衡问题并提高机器学习模型的泛化能力。

数据增强方法包括基于启发式变换的无模型方法和利用生成模型的有模型方法。此外，数据增强策略是指根据不同的任务需求选择合适的数据增强方法，可以在保持数据多样性的同时，最大限度地提高模型的训练效果和性能表现。按照选择方式的不同，可分为手动策略和自动策略。

3.5.1 增强方法

1. 无模型方法

无模型方法不依赖于预先训练的模型，而是直接对原始数据进行操作以增加数据集的多样性，其计算效率高且实现简单。无模型方法基于人类对数据内在特性的深刻理解，通过模拟现实世界中的各种变化来生成新样本，如视角转换、光照变化、语序调整等。这些方法不仅能够以较低的计算开销迅速扩充数据集规模，还通过引入人类的先验知识来帮助模型学习到更为鲁棒的特征表示。然而，无模型方法主要依赖于人类预定义的规则，可能无法充分捕捉数据中的所有潜在变化。在一些高度专业或抽象的领域，如医学影像或抽象艺术，人类可能难以预见或定义所有可能的变化，这时无模型方法的效果就会受到限制。以下各小节将从图像、文本和音频三个主要领域，详细介绍无模型方法的具体技术。

1) 图像数据增强

根据每次增强操作所使用的源图像数量，图像数据增强技术可分为单图像增强技术和多图像增强技术。单图像增强技术仅利用单张图像进行增强，通过对单张图像的几何、颜色或强度等方面进行变换，生成新的图像样本。这种技术的核心思想是，即使是单一图像，也蕴含着丰富的视觉信息，通过模拟现实世界中的各种变化，可以从这单一源头派生出多个新样本。

(1) 单图像增强技术。

单图像增强技术通常包含以下三种主要类型：几何变换、颜色处理和图像强度变换。这些技术分别从图像的结构、视觉表现及细节特性入手，通过引入不同层次的变化，为模型训练创造更多样化的数据分布和更丰富的学习样本。下面将详细介绍这三种技术的具体实现方法。

几何变换技术是通过改变图像中物体的形状、大小或位置，在不改变其本质特征的前提下生成新图像。常见的几何变换包括旋转、翻转、缩放、裁剪。旋转变换通过改变图像的角度来模仿拍摄视角的变化，使得模型能够理解不同方向上的相同图像。翻转变换通过水平或垂直翻转图像以模拟镜像效应，增强模型对方向不变性的认识。缩放变换能够调整图像尺寸，反映目标在不同距离或缩放尺度下的外观，提升模型的尺度不变性。裁剪变换则可以随机选取图像的部分区域进行裁切，模拟观察视角的变化，增强局部特征的学习。这些变换帮助模型学习几何变化下的不变特征，提高识别准确率。

颜色处理技术通过改变图像的颜色属性来增强数据，主要方法包括颜色抖动、对比度调整、饱和度变换和色彩空间变换。颜色抖动通过随机改变每个像素的颜色值，模拟光照变化或传感器的随机噪声。对比度调整可以增大或减小图像中明暗区域的差异，使得模型能够更好地适应不同光照条件。饱和度变换可以调整颜色的鲜艳程度，帮助模型理解在不同饱和度条件下的对象外观。色彩空间变换则可以改变图像的整体色调和颜色分布，使模型适应不同拍摄和显示设备的色彩特性。这些颜色处理技术通过模拟各种光照、天气和拍摄条件下的变化，提高了对真实世界场景的适应性。

图像强度变换技术通过修改图像中某些特定区域的强度值来增强图像数据，主要方法包括滤波、添加噪声、随机遮挡、随机擦除和网格遮挡等。滤波处理模拟镜头失焦或运动模糊，通过在图像上应用不同类型的滤波器来修改图像的频率特性，使模型能够处理模糊或运动中的对象。添加噪声模拟传感器噪声和信号干扰，通过在图像上叠加随机噪声，提高模型在嘈杂环境中的鲁棒性。随机遮挡技术通过在图像上随机遮挡一个正方形区域并用 0 填充，以模拟遮挡物体或信息丢失的情况，使模型能够在部分信息缺失时仍能进行准确分类。随机擦除方法在图像上随机擦除矩形区域并用均值填充，以进一步增强模型的鲁棒性和对缺失信息的处理能力。网格遮挡技术通过在图像上叠加网格状的遮挡掩码，隐藏图像的一部分，使模型能够学习到在网格遮挡下的特征表达。这些强度变换技术通过模拟现实世界中的各种干扰和遮挡情况，增强了模型对复杂场景的鲁棒性。图 3-1 展示了部分数据增强成果。

图 3-1 常见的单图像数据增强技术

综上所述，单图像增强技术的主要优势是其具有简单性、计算效率高和普适性强。它只需对每张图像独立进行操作，不依赖于其他图像。然而，这也导致其具有局限性，由于所有新增样本都源自同一图像，因此生成样本的多样性有限，无法引入全新的语义内容。

(2) 多图像增强技术。

多图像增强技术利用多张图像进行合成或交互，以生成新的图像样本，主要分为非对象级增强和对象级增强。两者的主要区别在于处理图像数据的粒度和作用层次。具体而言，非对象级增强关注于图像整体的融合与变换，通过合并整张图像或其标签来增加数据多样性；而对象级增强则专注于图像中单个对象的操作，通过对特定对象进行裁剪、缩放或旋转来模拟现实世界中对象的不同表现，有助于提升模型对特定对象的识别和定位能力。

非对象级增强技术直接对整张图像进行操作,常见的方法包括样本配对、剪切混合、马赛克增强和增强混合。以样本配对方法为例,图 3-2 详细描述了其数据增强过程,通过将两张图像按一定比例混合,生成一张新图像,使得模型能够学习到不同图像特征的组合[37]。此外,剪切混合通过剪切并粘贴图像区域,将一张图像的部分区域覆盖到另一图像上,这样的处理方式能够增加模型对遮挡和部分信息丢失的鲁棒性。马赛克增强通过将四张图像拼接成一张新图像,增加了单张图像的复杂性和多样性,使得模型能够更好地学习到不同场景的组合特征。增强混合则通过组合多个增强操作生成新的图像,这些操作包括各种颜色、几何、剪切混合等,旨在提供更加多样化的训练样本。

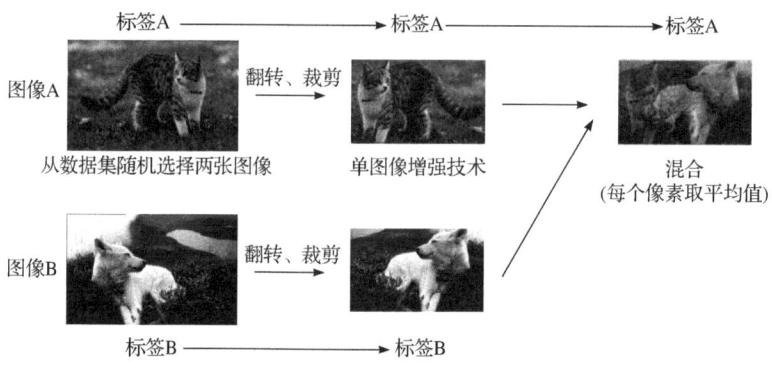

图 3-2 样本配对方法的详细过程

对象级增强技术需要先识别图像中的特定对象,然后对这些对象进行复制、粘贴、缩放等操作。常见的方法包括剪切与粘贴、缩放与融合和上下文数据增强。以"剪切与粘贴"方法为例,图 3-3 详细描述了其数据增强过程,通过剪切图像中的特定对象并将其粘贴到另一张图像中,以模拟不同背景下的特定对象情况,增强模型在目标检测和分割任务中的鲁棒性[38]。"缩放与融合"则是对剪切的对象进行缩放后再融合到新的背景图像中,使模型学习到该对象在不同大小和背景下的特征表示。"上下文数据增强"技术通过将对象粘贴到不同的背景中,模拟该对象在多种环境中的出现情况,与"剪切与粘贴"不同,这种方法注重语义和视觉的连贯性,不是随意选择背景,而是仔细挑选那

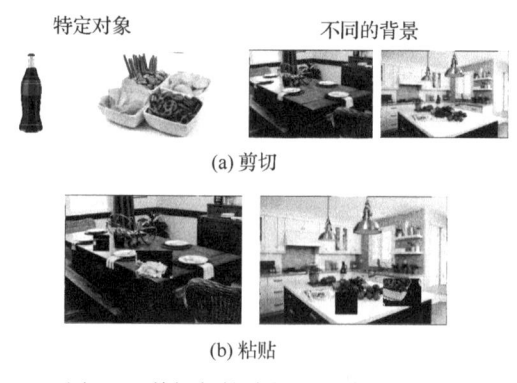

图 3-3 剪切与粘贴方法的详细过程

些在语义或功能上与对象相关的场景。例如，将猫的图像分别粘贴到客厅、卧室和花园中，这些都是猫可能自然出现的地方。这有助于模型更好地理解对象与背景之间的关系，从而获得对场景语义的深刻理解。

综上所述，多图像方法能够生成更加丰富和多样的新样本，通过组合或融合多张图像的内容，可以创造出单图像方法难以实现的新场景，这有助于模型学习更抽象的形状和纹理概念。然而，多图像方法同样也有局限性，最突出的是计算复杂度高，因为需要同时处理和分析多张图像，计算量随图像数量的增加而迅速上升。多图像方法还需要更大的数据集以提供足够的图像组合选择，在数据稀缺的情况下可能难以实现。此外，不当的图像组合可能产生语义冲突或视觉不协调的样本，如将沙漠场景和雪山场景混合，这可能会引入错误的学习信号，反而降低模型性能。

2) 文本数据增强

文本增强的核心是在保持原文含义的前提下，通过各种语言学变换来创造新的文本数据。常用的方法包括同义词替换、随机插入/交换/删除、拼写错误与同音错误、回译增强、句法变换和上下文填充，图 3-4 展示了部分常见的文本数据增强过程。

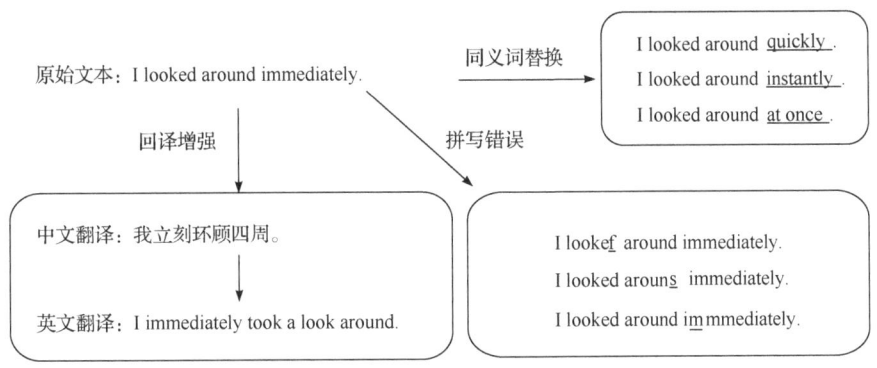

图 3-4 常见的文本数据增强方法

同义词替换利用同义词词典或词向量模型，将文本中的词语替换为其同义词，如将"quickly"替换为"instantly"，以增加词汇多样性，帮助模型学习不同词语表达下的语义共性。

随机插入/交换/删除通过插入新词、交换相邻词语位置或删除某些词语，模拟语序变化或口误，以提高模型对词序扰动的鲁棒性，例如，将"我喜欢吃苹果"变为"喜欢我吃苹果"或"我喜欢吃"。

拼写错误与同音错误通过引入错误的拼写或同音字，模拟现实中的错误文字输入，如将"looked"写成"lookef"或将"around"写成"arouns"，以增强模型在纠错或语音识别任务中的性能。

回译增强利用不同语言间的表达差异，通过将文本翻译成另一种语言再翻译回原语言，产生语义一致但形式不同的文本，如将"I looked around immediately"翻译成中文为"我立刻环顾四周"，再从中文翻译回英文得到"I immediately took a look around"，帮助模型学习不同语言表达的同一语义。

句法变换在保持原意的前提下改变句子结构，如将"猫抓老鼠"变为"老鼠被猫抓"，有助于模型理解不同句法结构下的语义一致性。

上下文填充则为原文本添加相关上下文信息，扩展其语境，特别适用于问答或阅读理解任务，如将"地球是第三大行星"扩展为"在太阳系中，按照与太阳的距离排序，地球是第三大行星"，这增强了模型在长文本和复杂语境下的表现能力。

3) 音频数据增强

音频数据增强技术通过对音频数据施加多种变换和处理，有效地丰富了音频类机器学习模型的训练数据集，从而显著提升了其在现实世界应用的可靠性。常用的方法包括噪声注入、时间偏移、音强调节、混合增强、音频剪切与拼接以及声道变换。

噪声注入通过在音频信号中加入人群噪声、交通噪声或天气噪声等，以模拟现实世界中的嘈杂环境，增强了模型在各种复杂声学环境中的适应能力。例如，对于录制安静环境中的语音数据，可以通过叠加餐馆、马路或暴雨的背景噪声来模拟真实场景，从而提高模型识别嘈杂语音的能力。

时间偏移通过在时间轴上移动音频信号的位置，模拟音频信号的时序变化，使得模型能够更有效地处理音频信号中的延迟和提前现象，如将原本在1s处的声音移动到1.5s处，以帮助模型应对音频录制和传输中的时间偏差，保证其在不同时间同步条件下的鲁棒性。

音强调节通过增幅或者减弱音频响度的大小，模拟现实中的响度变化，提升模型在不同响度条件下的识别能力。例如，将一段语音信号的音量从原来的50%调整到90%，或者降低到20%，以确保模型在处理不同响度输入时，都能准确识别和处理语音信号。

混合增强通过将多段音频信号混合在一起，模拟了多音源环境下的音频处理场景。举例来说，将背景音乐与语音对话混合在一起，帮助模型提升识别和分离不同音频源的能力。这种方法有助于提升模型处理重叠语音和多任务音频输入时的识别精度与整体性能。

音频剪切与拼接通过在时间轴上剪切和重新拼接音频片段，模拟了处理不连续和突发音频变化的场景。例如，将两段不同语音片段进行拼接，以验证模型对于突然语音切换的响应能力。这种方式可以增强模型处理复杂音频输入的稳定性，确保在实时语音通信或者多任务音频处理中的表现可靠性。

声道变换通过改变声道配置，提高模型在各种音频设备和录制环境中的兼容性。例如，将原本录制在单声道环境下的音频转换为立体声，以便模型能够准确分辨左右声道的声音来源。

2. 基于模型的方法

基于模型的数据增强方法是机器学习领域中一项迅速发展的新技术。与无模型方法不同，它不是对现有数据进行变换或组合，而是利用预先训练的机器学习模型或模拟引擎来生成新的数据样本。这些样本可以展现常规数据集中罕见或缺失的特征组合，为模型提供学习更加多样化特征表示的机会，在应对复杂和多变的现实环境时显得尤为重要。下面将详细介绍三种常见的方法。

1) 生成对抗网络

生成对抗网络(GAN)通过两个对抗网络的相互博弈来生成新数据样本。GAN 由两部分组成：生成器(generator)和判别器(discriminator)[39]。生成器的目标是生成逼真的数据样本，判别器则负责区分生成的数据和真实的数据。在训练过程中，这两个部分相互对抗，不断提升各自的性能，GAN 的具体训练过程在第 5 章会详细介绍。在训练完成后，生成新样本的任务就交给了生成器，无须再使用判别器或原始数据集。

在数据生成过程中[40]，首先需要构造一个随机噪声向量，通常是从标准正态分布中采样得到。接下来，将这个噪声向量输入训练好的生成器中即可得到生成样本。以人脸图像生成为例，在输入一个随机噪声向量后，生成器会输出一张新的、看似真实的人脸图像，如图 3-5 所示，这些图像是全新的，但它们具有与训练集中的人脸图像相似的特征和风格。

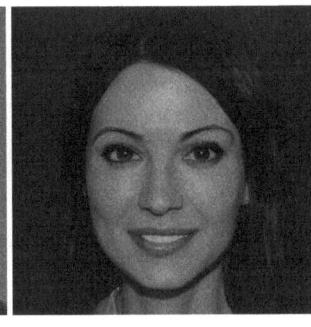

图 3-5 GAN 生成的人脸图像

GAN 还可以用来生成文本、音频等各种类型的数据，生成的样本可以直接用于扩展现有的数据集。然而，GAN 生成的数据也存在一些不足。首先，生成的数据质量高度依赖于生成器的训练效果，训练不充分或不稳定时可能生成质量较差的数据样本。其次，生成的数据多样性有限，容易生成重复或相似的样本。最后，训练和使用 GAN 模型计算成本较高，需要大量计算资源。

2) 扩散模型

扩散模型(diffusion model)通过模拟热力学中的扩散过程来生成逼真的新数据样本。与 GAN 不同，扩散模型通过对数据分布的逐步逼近来实现数据生成。扩散模型主要由两个阶段组成：正向扩散过程和反向生成过程。在正向扩散过程中，模型通过逐步添加高斯噪声将真实数据转换为纯噪声；而在反向生成过程中，模型学习如何从噪声中恢复原始数据。扩散模型的具体训练过程将在第 5 章详细介绍。

在训练完成后，生成新样本的任务由反向生成过程完成，这个过程不需要任何真实数据，只需要一个初始的高斯噪声[41]。生成新样本的第一步是构造一个噪声向量，通常是从高斯分布中采样得到，这个噪声向量不同于 GAN 中低维、无结构的随机噪声，其维度与目标数据的维度相同，例如，对于长宽分别为 64 像素的 RGB 彩色图像，噪声向量的维度是 $64 \times 64 \times 3$。接下来，将这个噪声向量输入扩散模型中，开始反向生成过程的迭代。与 GAN 的一次性生成不同，扩散模型通过多步的去噪过程逐渐生成样本，每一步模型只去除一小部分噪声。例如，在生成猫的图像时，前几步可能只是将噪声转化为模糊的灰色块；随后的步骤会逐渐形成猫的基本轮廓；接着会出现耳朵、眼睛等特征；最后几步则会添加毛发纹理、颜色细节等。

　　与 GAN 相比，扩散模型在生成过程中提供了更高的灵活性和控制力。由于生成是一个渐进的过程，因此可以在任何中间步骤引入条件信息。例如，在生成猫的图像时，可以在前几步使用"猫"作为条件，在后几步切换到"虎斑猫"，再到"微笑的虎斑猫"，从而实现图像内容的平滑过渡，这种能力在 GAN 中是很难实现的。此外，扩散模型还可以通过详细的文本描述，以实现高度精确的从文本到图像生成的过程。如图 3-6 所示，给定文本描述"一只戴着黑色鸭舌帽、系着红色围巾的狸花猫"，模型可以在每一步使用这个文本来指导去噪过程，同时可以选择不同的风格，最终生成完美匹配描述像。

图 3-6　扩散模型生成的不同风格图像

　　扩散模型在文本、音频、视频等生成任务中也取得了良好效果。这些模型能够生成高质量的内容，显示出强大的生成能力和灵活性。然而，扩散模型也有其局限性，最显著的是生成速度慢，因为需要数百次甚至上千次的迭代去噪计算，这种计算密集型过程增加了计算资源和时间的消耗，限制了扩散模型在实时或低延迟应用中的使用。

　　3) 模拟引擎

　　基于模拟引擎的数据生成方法利用 3D 引擎(如 blender 或 Unity)来生成逼真的合成数据，可以在不同环境和光照条件下生成虚拟人物的各种姿势、表情等，如图 3-7 所示。具体的方法步骤如下。

　　(1) 创建高质量三维模型：这些模型应尽可能真实地模拟目标对象的外观和行为。例如，在创建虚拟人物时，需要考虑人体的解剖结构、皮肤纹理、服装细节等。这通常通过专业的三维建模软件进行精细的建模和纹理处理，以确保虚拟人物的外观逼真。设计师可以精确调整每个细节，如皮肤质感、服装细节及材质反射效果，使模型在视觉上尽可能接近真实对象。

　　(2) 赋予模型动态特征：通过动画技术使其能够表现出各种姿势和动作。三维引擎提供了强大的动画系统，支持复杂的骨骼动画和物理仿真。动画可以通过手动关键帧、运动捕捉技术或物理模拟来创建。例如，使用运动捕捉设备捕捉真实人物的动作，并将这些数据应用到虚拟人物的骨骼系统中，表现出自然的运动姿态。此外，利用物理引擎模拟布料飘动、头发摆动等细节，进一步增强动画的真实感和生动性。

(3) 配置虚拟环境：通过设置光照、背景和其他元素，生成不同情境下的数据样本。在三维引擎中，可以设置和调整光源的类型、位置、强度和颜色，以模拟各种光照条件，如自然光、人工光源、阴影和反射等。这些设置对于图像的逼真度和视觉质量至关重要。此外，可以设置虚拟环境的背景、天气条件(如晴天、阴天、雨天)以及时间(如白天、夜晚)，生成多样化情境的数据样本。例如，创建虚拟交通场景时，可以通过调整路况、天气和交通状况等参数，生成符合需求的训练数据集。

通过整合这些步骤，利用三维引擎可以有效地生成高质量、多样化的合成数据，用于支持机器学习模型的训练和评估。这种方法的主要优点是灵活性和可控性高，能够生成大量符合特定需求的数据样本，同时避免了真实数据收集中的隐私问题和道德风险。通过调整虚拟环境的参数，可以生成包含多种变异的样本，如不同的角度、光照和背景等，从而丰富数据集的多样性。然而，模拟数据的真实性和多样性仍然受限于模拟引擎的能力和设定的复杂度。为了生成高质量的数据，往往需要专业的三维建模和动画技术，并且模拟引擎的使用也需要较高的计算资源。例如，渲染高质量的图像通常需要强大的图形处理器(GPU)支持，复杂的场景渲染可能需要数小时甚至数天的时间。此外，创建精细的三维模型和动画也需要耗费大量的人力和时间，对技术人员的要求较高。因此，虽然模拟引擎生成数据方法具有显著优势，但其实施和应用需要投入大量资源和技术支持。

图 3-7　基于 3D 引擎 blender 生成的个性化虚拟人物

3.5.2 增强策略

在机器学习训练过程中，合理运用数据增强策略可以生成多样化的训练样本，有助于模型更全面地学习数据的内在模式和特征，进而在短时间内迅速提高模型的泛化能力。反之，如果增强操作与数据的真实分布不符，可能会导致模型学习到错误的模式。过度的数据增强还可能会使模型在训练集上表现出色，但在新的、未见过的数据上表现较差，同时花费更多的计算资源和时间。因此，设计数据增强策略时需要仔细考虑其对模型性能的可能影响，并进行充分的验证和测试，以确保所选策略的有效性和适用性。

本节将详细阐述两种常见的数据增强策略：一是手动调整，由数据科学家根据任务需求选择和调整数据增强方法，适用于领域知识丰富的任务；二是自动化优化，利用先进的算法和技术(如强化学习)自动发现和实施最优的数据增强方法。自动化优化旨在提高数据增强效率，减少人工干预，使模型训练过程更加高效和智能化，适合数据规模大和资源充足的任务。

1. 手动策略

在机器学习模型的训练中，针对不同任务需求，数据增强的方法和策略有所不同。对于训练人脸识别模型，可以生成大量不同角度、光照条件、表情的人脸图像。这些生成的人脸图像提供了丰富的数据变化，有助于模型学习诸如"什么构成了一张人脸""人脸在不同条件下如何变化"等信息。对于情感分析任务，如果模型在识别消极评论时表现较差，可以使用条件式 GAN 专门生成大量消极评论，或者使用文本引导的扩散模型生成各种细微的消极情感表达，如讽刺、失望、愤怒等。通过这种有针对性的数据增强，可以有效平衡数据集，提高模型在各类情感上的识别能力。

在自动驾驶任务中，为了确保模型在极端天气下也能有效运行，可以使用高度定制化的扩散模型生成各种罕见的、极端的天气场景，如暴风雪中的高速公路、被大雾笼罩的乡村小路、被洪水淹没的隧道等。扩散模型擅长捕捉细微的纹理和语义细节，因此它生成的极端天气图像不仅在视觉上逼真，在光线、能见度、路面反射等关键特征上也高度准确。通过应用这种数据增强策略，自动驾驶模型不仅能处理常见情况，还能正确应对那些罕见的、极端的，甚至是前所未见的场景。这在自动驾驶等安全相关应用中尤为重要，因为在这些领域中，处理极端情况(corner case)的能力往往决定了模型在实际部署中的应用效果。

手动数据增强策略的优势在于其针对性。通过人工经验和专业知识的引导，可以精心设计增强方案，以适应特定的数据集和任务需求。然而，手动策略也存在一些弊端。首先，它依赖于专家的判断和经验，这可能限制了策略的创新性和多样性。此外，手动策略可能难以适应快速变化的数据环境或实时更新的数据集，需要持续的人工监控和调整。

2. 自动策略

为了进一步提高数据增强的效率和效果，针对以上手动策略的问题，研究人员提出了自动化的数据增强策略，旨在通过自动搜索和优化找到最优的数据增强方法，以最大化模型性能。这一过程不仅提高了效率，还发现了一些人类专家可能忽视的增强组合。自动化数据增强策略主要依赖于搜索算法、强化学习和遗传算法等。这些算法通过不断地试探和调整，寻找最优的增强方法组合。搜索算法通过在预定义的增强方法集合中选择最佳组合，以优化模型的性能。强化学习利用智能体在环境中的反馈来指导增强策略的选择和优化。遗传算法模拟自然选择的过程，通过交叉和变异操作生成新的增强策略，并评估其性能，以保留最优的策略。

AutoAugment 是自动化数据增强策略中的一个典型代表，由 Google 在 2018 年提出。它利用强化学习自动搜索最优的数据增强策略，从而在不依赖于人工经验的情况下，显著提升模型性能。AutoAugment 的关键在于通过一个控制器网络生成增强策略，并根据模型的性能反馈不断优化这个控制器网络。以图像数据增强为例，以下是 AutoAugment 的详细步骤及其公式描述。

(1) 定义搜索空间。

定义一个包含各种数据增强操作的搜索空间 $\mathcal{S}$。这些操作用符号 o 表示，可以包括旋转、平移、裁剪和颜色变换等。每个操作 o 还需要相应的参数 θ，包括旋转的角度、平移的距离等。

$$\mathcal{S} = \{(o_1,\theta_1),\cdots,(o_i,\theta_i),\cdots,(o_n,\theta_n)\} \tag{3-6}$$

其中，搜索空间 $\mathcal{S}$ 包含所有可能的数据增强操作和参数组合，以及 n 种不同的数据增强操作，每个操作对应一组参数。o_i 是第 i 个数据增强操作，θ_i 是与 o_i 相关的参数。

(2) 生成增强策略。

利用控制器网络在搜索空间 $\mathcal{S}$ 中生成增强策略。控制器网络是一个循环神经网络 (recurrent neural network, RNN)，它的任务是生成增强策略序列 A，包括 k 种数据增强操作及其相应的参数：

$$A = \{(o_1,\theta_1),\cdots,(o_i,\theta_i),\cdots,(o_k,\theta_k)\} \tag{3-7}$$

进而，控制器网络输出的概率分布 $P(A)$ 为

$$P(A) = P(o_1,\theta_1) \times \cdots \times P(o_i,\theta_i|o_{i-1},\theta_{i-1}) \times \cdots \times P(o_k,\theta_k|o_{k-1},\theta_{k-1}) \tag{3-8}$$

其中，$P(o_i,\theta_i|o_{i-1},\theta_{i-1})$ 表示在第 $i-1$ 个操作及参数给定的条件下，第 i 个操作及参数的条件概率。

(3) 应用增强策略。

将生成的增强策略 A 应用到训练数据上，得到增强后的数据集 D_{aug}。然后，用增强后的数据集 D_{aug} 训练目标模型 M，得到模型的性能指标 R (如验证集的准确率)：

$$D_{\text{aug}} = \text{Apply}(A,D) \tag{3-9}$$

$$R = \text{Evaluate}(M,D_{\text{val}}) \tag{3-10}$$

其中，D 是原始训练数据集；D_{val} 是验证数据集；$\text{Apply}(A,D)$ 表示将增强策略 A 应用到数据集 D 上的操作；$\text{Evaluate}(M,D_{\text{val}})$ 表示评估模型 M 在验证集 D_{val} 上的性能。

(4) 更新控制器网络。

根据模型 M 在验证集上的性能 R，通过优化期望的性能 $J(A)$，来更新控制器网络的参数 ϕ。$J(A)$ 的公式如下：

$$J(A) = E_{A\sim P(A)}\big[R(A)\big] \tag{3-11}$$

其中，$R(A)$ 表示应用增强策略 A 后模型的性能；$E_{A\sim P(A)}$ 则表示在增强策略 A 的概率分布 $P(A)$ 上计算期望的操作。控制器网络的参数 ϕ 的更新公式为

$$\phi \leftarrow \phi + \eta \nabla_\phi J(A) \tag{3-12}$$

$$\nabla_\phi J(A) = E_{A\sim P(A)}\big[R(A)\nabla_\phi \log P_\phi(A)\big] \tag{3-13}$$

其中，η 是学习率，即每次迭代参数更新的幅度；$\log P_\phi(A)$ 是增强策略 A 在控制器网络参数 ϕ 下的对数概率；$\nabla_\phi J(A)$ 是增强策略 A 的期望性能对控制器网络参数 ϕ 的梯度。由于控制器网络的参数是随机初始化的，需要重复上述训练过程，直到控制器网络生成的增强策略在验证集上表现良好。

自动化数据增强策略的优势在于其高效性和适应性。通过自动化搜索和优化，可以在短时间内找到最优的增强策略。此外，自动化策略能够根据不同的数据集和任务动态调整增强方法，具有很强的适应能力。然而，自动化策略的效果依赖于搜索空间的定义，如果搜索空间设计不当，可能无法找到最优的增强策略。此外，虽然自动化策略在图像分类、物体检测和自然语言处理等任务上表现出色，但在医学影像分析、金融时间序列预测等高度的专业性领域，仍需结合专家知识和经验，以进一步优化增强策略和方法。

3.6 数 据 分 析

数据分析是指使用适当的统计分析方法对数据进行处理和解释的过程。它可以将原始数据转化为富含见解的知识化表征，有助于理解复杂现象、评估模型表现、优化计算方法等。数据分析方法可以从统计学角度和决策进程角度进行划分。统计学角度立足于数理统计的理论体系，常用于学术研究、医学统计等领域，这些领域需要高度精确和严格的分析方法。决策进程角度则侧重于实际应用场景中的应用价值，广泛应用于商业决策、市场分析、金融风控等领域，这些领域需要快速、灵活的分析方法来应对多变的现实情况。

3.6.1 统计学角度

从统计学的角度，数据分析可以被划分为描述性统计分析(descriptive statistical analysis)、探索性数据分析(exploratory data analysis)以及验证性数据分析(confirmatory data analysis)。其中，描述性统计分析提供了对所观察样本的简要概述，探索性数据分析旨在识别数据中的新特征，而验证性数据分析则主要用于验证或驳斥已确立的假设。

1. 描述性统计分析

描述性统计分析旨在通过统计指标来概括和描述数据集中的主要特征[42]。它的主要作用是提供数据的直观理解，帮助分析师和决策者快速把握数据的基本情况。常用的描述性统计分析方法包括均值(衡量数据的中心趋势)、中位数(数据的中间值，对异常值不敏感)、标准差(衡量数据的离散程度)以及百分位数等。描述性统计分析不仅能够帮助分析师理解数据的分布情况，还能够揭示数据中的潜在结构，如集中趋势和离散程度，为数据分析的深入探索提供方向。

2. 探索性数据分析

探索性数据分析的目的是发现数据中的模式、趋势和异常[43]。它能够帮助分析人员形成对数据的直观感受，为后续的假设检验和模型建立提供线索。探索性数据分析通常包括计算皮尔逊相关系数(用于展示两个变量之间的关系)、直方图(展示数据的分布情况)、箱线图(用于识别异常值和数据的分散程度)等。这些方法不仅能够揭示数据的内在结构，还能够辅助分析师发现数据中的异常点，这些异常点可能是由数据收集错误、输入错误或其他特殊情况造成的。

在实际应用中，探索性数据分析是一个动态的过程，分析人员需要根据数据的特点和目标灵活运用各种技术。随着数据量的增加和分析工具的不断进步，探索性数据分析的方法也在不断发展，变得更加自动化和智能化。例如，通过机器学习算法，可以自动识别数据中的模式和异常，大大提高了数据分析的效率和深度。总之，探索性数据分析是数据分析不可或缺的一部分，为深入的数据分析提供了坚实的基础。

探索性数据分析在现实生产中具有广泛应用，例如，电商公司拥有大量顾客的购物历史数据，包括每位顾客的购买记录、商品类别、购买时间、购买金额、促销活动参与情况等。公司可以计算顾客购买金额与购买频率、参与促销活动次数等变量之间的皮尔逊相关系数，探究这些变量之间的关系强度和方向，进而制定相应的商业策略。

3. 验证性数据分析

验证性数据分析的主要目的是检验特定的假设或研究问题是否成立，通常涉及统计推断，包括假设检验、置信区间的计算等，这些方法使得分析人员能够量化分析结果的可靠性，并通过概率值来评估假设的可信程度[44]。

验证性数据分析始于一套清晰、具体的理论假设或模型。这些假设可能来源于已有的研究理论、专家意见或实践经验，它们通常涉及变量之间的关系、因果机制、因素结构、路径效应等。在验证性数据分析中，研究者会构建一个详细的模型结构图或方程式系统，来说明变量之间的预期关系。该分析方法依赖于统计检验和量化指标来评估模型与数据的拟合程度。如果初始模型与数据的拟合不佳，研究者会依据模型诊断结果进行模型修正，如调整参数、引入误差项、引入中介变量等，直至达到可接受的拟合标准。为了确保所得结论的可靠性，验证性数据分析还可能包括对模型的稳健性检验，如使用不同的样本、采用不同的统计方法或参数估计技术、进行敏感性分析等方式。

在实际的数据分析应用中，验证性数据分析可以帮助组织验证关键的业务假设和研究问题。例如，某城市交通部门通过收集的过去一年中公共交通服务频率数据以及对应的居民自驾出行统计数据，以验证提高公共交通服务频率(每小时公交车班次)是否能够显著降低私家车使用率(即减少居民自驾出行次数)的研究假设。

3.6.2 决策进程角度

从决策进程的角度，数据分析可以分为描述性分析(descriptive analysis)、预测性分析(predictive analysis)以及规范性分析(prescriptive analysis)。其中，描述性分析揭示已经发生的事件和数据的基本特征；预测性分析利用历史数据来预测未来可能发生的趋势或事件；规范性分析则基于这些预测，提供关于如何实现最佳结果或优化决策过程的建议。三者分别对应于决策的不同阶段，帮助决策者理解现状、预测未来和制定策略，以实现更加有效的管理和优化决策。

1. 描述性分析

与统计学角度的描述性统计分析不同，决策进程中的描述性分析更侧重于可视化和揭示变量间的关联，而不仅限于计算统计量。它是对数据的初步探索，为预测和规范分析做铺垫。描述性分析通过对历史数据进行深入分析，以识别和展示数据中的关键趋势与模式。它的核心目的在于反映和解释过去发生的情况，而非对未来做出推断或预测。

描述性分析的成果常常通过直观的图表形式呈现，如线图、条形图、饼图等，这些图表不仅使得数据更易于理解，而且为进一步的分析奠定了基础。由于描述性分析采用的是相对简单的技术，其结果对非专业观众来说也应该是直观和易于消化的。此外，社交媒体分析工具和网站流量分析工具(如谷歌分析)也是描述性分析的典型应用，它们通过统计点击量、点赞数等基本互动事件，为用户提供了内容受欢迎程度的快照。

尽管描述性分析能够迅速揭示数据的基本趋势和模式，但它也有其局限性。单独使用描述性分析可能无法提供完整的视角，为了获得更深层次的见解，往往需要结合预测性分析和规范性分析，以获得更全面的业务洞察。

2. 预测性分析

预测性分析是指使用历史数据来预测未来事件的发生概率或趋势。这种分析方法可以揭示数据中的模式和趋势，帮助决策者做出更加科学和精确的决策。预测性分析尤其在商业决策中具有极高的价值，能够帮助企业预测市场变化、消费者行为、销售趋势等[45]。

预测性分析通常利用回归分析、时间序列分析、机器学习模型等预测技术来实现。回归分析是一种强大的预测工具，它通过建立自变量和因变量之间的关系模型来预测结果。例如，可以使用线性回归来预测销售额与广告支出之间的关系。时间序列分析则专注于分析按时间顺序排列的数据点，如利用历史股票价格来预测股票市场未来的趋势。机器学习模型，尤其是深度学习模型，因其能够处理大量数据和复杂模式而在预测性分析中变得越来越重要。例如，基于深度学习的气象模型可以利用气象雷达数据和大气物理学知识建模降水过程，提高了天气预报的预测准确率。

3. 规范性分析

规范性分析的目的是提供明确的行动建议，它不仅仅需要解释数据中的现象，而且要进一步推荐如何基于数据分析的结果做出最优决策。这种分析方法在商业决策、运营管理和战略规划等领域尤为重要，因为它能够帮助组织在多个可行方案中选择最佳路径，实现目标的最优化。规范性分析通常涉及复杂的决策模型和算法，在考虑各种约束和目标的情况下提出解决方案。

规范性分析往往通过以下四种具体方法开展。

(1) 优化算法运用：此范畴涵盖线性规划、动态规划及遗传算法等诸多工具，专注于在特定限制条件下追求效益最大化或成本最小化。它们在解决资源配置、生产计划等复杂问题中显示出良好效果。

(2) 模拟与仿真实验：通过蒙特卡罗模拟、系统动力学模型等技术，研究者能在虚拟环境中预测不同决策路径的长远影响，量化潜在风险与不确定性，为现实世界的决策提供数据支持。

(3) 机器学习与强化学习策略：在面对高维度、非线性挑战或需自适应的场景时，可以采用决策树、神经网络等技术来学习最优策略或决策规则。这些方法能自我优化，适应环境变化，提升决策智能化水平。

(4) 博弈论与多主体分析：当决策涉及多方互动，如市场竞争、供应链协同或公共政策设计等，博弈论模型可成为理解动机、预测行为和探索合作的有力工具，为制定稳健策略提供理论框架。

规范性分析在实际问题中的应用需要综合考虑数据的可用性、问题的复杂性以及决策的紧迫性。首先，分析人员需要准确定义问题和目标，然后收集相关数据，建立决策模型。接下来，通过运用上述的四种具体方法或其他适当方法，评估不同决策方案的潜在结果和风险。最终，基于模型的分析结果，提出推荐行动方案。在这一过程中，重要的是确保分析的透明度和解释性，以便决策者能够理解和信任分析结果。

规范性分析有许多广泛的应用。智能手机的地图导航往往使用了规范性分析技术。地图导航使用各类数据，如位置数据、天气数据、道路信息等，计算和预测出发地与目的地之间的多种通行路径和通行方式的组合。接着，地图导航利用规范性分析为用户在多种组合方式中决策出最佳路径和出行方式。

3.6.3 数据可视化

数据可视化通过将数据信息或者数据分析结果编码为可视对象(如点、线或条)来直观地传达数据的重要信息，使得研究人员易于理解数据背后的规律和模式[46]。通过图表、图形等视觉表现形式，数据可视化可使非专业人士快速抓住数据的精髓，同时也为专业人士提供深入分析的起点。在数据分析的过程中，优秀的可视化结果不仅能够回答已有的问题，有时甚至能够激发新的问题和见解，推动知识的发现和创新。

1. 数据可视化的常用方法

数据可视化的常用方法多种多样，表3-2列举了一些基础且广泛采用的可视化方法。每种可视化方法都有其特定的应用场景和适用数据类型，选择合适的方法可以有效地传达数据信息，帮助研究人员深入理解和分析数据内涵。其中，静态图可以用于展示一些描述性统计分析和探索性统计分析的结果；动态图可以更好地可视化与时间密切相关的数据；颜色可视化则能清晰地展示位置空间上的数值大小关系；图形可视化能够突显出数据或者结构之间的逻辑关系。用户也可以根据需求制定所需的可视化方案，如交互式可视化和文本可视化。

表 3-2 数据可视化常用方法

数据可视化类型	代表方法	特点和效果
静态图	折线图	可用于展示基本的趋势、对比、比例、关系和分布等特征
	柱状图	
	饼图	
	散点图	
	箱线图	

续表

数据可视化类型	代表方法	特点和效果
动态图	动态热力图	适用于展示随时间变化的数据和多维度数据强度分布
	时间序列动态图	
颜色可视化	热力图	利用颜色深度表示数值大小或地理区域的数据密度
	区域着色地图	
图形可视化	树状图	展示分类结构和关系数据
	网络图	
其他类型的可视化	交互式可视化	允许用户通过鼠标或触摸操作探索数据，如筛选、缩放和平移数据视图
	文本可视化	通过词云、标签云等方式展示文本数据的频率和关联性

2. 数据可视化案例

数据可视化在各个领域中获得了广泛应用。在商业领域，零售企业可以通过销售热力图和趋势图了解不同地区和时间段的销售情况，优化库存管理和促销策略；在医疗领域，政府和公共卫生机构在疫情期间可以利用疫情地图和病例趋势图实时监测病毒的传播情况，制定防控措施；在金融领域，投资者和分析师可以使用成交量柱形图分析股票的历史走势和市场动态，以辅助投资决策；在公共管理领域，政府部门则使用地理信息系统地图进行城市规划和基础设施建设，提升城市的可持续发展水平。

图 3-8 是我国某地全年降雨量的分布折线图，其不仅清晰地标识出单月的降雨量，而且鲜明地展示了两年的变化差异。具体而言，2022 年降雨量呈现出明显的季节性波动，5 月达到全年最高峰 482.3mm，随后逐渐下降，但在 9 月再次出现小高峰 183.6mm；而 2023 年的降雨量较为均匀，全年最高峰出现在 7 月，具体数值为 218.4mm，整体降雨量较 2022 年减少，波动幅度较小。总体来看，2022 年的降雨量集中在春夏季，可能导致

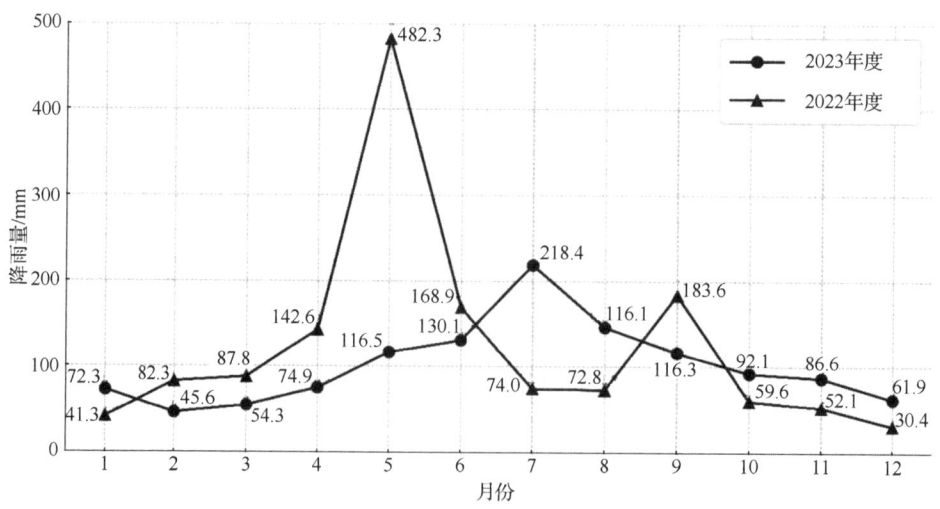

图 3-8　我国某地全年降雨量分布

春季洪涝，而2023年的降水分布更为平均，极端天气较少，这种整体趋势的可视化对于制定长期水资源规划和气候变化应对策略具有重要意义。对此，政府应提前做好水资源管理和防洪措施，特别是在5月和7月这样的高降雨量月份，确保农业生产和城市排水系统的有效运行，加强气象预测和应急响应力度，保障民生和经济的稳定发展。

3.7 本章小结

本章主要讨论了数据处理的整个过程，详细描述了数据采集、清洗、集成、标注、增强及分析等关键步骤。数据采集作为起点，分为人工和自动两种主要方法，为后续数据处理活动打下基础。数据清洗环节通过识别和纠正数据的质量问题，提升了数据的使用价值。数据集成通过ETL或ELT模式，实现了数据的统一和优化存储。数据标注为数据赋予语义标记，常见于计算机视觉和自然语言处理等领域，为机器学习模型训练提供了有监督的数据支持。数据增强技术包括增强方法和增强策略，旨在通过采用适当的方式扩充数据集以提高模型的泛化能力。数据分析部分介绍了统计学角度和决策进程角度的数据分析方法，而可视化给人直观展示了数据中的重要信息。

3.8 习 题

1. 数据处理在数据治理体系中扮演什么角色？
2. 自动采集数据有哪些优势？请列举至少两种自动采集方法。
3. 人工采集数据通常通过哪些方式进行？请列举至少三种人工采集方法。
4. 数据清洗的目的是什么？请列举至少两种常见的数据问题。
5. 描述性统计分析在数据分析中扮演什么角色？请列举至少两种描述性统计分析的常用方法。
6. 探索性数据分析的目的是什么？请列举至少两种常用方法。
7. 验证性数据分析通常包括哪些统计方法？
8. 数据集成中的ETL和ELT策略有何不同？请简述它们各自的特点。
9. 数据标注在数据处理中的重要性是什么？请列举至少两种数据标注的方式。
10. 数据增强的目的是什么？请简述至少两种数据增强的方法。
11. 假设你是智能城市项目的负责人，请设计一个系统来自动采集城市交通流量数据。可结合网络爬虫或物联网等技术实现这一目标，并讨论可能的挑战及应对策略。
12. 在一个医疗研究项目中，发现患者数据集中存在缺失值和异常值。请说明如何使用数据清洗来提高数据质量，讨论在处理缺失值时删除法和填充法的适用情况及潜在风险。
13. 一家非营利组织准备分析和展示其年度筹款活动的效果。请用描述性统计分析、探索性数据分析和验证性数据分析方法来评估筹款活动，并设计一个数据可视化方案来向公众和捐助者清晰传达分析结果。

第4章 数 据 合 规

数据合规是指在处理数据时要遵守国际条约、法律法规、行业准则、商业惯例等各项规定。数据合规的范围涵盖了数据的收集、存储、使用、处理、传输等各环节,确保这些活动符合法律法规和标准规范。近年来,数据合规相关法律法规和标准规范逐步完善,从数据安全和隐私等角度对数据治理提出了具体合规性要求。数据安全风险评估和数据隐私保护成为数据合规中不可或缺的两部分,前者可以先于安全事件发生识别威胁,以采取预防措施降低安全事件概率及影响;后者则可以维护信息主体的合法权益,促进数据的利用遵循相应法律法规和标准规范。完善的监督与审计机制可以持续保障整个数据治理过程的合规性,发现可能存在的违规现象并及时制定解决方案。

4.1 法律法规和标准规范

数据治理主体需要严格遵守法律法规以加强对数据的保护,确保数据治理中的各项活动遵循合法、正当、必要的原则。在具体的数据应用中,数据治理主体还需要参考现有的标准规范,以考虑法律法规之外的参考,从而提升数据的安全性并促进数据合规。

4.1.1 法律法规

1. 欧盟的法律法规

从1981年的《个人信息自动处理中的个人保护公约》到2018年的《通用数据保护条例》[47],欧盟的相关法律法规对数据安全和隐私保护的规定越来越完善,如表4-1所示。其中,《通用数据保护条例》简称 GDPR,是欧盟目前的主要法律,主要涉及隐私和个人数据保护,适用于欧盟和欧洲经济区,取代了1995年发布的过时的《数据保护指令》。GDPR 的主要内涵包含三个方面:对数据保护中的相关术语给出明确定义;对数据控制者和数据处理者提出具体需求;明确规定数据主体对个人数据享有的权利。

表4-1 欧盟有关数据合规的主要法律法规

公布时间	法律法规名称	相关简介
1981年	《个人信息自动处理中的个人保护公约》(The Convention for the Protection of Individuals with Regard to Automatic Processing of Personal Data)	欧盟第一个规范个人数据处理的法律法规,旨在保护个人在其数据被自动化方式处理时的权利和基本自由,特别是在保护个人数据的隐私方面
1995年	《数据保护指令》(Data Protection Directive)	旨在为个人数据的处理和传输建立一套统一的法律框架,以保护自然人的基本权利和自由,尤其是隐私权,涉及个人数据的收集、存储、使用和传输等方面

续表

公布时间	法律法规名称	相关简介
2002 年	《隐私和电子通信指令》(The Privacy and Electronic Communication)	旨在确保在电子通信领域中个人数据的处理符合隐私和数据保护的要求，覆盖了电话、互联网、电子邮件以及其他形式的电子通信
2018 年	《通用数据保护条例》(General Data Protection Regulation, GDPR)	旨在遏制个人信息被滥用，保护个人隐私，其中规定了企业如何收集、使用和处理欧盟公民的个人数据。适用范围极为广泛，任何收集、传输、保留或处理涉及欧盟所有成员国内的个人信息的机构组织均受该条例的约束

GDPR 对数据保护中的相关术语给出明确定义，这有利于区分各类数据概念并且明确各方的职责与权限范围。具体而言，GDPR 对如下术语做出定义。

(1) 个人数据和数据主体：任何与已识别或可识别的自然人(数据主体)相关的信息，如姓名、身份证号、家庭地址、网络标识等。

(2) 数据处理：任何一项或多项针对单一个人数据或系列个人数据所进行的操作行为。

(3) 数据控制者：单独或共同决定个人数据处理目的与方式的自然人或法人、公共机构、代理机构或其他实体。

(4) 数据处理者：为数据控制者处理个人数据的自然人或法人、公共机构、代理机构或其他实体。

GDPR 还对特殊类型的个人数据做出定义，并要求默认禁止处理这些数据。

(1) 基因数据：和自然人的遗传性或获得性基因特征相关的个人数据，这些数据可以提供自然人生理或健康的独特信息，尤其是通过对自然人生物样本进行分析可以得出的独特信息。

(2) 生物识别数据：基于特别技术处理的自然人的相关身体、生理或行为特征而得出的个人数据，这种个人数据能够识别或确定自然人的独特标识，如脸部形象或指纹数据。

(3) 健康数据：和自然人的身体或精神健康相关的、显示其个人健康状况信息的个人数据，包括卫生保健服务。

GDPR 对数据控制者和数据处理者提出了六大需求，以规定二者在保障个人数据的安全与隐私等方面采取必要措施，具体如下。

(1) 数据保护官(data protection officer, DPO)：数据处理者内部负责监督数据保护策略和合规性的角色。GDPR 要求某些类型的企业和机构(如处理大量敏感个人数据的组织或公共机构)必须指定 DPO。DPO 负责确保数据处理者遵守 GDPR 的规定，提供关于数据保护影响评估的建议，与监管机构沟通，以及提高员工对数据保护重要性的认识。

(2) 归档管理(archive management)：GDPR 强调了归档管理的重要性，要求数据处理者详细记录其数据处理活动，说明个人数据的种类、数据处理目的、数据接收者、数据保留期限以及所采取的安全措施等。这些记录有助于证明数据处理者的合规性，并在监管机构检查时提供必要的信息。

(3) 数据保护影响评估(data protection impact assessment, DPIA)：用于评估数据处理活动(尤其是那些可能对个人权利和自由构成高风险的活动)对个人数据保护的影响，在某些情况下，例如，当处理大量特殊类别的数据或进行系统监控时，必须事先进行识别和评估风险，提出缓解措施，并咨询数据保护官的意见。

(4) 事先协商(prior consultation)：当 DPIA 表明拟议的数据处理活动存在不可接受的风险，且没有充分的缓解措施时，数据处理者必须与监管机构进行事先协商。这意味着数据处理者在开始处理数据前，需与相关数据保护监管机构讨论风险评估结果和拟采取的措施，以获取监管指导和可能的批准。

(5) 安全措施(security measures)：GDPR 要求数据处理者采取适当的技术和措施来保护个人数据免遭意外丢失、损坏或非法处理，包括加密、访问控制、备份、匿名化或假名化处理等，具体取决于数据的敏感度和处理环境。另外，数据处理者还必须定期评估和调整这些措施以应对新的威胁和漏洞。

(6) 数据泄露报告(data breach notification)：如果发生数据泄露，可能导致个人数据的非法访问、公开、丢失或改变，GDPR 要求数据处理者和数据控制者在意识到泄露后的 72 小时内向监管机构报告，报告应包括泄露的性质、可能的影响以及已采取或计划采取的缓解措施。如果泄露有可能对数据主体的权利和自由造成高风险，则还需要通知受影响的个人。

GDPR 规定数据主体对个人数据享有的八大权利，增强个人对其信息的控制，确保数据的处理透明、合法，并保护个人隐私，具体如下。

(1) 知情权：数据处理者和数据控制者必须告知用户收集的信息、收集的目的、信息保存时长、是否共享、共享对象(若共享)等。

(2) 访问权：数据处理者和数据控制者必须提供一种方式，使个人可以与数据处理者和数据控制者联系，要求获得数据处理者和数据控制者所持有的关于该个人的数据的副本。

(3) 纠正权：个人必须能够检查数据处理者和数据控制者持有的关于他本人的信息是否准确。如果发现不准确，则个人有权要求进行更新。

(4) 删除权：个人可以要求删除数据处理者和数据控制者所持有的关于他的个人数据。

(5) 限制处理权：个人可以声明拒绝同意处理其数据。

(6) 数据可移植权：数据主体有权将数据处理者和数据控制者所持有的个人数据提取出来，以用于其他地方。例如，下载某一社交媒体平台上的个人资料信息，以便在另一个社交媒体平台上使用。

(7) 反对权：个人有权力要求数据处理者和数据控制者停止以某种他反对的方式使用他的数据，如拨打营销电话或通过邮件发送营销材料。

(8) 与自动决策和特征分析有关的权利：个人可以反对自动化决策，如用户画像、有针对性的在线广告。

GDPR 的一大特点是增加了"域外适用"情形，这极大扩展了它的实用性。数据控制者或数据处理者为欧盟境内数据主体提供商品或服务时，无论这种行为是否涉及费用问题，都将受到 GDPR 规定的约束，如果数据控制者的行为涉及对数据主体在欧盟境内公民行为的监控，则也须遵守 GDPR 规定。目前，GDPR 监管日趋严格，违法企业可能面临高额罚款。例如，2019 年 1 月，法国监管机构国家信息与自由委员会裁定对美国谷歌公司处以 5000 万欧元巨额罚款，这是由于美国谷歌公司在提供个性化广告时没有合法地获取用户的同意。

2. 美国的法律法规

美国关于数据合规的法律法规发展历程如表 4-2 所示，其中《加利福尼亚州消费者隐私保护法案》是美国首部关于数据隐私的全面立法，是继欧盟《通用数据保护条例》颁布后，全球又一部数据隐私领域的重要法律。该法于 2018 年 6 月 28 日正式通过，在随后的两年内又陆续进行多次修订，2020 年 1 月 1 日开始正式执行。在此之前，美国没有通用数据保护法律，只在一些特殊行业或领域立法中有零星关于隐私保护的内容，如针对电子通信领域的《电子通信隐私法》。因此，该法的出台弥补了美国在数据隐私专门立法方面的空白。本小节同样将从对数据拥有者及处理者的限制要求和数据主体对个人数据享有的权利两个方面介绍《加利福尼亚州消费者隐私保护法案》。

表 4-2 美国有关数据合规的主要法律法规

公布时间	法律法规名称	相关简介
1974 年	《隐私法案》(Privacy Act)	旨在保护个人隐私，规范联邦政府机构收集、维护、使用及透露个人信息的行为
1986 年	《电子通信隐私法》(Electronic Communication Privacy Act)	旨在扩展对电子通信的法律保护，禁止未经授权的政府监听和拦截，涵盖了电话、电子邮件及其他电子数据传输，是保护电子通信隐私的重要立法
1987 年	《计算机安全法》(Computer Security Act)	旨在增强联邦政府计算机系统内敏感信息的安全与保密管理，为政府的计算机安全实践设立了基本框架和国家标准
2000 年	《儿童在线隐私保护法》(Children's Online Privacy Protection Act)	要求网站和在线服务在收集 13 岁以下儿童的个人信息前，必须获得其父母的同意，并明确公示隐私政策，旨在保护儿童在网络环境下的隐私安全
2002 年	《联邦信息安全管理法》(The Federal Information Security Management Act)	建立了全面的信息安全管理框架，旨在通过风险管理措施确保联邦机构的信息系统安全，强化了政府信息系统保护
2020 年	《加利福尼亚州消费者隐私保护法案》(California Consumer Privacy Act)	旨在增强加利福尼亚州居民对其个人信息的控制权和隐私权，被认为是美国当前最严格的消费者数据隐私保护立法

在对数据拥有者和处理者的限制要求方面，《加利福尼亚州消费者隐私保护法案》适用于在美国加利福尼亚州以获得利润或经济利益为目的开展经营活动的企业，侧重于对影响范围大、风险程度高的规模企业进行管辖。当企业满足以下一项或多项条件时，将会被纳入管辖范围：年收入超过 2500 万美元；出于商业目的，每年单独或总计购买、收取、出售或共享 50000 人及以上消费者、家庭或设备的个人信息；年收入中有 50%及以

上是通过销售消费者的个人信息获得的。该法案对于纳入管辖范围内的企业做出多项强制要求和规定，以明确企业在消费者隐私保护上的责任与义务，具体如下。

(1) 企业必须披露收集的信息、商业目的以及共享这些信息的所有第三方。

(2) 企业必须依据消费者提出的正式要求删除相关信息。

(3) 消费者可选择出售他们的信息，而企业不能随意改变价格或服务水平。

(4) 企业可以提供财务激励，包括向消费者支付补偿金，用于收集、出售或删除个人信息。如果商品或服务的价格与消费者数据提供给消费者的价值直接相关，企业也可以向消费者提供不同的价格、费率、水平或质量。该规定主要是在信息提供者与利用者间寻求商定利益分配的方案，并特别反对价格歧视。

(5) 加利福尼亚州政府有权对违法企业进行罚款，而每次违法行为将被处以7500美元的罚款。

(6) 从2020年开始，掌握超过50000人信息的公司必须允许用户查阅自己被收集的数据，支持要求删除个人数据的权力，以及选择不将数据出售给第三方的权力。公司必须依法为行使这种权利的用户提供平等的服务。

除了对企业提出明确要求之外，另一方面，《加利福尼亚州消费者隐私保护法案》也明确定义了个人对个人信息的控制权。该法明确指出隐私权为全体人民"不可剥夺"的权利之一，赋予每位加利福尼亚州人法定的隐私权，对于保护隐私权具有基础性意义，具体如下。

(1) 访问权，消费者有权要求企业披露其收集的信息类别和具体内容。

(2) 删除权，消费者有权要求企业删除其收集的任何个人信息。

(3) 知情权，消费者有权知道其个人信息被转移到何处，企业必须发布有关消费者的个人信息出售或披露的范围、流向、方式等。

总体而言，《加利福尼亚州消费者隐私保护法案》体现了美国建立个人信息保护统一标准的趋势，确立了适用各领域的统一规则和框架，明确了个人信息、数据主体、数据控制者等核心概念，统一授予数据主体权利，保障了数据主体对本人信息流转的控制。

3. 中国的法律法规

中国有关数据合规的法律法规发展历程如表4-3所示，其中《中华人民共和国数据安全法》由全国人民代表大会常务委员会通过，是目前我国数据领域的基础性法律；《中华人民共和国个人信息保护法》是我国第一部个人信息保护方面的专门法律，为个人信息处理活动提供了明确的法律依据，为个人维护其个人信息权益提供了充分保障，为企业合规处理提供了操作指引。

表4-3 中国有关数据合规的主要法律法规

公布时间	法律法规名称	相关简介
1997年(2011年修订)	《计算机信息网络国际联网安全保护管理办法》	明确任何单位和个人不得违反法律规定，利用国际联网侵犯用户的通信自由和通信秘密
2000年(2011年修正)	《全国人民代表大会常务委员会关于维护互联网安全的决定》	明确提出非法截获、篡改、删除他人电子邮件或者其他数据资料，侵犯公民通信自由和通信秘密将追究刑事责任

续表

公布时间	法律法规名称	相关简介
2012年	《全国人民代表大会常务委员会关于加强网络信息保护的决定》	我国首次以法律文件的形式对个人电子信息保护的要求做了明确规定
2013年	《电信和互联网用户个人信息保护规定》	具体规定了电信业务经营者、互联网信息服务提供者收集、使用用户个人信息的规则和信息安全保障措施等要求
2016年	《中华人民共和国网络安全法》	将个人信息保护纳入网络安全保护的范畴，其第四章"网络信息安全"对个人信息保护进行了专章规定
2019年	《中华人民共和国电子商务法》	我国第一部针对电子商务的成文条款，提出电子商务经营者收集、使用其用户的个人信息应当遵守法律、行政法规中有关个人信息保护的规定，并确保交易安全
2019年	《儿童个人信息网络保护规定》	我国第一部针对儿童网络保护的规章，对儿童个人信息进行全生命周期保护
2021年	《中华人民共和国数据安全法》	确立数据分级分类管理以及风险评估、检测预警和应急处置等数据安全管理的各项基本制度，明确开展数据活动的组织或个人的数据安全保护义务，落实数据安全保护责任
2021年	《中华人民共和国个人信息保护法》	明确个人信息的定义和域外使用效力，确立个人信息处理的原则，完善个人信息跨境规则，切实保护自然人在个人信息处理活动中的权益，加强个人信息处理者的义务

(1)《中华人民共和国数据安全法》。

《中华人民共和国数据安全法》共包含七章，分别为总则、数据安全与发展、数据安全制度、数据安全保护义务、政务数据安全与开放、法律责任和附则，旨在维护数据安全并同时促进数据开发，以数据开发利用和产业发展促进数据安全，以数据安全保障数据开发利用和产业发展。该法将数据定义为任何以电子或非电子形式对信息的记录，将数据安全定义为通过采取必要措施，保障数据得到有效保护和合法利用，并让其持续处于安全状态的能力。

《中华人民共和国数据安全法》为数据的交易、分类保护、安全审查和安全管理提出了规范要求，明确了相关企业和部门的职责和义务。

① 数据交易管理制度：国家要建立健全数据交易管理制度，规范数据交易行为，培育数据交易市场。

② 数据的分类分级保护制度：根据数据在经济社会发展中的重要程度，以及一旦遭到篡改、破坏、泄露或者非法获取、非法利用，对国家安全、公共利益或者个人、组织合法权益造成的危害程度，对数据实行分类分级保护。国家数据安全工作协调机制统筹协调有关部门制定重要数据目录，加强对重要数据的保护。

③ 数据安全审查制度：对影响或者可能影响国家安全的数据活动进行国家安全审查。

④ 数据安全管理制度：提出对开展数据处理活动的法人主体和国家机关的要求，组织开展数据安全教育培训，采取相应的技术措施和其他必要措施，保障数据安全。

此外，该法还定义了三种数据安全机制，对安全协作、安全风险评估和安全应急处置提出了具体规范要求，以提升数据的安全性并降低数据安全事件带来的损害。

① 数据安全协作机制：推动有关部门、行业组织、科研机构、企业、个人等共同参

与数据安全保护工作，形成全社会共同维护数据安全和促进发展的良好环境。

② 数据安全风险评估、报告、信息共享、监测预警机制：要求国家数据安全工作协调机制统筹协调有关部门加强数据安全风险信息的获取、分析、研判、预警工作。

③ 数据安全应急处置机制：发生数据安全事件，有关主管部门应当依法启动应急预案，采取相应的应急处置措施，防止危害扩大，消除安全隐患，并及时向社会发布与公众有关的警示信息。

《中华人民共和国数据安全法》的颁布实施，标志着我国数据安全法律体系的进一步完善，对于促进数据依法合理有效利用、保障国家安全、推动数字经济健康发展具有重要意义。它不仅是维护国家安全和社会公共利益的重要法律工具，也是保护公民个人信息权益、促进数据跨境流动合作的基石，对提升全社会数据安全意识和数据治理能力起到了关键作用[48]。

(2) 《中华人民共和国个人信息保护法》。

《中华人民共和国个人信息保护法》共计八章七十四条，内容上继承、借鉴、吸收了国内外关于个人信息保护的立法实践经验和相关国际标准。从整体来看，该法构建了完整的个人信息保护框架，其规定涵盖了个人信息处理中的收集、存储、使用、加工、传输、提供、公开、删除等全部过程。

《中华人民共和国个人信息保护法》赋予了个人在个人信息处理活动中的权利，包括查阅复制权、可携带权、更正补充权、删除权、解释说明权等权利。查阅复制权指个人有权查看自己被收集的信息并且可以复制这些内容。可携带权指当个人请求将个人信息转移至其指定的个人信息处理者且符合国家网信部门规定条件时，个人信息处理者应当提供转移的途径。更正补充权指如果发现自己的个人信息有错误或不完整，个人有权要求个人信息处理者更正或补充。删除权的行使则需要在保存期限届满、出现违法违约等情况且个人信息处理者没有主动删除的情况下，个人才有权请求删除。解释说明权指个人有权要求个人信息处理者解释自动化决策机制的逻辑和可能的后果，尤其是对个人权益有重大影响的自动化决策。

与个人权利相对应，《中华人民共和国个人信息保护法》明确规定了个人信息处理者的义务及法律责任。该法规定处理个人信息需要遵循五个原则，具体包括：满足合法、正当、必要要求；有明确、合理的目的；必须采取对个人权益影响最小的方式，将处理行为限制在实现处理目的的最小范围；遵循公开、透明的原则，保证个人信息的准确、完整性；采取必要措施保障个人信息的安全。

具体来讲，在收集个人信息阶段应取得个人的同意且应当限于达到处理目的的最小范围，不得过度收集个人信息。在个人信息处理阶段，个人信息处理者应当向个人告知处理敏感个人信息的必要性以及对个人权益的影响，处理不满十四周岁未成年人个人信息的，应当取得未成年人的父母或者其他监护人的同意。关于敏感个人信息，该法也进行了明确定义，即为一旦泄露或者非法使用，容易导致自然人的人格尊严受到侵害或者人身、财产安全受到危害的个人信息，包括生物识别、宗教信仰、特定身份、医疗健康、金融账户、行踪轨迹等信息，以及不满十四周岁未成年人的个人信息。在个人信息存储阶段，国家机关处理的个人信息应当在中华人民共和国境内存储，确需向境外提供的，应当进行安全评估。另外，该法还规定发生或者可能发生个人信息泄露、篡改、丢失的个人信息处理者应当立即采取补救措施，并通知履行个人信息保护职责的部门和个人。《中华人民共和国个人信息保护法》额外关注对于超大互联网平台的个人隐私保护，并提出以下要求：按照国家规定建立健全个人信息保护合规制度体系，成立主要由外部成员组成的独立机构对个人信息保护情况进行监督；遵循公开、公平、公正的原则，制定平台规则，明确平台内产品或者服务提供者处理个人信息的规范和保护个人信息的义务；对严重违反法律、行政法规处理个人信息的平台内的产品或者服务提供者，停止提供服务；定期发布个人信息保护社会责任报告，接受社会监督。

《中华人民共和国个人信息保护法》的实施不仅有力维护了公众的隐私权，遏制了个人信息滥用现象，还促进了信息产业的健康发展。该法标志着中国个人信息保护法制度进入新阶段，对提升公众的个人信息安全意识具有重要作用[49]。

4.1.2 标准规范

1. 国际标准

在数据安全与隐私保护方面存在一系列的国际标准，为数据治理提供了法律法规之外的多方面参考，以提升数据的安全性并促进数据合规。现有的权威国际标准主要由国际标准化组织(ISO)和国际电工委员会(IEC)进行制定，其发布的 ISO/IEC 27000 系列标准是一项比较权威的信息安全标准，建议通过设计和实施安全控制措施来管理信息安全风险并确保信息资产的安全。ISO/IEC 27001 和 ISO/IEC 27005 是 ISO/IEC 27000 系列信息安全标准中的两个重要部分，两者的侧重点和应用范围有所不同。ISO/IEC 27001[50]强调了风险评估和风险处理的必要性，要求实施适当的安全控制措施来应对评估出的风险，为建立、实施、维护和持续改进信息安全提供了框架，以及完成以下一系列控制措施以管理和降低安全风险。

(1) 系统地检查可能存在的信息安全风险，综合考虑威胁、脆弱性和影响。

(2) 设计并实施一套连贯而全面的信息安全控制措施和其他形式的风险处理办法(如风险规避或风险转移)，以应对那些被认为不可接受的风险。

(3) 采用一个总体的管理程序，以确保信息安全控制措施持续满足信息安全需求。

ISO/IEC 27005 专注于信息安全风险管理，提供了风险管理的指导原则，包括风险评估、风险处理、风险监测与审查等。该标准与 ISO/IEC 27001 系列中的标准紧密相关，特别是为那些遵循 ISO/IEC 27001 信息安全管理体系框架的信息管理者而设计，以帮助他们有效地识别、分析和管理信息安全风险。ISO/IEC 27005 不直接规定具体的风险管理过程，而是提供了一套灵活的原则、方法和实践，使得信息管理者可以根据自身情况定制风险管理流程。

ISO/IEC 还发布了隐私保护相关的框架标准 ISO/IEC 29100，旨在帮助信息管理者理解并应对个人身份信息处理过程中的隐私问题。该标准规范了隐私保护术语，提供了一个全面的隐私保护框架和信息技术的已知隐私原则，适用于各种规模和行业的信息管理者。一方面，ISO/IEC 29100 说明了一系列保护个人隐私和数据的基本准则，如最小权限原则，列举了可以采用的隐私保护方法，如访问控制和密码学方法。另一方面，ISO/IEC 29100还定义了隐私风险管理和合规性评估的方法，帮助信息管理者识别、评估并降低隐私风险。

2. 行业标准

数据安全相关领域还存在一系列行业标准，如互联网安全中心评测基准、云安全联盟标准、通用准则认证等，能够为数据治理主体提供行业内参考并帮助其开展合规性评估。

(1) 互联网安全中心评测基准。

互联网安全中心评测基准是由互联网安全中心(center for internet security, CIS)制定的一系列全球公认的、共识驱动的信息安全配置评测基准，提供了详细的建议和最佳实践，帮助实施和维护有效的网络安全防御措施，减少因配置不当导致的安全漏洞。该评测基准由安全专家和行业参与者共同开发，基于广泛的社区反馈和实际安全需求，确保其内容的实用性和时效性，且覆盖了广泛的平台包括操作系统(如 Windows、Linux)、网络设备、移动设备、云服务、容器技术(如 Docker)、虚拟化平台以及特定的应用程序。另外，该基准不仅是安全配置的参考标准，也是安全审计、风险评估和持续改进安全管理的重要依据。通过定期与这些基准进行比较，数据治理主体可以不断提升其信息安全管理水平和防护能力。

(2) 云安全联盟标准。

云安全联盟标准由云安全联盟(cloud security alliance, CSA)制定，结合了行业认可的标准、最佳实践和法律法规要求，是一项针对云服务提供商的安全认证体系，旨在提升云服务的透明度并帮助用户评估云服务商的安全状况，为云服务的安全性提供了全面而系统的评估方法。

云安全联盟标准分为三个层级，以适应不同云服务商的安全等级和用户的需求。

第一层级为云服务提供商自评估，允许云服务提供商基于云安全联盟提供的文档进行自我评估，并公开发布评估结果，能够帮助云服务提供商展示其云安全策略和措施。第二层级为云安全联盟认证，云服务提供商需要通过第三方认证机构的审核，依据 ISO/IEC 27001 标准以及云安全联盟发布的相关要求。这一层级为用户提供了一个更高层次的独立验证，确保云服务提供商的云安全措施不仅已经实施，而且符合国际标准。第三层级为云安全联盟鉴证报告，涉及由注册会计师执行的多种类型的鉴证报告，不仅验证了云服务提供商执行的各类安全措施，还评估了其运行的有效性。

总体而言，云安全联盟标准提供了一套标准化的方法来评估云服务提供商的安全性能。此外，参与评估的云服务提供商可以通过这一过程识别并弥补安全漏洞，不断提升其安全水平。

(3) 通用准则认证。

通用准则认证(common criteria certification)是一个国际公认的信息技术产品安全功能的评估和认证框架，旨在为政府、企业和消费者提供一个统一、可比较的标准，以评估信息技术产品的可靠性与安全性。通用准则认证起源于多个国家安全评估标准的融合，得到了包括美国、加拿大、英国、德国、法国、日本在内的多个国家的认可和支持。

通用准则认证对信息技术供应商而言，不仅是对其产品安全性的权威证明，也是进入某些特定市场(特别是某些政府和国防领域)的必要条件。随着网络安全和数据安全威胁日益复杂，通用准则认证作为全球通用的安全标准，其作用和价值愈发凸显，成为保障信息技术产品安全性和可信度的重要基石。

4.2 数据安全风险评估

数据应用中面临各种各样的数据安全风险，如数据泄露、数据损坏和隐私侵犯等，可能导致法律、伦理和道德等问题[51]。数据安全风险评估是针对数据可能面临的各种安全风险进行系统性识别、分析和评价的过程，旨在量化数据安全事件发生的可能性以及可能造成的损失和影响，从而帮助制定有效的风险管理策略和控制措施。

4.2.1 数据安全风险类型

常见的数据风险可以总结为对数据机密性、完整性和可用性的威胁。维护数据的机密性、完整性和可用性是确保数据安全的基础，任何一方面的缺失都可能导致严重的数据安全事件发生。

1. 对数据机密性的威胁

对数据机密性的威胁是指未经授权的访问或披露。重要的隐私数据面临机密性的威胁时可能带来严重后果，例如，银行在处理客户账户信息时发生泄露，可能会导致严重的金融诈骗和身份盗窃。常见的对数据机密性的威胁主要来源如下。

(1) 不遵循"最小权限"原则而访问机密数据，造成了最少访问需求之外的访问。
(2) 不良的访问控制，使得未经授权的用户可以访问受保护的数据。
(3) 在不安全区域存储机密数据，可能导致机密数据泄露。
(4) 未经授权，披露了解的机密数据。

2. 对数据完整性的威胁

对数据完整性的威胁是指对数据未经授权的篡改，从而破坏数据的准确性、真实性和可信赖性。对数据完整性的威胁往往发生在关键数据中，如应用程序代码和系统日志。

(1) 应用程序代码一旦被篡改，就可能破坏程序功能的完整性和正确性，甚至产生恶意代码或后门，从而导致各种各样的数据安全事件发生。
(2) 系统日志的完整性一旦被破坏，就可能导致系统安全事件的漏检，这对于数据安全风险的防范极为不利。

值得注意的是，对数据的完整性威胁不仅仅只出现在数据存储阶段，数据传输和使用阶段也需要对其加以防范。例如，一笔转账通过网络发送，在传输过程中，因为数据包被修改，可能导致本来的 100 元的转账被篡改为 1000 元。

3. 对数据可用性的威胁

数据可用性的威胁与访问和使用数据的及时性与可靠性有关，主要体现在合法的用户需要访问数据时无法获取，并因此造成各类损失和负面影响。

常见的需要关注可用性的数据包括网站数据和重要的数据库(如财务数据库、人事数据库等)。一个典型的数据可用性威胁的例子是分布式拒绝服务(DDoS)攻击。2016 年 10 月，美国域名解析服务提供商 Dyn 遭遇了大规模 DDoS 攻击，导致包括 Twitter、Netflix、Spotify 在内的多家大型网站在美国东海岸及部分欧洲地区无法访问。攻击者通过操控大量的物联网设备向 Dyn 的服务器发送海量请求，短时间内急剧增加网络流量，超出了服务器的处理能力，最终使得服务中断。

4.2.2 数据生命周期中的风险

数据生命周期涉及多个阶段，每个阶段都伴随着特定的数据安全风险。因此，从数据生命周期的角度来分析各个阶段常见的数据风险是有必要的，这对整个数据治理过程中的各种数据活动有更直观的参考价值。

1. 数据收集阶段

该阶段可能面临假数据注入、非法收集、过度收集等风险。假数据注入指的是受到外部攻击者注入虚假信息。非法收集和过度收集风险则由收集过程不规范导致，可能引发诸多法律违规问题。例如，收集了未经用户授权的个人信息会违反《中华人民共和国个人信息保护法》的相关条例。

2. 数据存储阶段

该阶段可能面临数据泄露、未经授权访问等风险。数据泄露指的是敏感、受保护或机密数据在未经许可的情况下被访问、披露或使用，泄露途径可以是外部攻击、内部失误或其他安全漏洞。未经授权访问是指个人或实体没有得到正当权利或批准就获取了数据的访问权限，这种访问可能是恶意的，如黑客入侵，也可能是由权限管理不当导致的非故意行为。这两种风险都可能导致严重的违规问题，例如，欧盟的《通用数据保护条例》要求数据控制者和数据处理者实施适当的技术和组织措施来保护数据安全，防止意外丢失、破坏或未经授权的访问。

3. 数据处理阶段

该阶段可能面临数据滥用、数据损坏和数据泄露等风险。数据滥用指的是对数据的使用超越了其原本收集时数据拥有者所同意的范围或者以一种不道德、非法或不合理的方式使用数据。例如，某应用程序在没有适当授权的情况下，过度收集和使用用户数据来构建详细的用户画像，这违反了《中华人民共和国个人信息保护法》的相关条例。数据损坏是指数据由于各种因素变得不准确、不完整或不可读，导致数据的完整性受损，进而影响到数据的质量和可靠性，最终可能会影响到基于这些数据做出的决策。

4. 数据传输阶段

该阶段可能面临数据在传输过程中被截取、篡改等风险，当数据传输给数据治理主体之外的对象时还可能会由于该对象的安全措施不足而增加风险。该阶段可以采用安全协议传输，确保传输符合法律规定，特别是跨境数据流动的合规性。一些法律法规对数据传输也做出了明确限制，例如，《中华人民共和国个人信息保护法》中规定个人用户信息需要在境内存储，确需向境外提供的，应当进行安全评估。

5. 数据使用阶段

该阶段可能由于不良的访问控制或权限设置而导致数据被不当使用，需要确保用户访问和使用数据的权限符合最小权限原则且有明确的访问和使用记录。数据访问不当会引起隐私侵犯等违规问题，例如，某大型零售企业为了方便运营，使得所有员工都可以访问包含客户详细信息的数据库，这种过于宽松且不遵守最小权限原则的访问控制策略，可能会导致员工查看不属于其职责范围内的敏感数据，从而侵犯客户隐私。

6. 数据销毁阶段

该阶段可能面临因数据残留、未彻底销毁而导致的信息泄露等风险，不恰当的销毁方式可能留下数据恢复的隐患。因此，该阶段应按照规定的时间和方法销毁数据，确保销毁过程不可逆，并留有销毁记录，符合数据保留政策和法规要求。

4.2.3 风险评估方法

参照信息安全风险评估方法，数据安全风险评估可以分为三个重要步骤：评估准备、风险识别和风险分析。

1. 评估准备

评估准备中首先要确定评估活动的目标与范围，如覆盖的数据类型和数据治理活动；明确评估的重点领域，如可能拥有较高风险的数据和活动。其次，组建评估团队，确保团队成员具备必要的专业知识和经验。接着，确定评估依据，重点是需要参考的所有适用法律法规和标准规范，这些合规性要求是评估的基石。最后，制定评估计划，包括详细的评估时间线，如各个阶段的开始和结束日期以及里程碑事件；预计使用的评估方法，如定量或定性分析；资源分配和责任分工计划，如所需的各类财力和人力资源分配以及明确的职责和角色说明等。

2. 风险识别

风险识别过程主要包含以下三个部分。
(1) 对数据资产进行识别，可以通过编制数据资产清单，包括数据的价值、敏感性和重要性来完成。
(2) 对数据活动要素进行识别，这包括收集数据整个生命周期中的活动信息，如数据收集方式、数据共享与传输方法等。

(3) 基于数据资产和数据活动要素进行合法合规性识别、威胁识别、脆弱性识别以及已有安全措施识别。上述三个部分中，前两部分作为第三部分的前置工作，为第三部分的识别提供具体的对象清单，第三部分则是风险识别的主要内容。其中，合法合规性识别主要是通过评估准备中确立的评估依据来检测数据资产和数据活动是否存在违法违规现象；威胁识别则是对数据资产在整个生命周期中可能发生的对保密性、完整性、可用性等造成危害的起因进行识别，进一步分析其威胁动机、频率和发生的可能性；脆弱性识别主要涉及数据资产本身的脆弱性和数据活动中存在的脆弱性，二者都可能被数据威胁利用，从而对数据资产造成影响。例如，数据存储活动中数据脱敏不完全可能会泄露个人隐私数据；已有安全措施识别是针对已采取的安全措施有效性的确认，通常包含预防性和保护性两种。预防性安全措施可以在安全事件前，降低数据安全事件发生的可能性；保护性安全措施可以在安全事件中或者安全事件后，减小数据安全事件的影响。

3. 风险分析

风险分析是指基于风险识别获得的数据和信息，通过定量或定性分析来估计风险可能导致的损失和影响，为保护性安全措施的制定提供依据。

在完成了上述评估准备和风险识别之后，通过采取适当的方法与工具，可得出数据资产的重要性 V、风险发生的可能性 P、系统对该风险的脆弱性 F 等信息。利用这些信息可以建立一种简单的风险评估模型来估计蒙受的损失值，如下公式所示：

$$L = V \times P \times F \tag{4-1}$$

其中，L 表示可能蒙受的损失值。在该模型中，数据安全事件发生的可能性等于风险发生的可能性 P 与系统对该风险的脆弱性 F 相乘，而风险可能造成的损失 L 等于数据资产的重要性 V 和数据安全事件发生的可能性相乘。另外，针对式(4-1)有一种直观的理解，即任何数字乘以 0 的结果都是 0，例如，数据安全事件发生的可能性很大但资产价值为 0 时，该风险可能带来的损失仍然为 0，这也表明在风险评估时应该更关注于高价值数据。

另外，还可以利用常用的定量风险分析方法，如蒙特卡罗模拟，来考虑更多的因素并进行更精确的损失估计，具体方法可分为以下四步开展。

(1) 建立风险模型。

建立一个数学模型来描述数据安全事件的发生过程及其后果。例如，可以定义风险损失函数 L 来表示风险带来的潜在经济损失，该函数可能依赖于多个随机变量，包括风险发生的概率 P_a；风险发生的情况下，导致数据安全事件的概率 P_s；数据资产的重要性 V_d；系统对数据安全事件的响应时间 T_r。风险损失函数可以表示为式(4-2)，其中 $g(T_r)$ 表示响应时间对损失的影响函数：

$$L = P_a \times P_s \times V_d \times g(T_r) \tag{4-2}$$

(2) 定义概率分布。

对于上述随机变量，需要确定它们的概率分布。其中，P_a 和 P_s 可基于历史数据估计，

而 V_d 可根据数据类型和敏感性来确定，T_r 取决于已有安全措施和面临的风险类别。

(3) 抽样与模拟。

利用蒙特卡罗模拟，从每个变量的分布中独立抽样。具体来说，对于每次模拟，从分布 P_a、P_s、V_d、T_r 中分别抽取一个样本，并计算出相应的损失 L。

(4) 分析结果。

重复抽样与模拟步骤，收集每一次模拟的损失值。使用这些样本值来估计损失的期望值、标准差以及其他统计量，例如，可以计算95%的置信区间内的最大可能损失。

除了上述定量评估模型以外，风险分析还可以通过风险值计算对风险等级进行划分。常用的风险等级划分可以基于安全事件发生的可能性与安全事件的损失的风险值评估矩阵进行，如表4-4所示。通过对风险等级定义阈值，例如，将大于等于6定义为高风险，大于等于3且小于6定义为中风险，小于3定义为低风险，数据治理主体可以基于现实风险评估需求，对不同级别的风险予以不同程度的关注。

表 4-4 风险等级矩阵

事件发生的可能性	安全事件的损失				
	极低	低	中	高	极高
极低	0	1	2	3	4
低	1	2	3	4	5
中	2	3	4	5	6
高	3	4	5	6	7
极高	4	5	6	7	8

4.3 数据隐私保护

数据隐私保护是针对敏感信息的一种综合性策略与实践，旨在确保这些数据免遭未经授权的访问、滥用、泄露或破坏等，其核心目标是遵循法律法规要求维护信息主体的合法权益。在当前个人信息和社会信息被广泛收集的背景下，构建完善的数据隐私保护体系，实现数据价值与隐私保护的平衡，已成为全社会共同面临的紧迫任务。

4.3.1 数据隐私保护的作用

数据隐私保护不仅涉及个人权益的保护，同时还对社会秩序乃至国家安全具有深远影响[52,53]。

1. 保障个人权益

数据隐私是公民基本权利的重要组成部分。随着数字化进程加速，个人信息被大量采集、存储和利用。未经妥善保护的数据可能导致个人隐私泄露，如身份盗用、金融欺诈、网络欺凌、歧视性待遇等，严重侵犯个人尊严和自由。有效的数据隐私保护措施能够确保个人对其信息的控制权，维护其知情权、选择权、更正权、删除权等，保障个人在数字世界中的合法权益不受侵害[54]。

2. 维护社会秩序

数据隐私泄露可能导致社会信任破裂，引发公众恐慌和社会不安。大规模隐私侵犯事件可能导致公众对政府、企业乃至整个数字生态系统的信任度下降，阻碍数字经济的发展和社会进步。严格的隐私保护有助于树立良好的数据伦理规范，增强公众对数据使用的信心，维护社会稳定和谐[55]。

3. 保障国家安全

在大数据和人工智能时代，数据已成为国家的战略资源。敏感个人数据、企业商业秘密乃至国家战略信息若遭泄露，可能会被敌对势力利用，威胁国家安全和社会稳定。强化数据隐私保护，尤其是对关键基础设施、重要行业领域数据的防护，是筑牢国家安全防线、防范化解重大风险的重要举措。

4.3.2 数据隐私保护技术发展历程

伴随着信息技术的革新和全球化的数据流通，数据隐私保护技术的发展得到逐步深化和完善。

自2000年起，随着互联网用户的增加，互联网在现代日常与经济生活中发挥着日益重要的作用。在该背景下，用户个人数据数量激增，数据的共享与开放成为科技进步的基础条件。然而，这种以共享与开放为目的的数据发布带来了诸多数据隐私问题，人们也逐渐意识到对个人隐私信息进行保护十分重要。此时，对数据主体进行匿名是隐私保护的主要手段，但是这种手段很容易被反制而失效。例如，1997年，哈佛大学通过将患者数据与选民数据进行链接的方法从已删除用户标识符的患者数据中成功确认州长的身份，并研究发现87%的美国人拥有唯一的性别、出生日期和邮编三元组信息，可被唯一识别。该研究结果对以隐私为中心的政策制定产生了重大影响。因此，k匿名技术被提出，用来保护发布数据中的隐私，该技术基于数据中的敏感字段，将个人记录隐藏在一组相似的记录中来匿名数据，从而大大降低个体被识别的可能性。

21世纪10年代，大数据技术飞速发展，云计算等框架获得了广泛应用，这也意味着大数据时代的到来。该阶段个人数据被愈发频繁与广泛地收集，因此产生了海量的敏感数据，这导致产生了诸多的隐私问题并因此对数据隐私保护技术提出了新的挑战。k匿名技术对数据扰动的方式会严重影响数据的可用性且不能应对背景知识攻击，而差分隐私技术对隐私泄露风险进行了严谨的数学证明和定量化表示，能够抵御任意的背景知识攻击，从而成为该阶段隐私保护的主要途径。差分隐私技术通过对原始数据进行扰动保护数据隐私，同时通过保证最终的数据分布几乎无改变来保证数据可用性。之后，本地化差分隐私框架与方案被提出，该方案通过将数据扰动的操作移至用户端，从而避免传统差分隐私算法对可信第三方的依赖。

在该阶段，数据以维度更加丰富、粒度更加细腻、体量更加庞大的个人与社会数据为主。随着人工智能的发展，大量个人智能电子设备、智能电动汽车、智能城市传感器等产品得到飞速发展和推广并带来了海量、异构且多维的个人与社会数据，对数据隐私保护提出了巨大的新挑战。此时，数据的隐私也不局限于个人隐私信息的泄露问题，由数据驱动的机器学习算法的公平问题，数据收集、使用、共享、流通过程中的透明化问题，在该阶段都更加显著。值得注意的是，当下密码学技术、k 匿名技术、差分隐私技术已逐步发展成熟，每种技术的优缺点都十分清晰。密码学技术需在数据隐私性与计算通信效率之间进行取舍，k 匿名技术和差分隐私技术则需在数据隐私性与可用性之间进行平衡。因此，如何根据实际问题，将多种隐私保护进行混合，如将密码学技术和差分隐私技术进行混合，扬长避短，以实现既定的隐私保护目标，应为当前的主要手段。

4.3.3 数据隐私保护技术及其应用

数据隐私技术旨在确保数据免遭未经授权的访问、滥用、泄露或破坏等。自 20 世纪 60 年代至今，伴随数据隐私问题的发展，诸多隐私保护技术被提出。本质上，隐私保护技术是用数据的效用或效率来换取隐私[56,57]，例如，基于扰动的差分隐私技术使用数据可用性换取隐私保护，加密技术则使用数据的计算代价或通信代价来换取隐私保护[58]。本节将隐私保护的技术从方法上分为模糊技术、扰动技术、加密技术和混合隐私技术，并逐一对其展开介绍。

1. 模糊技术

模糊技术是指针对数据的属性进行模糊，即通过压缩、聚类、划分、泛化等操作切断数据标识属性与隐私属性间的一对一关系，以隐藏单条数据或单个数据点的隐私信息，适用于数据发布的场景。由于模糊技术会对信息造成损失，因此其核心问题在于如何在保证数据隐私保护的前提下尽量减少信息损失和信息扭曲度。常见的模糊技术包括 k 匿名 (k-anonymity)[59]、l 多样性 (l-diversity)[60]、t 接近性 (t-closeness)[61]、m 不变性 (m-invariance)[62]。

k 匿名的核心思想是在发布数据时，确保数据库中的每一行记录都无法与其他行区分开来。具体来说，就是确保每个个体记录所在的分组(或称为等价类)中至少包含 k 个记录，并且这些记录在准标识符(可能用来重新识别个体的非敏感属性，如年龄、性别、地区等)上是不可区分的。k 匿名通过泛化(如将具体年龄范围化)、抑制(删除某些敏感信息)或泛化加抑制等方法，实现数据的匿名化处理。

l 多样性是对 k 匿名的一个补充，它不仅要求数据满足 k 匿名的要求，还进一步要求在每个匿名化分组内，对于敏感属性(如疾病类型、收入等级等)，至少存在 l 种不同的值。这意味着即使攻击者能够确定某人属于某个分组，也无法精确知道此人的敏感属性信息，因为该属性在组内有足够的多样性。l 多样性主要针对 k 匿名可能面临的同质性攻击，即当一个匿名化分组内的所有个体具有相同的敏感属性值时，攻击者仍然能对这些个体的敏感属性做出一定的推断。l 多样性通过增加敏感属性的多样性，显著提高了数据的隐私保护水平。

t 接近性旨在进一步减小敏感属性在匿名化分组内的偏差,要求每个分组内敏感属性的分布尽可能接近整个数据集的分布。具体来说,一个分组的敏感属性分布与整体数据集敏感属性分布之间的最大差异(如使用距离度量)不超过预设阈值 t。t 接近性解决了 l 多样性可能存在的相似性攻击问题,即尽管分组内有多种敏感属性值,但如果这些值之间的差异微小,攻击者仍能基于概率做出较为准确的推断。t 接近性通过确保分组内敏感属性分布与总体分布的相似性,提供了更强的隐私保护。

m 不变性关注的是数据变换前后特定属性的统计特性保持不变。具体而言,当对数据进行匿名化处理时,某些关键的统计量(如均值、中位数等)应当在变换前后保持一致,以此来减少因数据变换而可能丢失的信息,这对于那些依赖于数据统计分析的应用场景尤为重要。

虽然上述四种技术可以在一定程度上保护数据隐私,但它们均不能避免攻击者针对敏感属性的背景知识攻击。另外,模糊技术导致的信息损失相对于其他技术较大,因此近年来其应用已逐渐减少。

2. 扰动技术

扰动技术是指对数据本身进行扰动,主要指差分隐私(differential privacy, DP)技术[63],不仅适用于数据发布场景,也适用于数据收集场景,通过在数据上直接添加随机噪声,或者将原本的值以一定概率扰动为随机值来实现。通过扰动的方式保护数据隐私,同样会造成数据可用性的降低,即影响计算结果的准确性,因此如何在保护数据隐私的前提下,尽可能提高扰动所影响的数据可用性是该技术的核心问题。

差分隐私可以保证任意一条数据的改变都不会影响最终的输出结果的分布,从而隐藏输出结果中的个人隐私信息。生成一个满足差分隐私的算法,通常有两种数据扰动的方式:一种是直接在计算结果上添加噪声,常用的包括拉普拉斯机制、指数机制等;另一种是以一定的概率对数据进行扰动,即随机响应机制。依据不同的安全假设,差分隐私技术可分为中心化差分隐私和本地化差分隐私。中心化差分隐私,即传统的差分隐私概念,假设存在一个可信的服务器拥有用于发布的所有用户数据,该服务器在由原始数据计算得到的结果上直接添加满足差分隐私的噪声,最后发布扰动后的结果。但现实中,可信的服务器难以部署,它可以看到所有原始数据,一旦被攻击,用户的数据隐私将受到极大的威胁。由此,本地化差分隐私被提出,该模型不依赖任何可信的第三方,用户在其本地直接对数据进行一定概率的扰动,使其满足差分隐私。以差分隐私为主的扰动技术相比于以匿名为主的数据模糊技术,可抵御任意的背景知识攻击。也就是说,即使攻击者拥有除被攻击对象外其他所有用户的个人信息作为背景知识,也不能推测出个体的隐私信息。

目前差分隐私技术在工业界的应用最为广泛,尤其是本地化差分隐私技术。本地化差分隐私技术更适用于当下数据监控和数据收集场景,例如,谷歌使用该技术收集用户浏览器的主页设置等信息,苹果使用该技术收集用户常用的表情和单词。差分隐私的详细定义和内涵可参考 7.1.2 节。

3. 加密技术

加密技术不同于模糊和扰动技术，该技术不会损害数据的可用性，但基于密码学的技术需付出额外的计算代价和通信代价。其主要原因是经数据加密后的密文通常较大，对密文进行计算会产生较大的计算代价和通信代价。因此，如何在保护数据隐私的前提下尽可能降低额外的计算代价和通信代价是该技术的核心问题。当下常用的密码学技术主要包括同态加密技术[64]和秘密共享。

同态加密是一种高级加密技术，允许对加密数据进行特定类型的计算，而无须先对其进行解密。这意味着数据可以在加密状态下直接进行处理，计算结果在解密后与明文数据直接计算的结果一致。这种特性极大地增强了数据的安全性和隐私保护，尤其是在云计算和多方计算场景下。同态加密分为部分同态加密和全同态加密。部分同态加密只支持加法或乘法同态中的一个，而全同态加密则同时支持加法和乘法同态，甚至更复杂的同态。

同态加密的关键在于设计加密算法，使其在加密数据上执行的运算结果与明文数据上的运算结果保持"同态"关系。同态加密技术广泛应用于云计算环境下的数据处理、数据挖掘、联邦学习、电子投票系统和审计等领域。例如，医院可以使用同态加密保护病患数据，允许研究人员在不解密的情况下进行数据分析。实际应用时，大多隐私保护方案基于半同态加密方法设计，全同态加密过长的加密解密时间、过大的计算代价不符合实际应用的需求。关于同态加密的具体细节和内涵可以参考7.1.3节。

秘密共享是一种密码学协议，用于将一个秘密分割成多个部分(称为份额)，每个份额分配给不同的参与者。只有当一定数量(通常是预先设定的阈值)的参与者将其份额合并时，才能重构出原始的秘密，可以有效防止秘密的单一点故障。秘密共享基于多变量多项式插值理论，最著名的实现是沙米尔的秘密分享(Shamir's secret sharing)。在这个方案中，秘密被编码为一个多项式，然后通过评估多项式在不同点的值来生成各个份额，只有收集到足够多的份额，才能通过拉格朗日插值法恢复原始秘密。秘密共享常用于密钥管理、分布式系统中的权限控制及在分布式环境中安全地存储和恢复敏感信息。例如，在企业中，可以将加密密钥分成几份，分别由不同部门保管，只有当规定的多数部门同意时，才能重新组合使用密钥。

4. 混合隐私技术

模糊技术和扰动技术会降低数据的可用性，加密技术会降低数据的计算和通信效率，而混合隐私技术的目的是将三者结合各取其优点。根据结合方式与目的的差异，混合隐私技术可分为加密差分隐私技术(cryptography for differential privacy)和差分隐私加密技术(differential privacy for cryptography)两种[65]。

加密差分隐私技术是用密码学改进差分隐私的方法，该类方法以提升差分隐私方法的隐私性与可用性为目标，探索差分隐私方法隐私性与可用性的最优平衡。该类方法又可进一步分为基于密文计算改进和基于安全混洗改进，前者基于中心化差分隐私方法，将第三方的所有操作替换为密文操作，从而不再限制第三方，具有高可信性，在保证较小计算误差的差分隐私基础上提高了系统隐私性；后者在本地化差分隐私方法的基础上引入安全混洗的操作，使用户本地扰动后的数据实现完全的匿名，从而在提高最终计算结果的准确性的基础上增强了隐私性。

差分隐私加密技术是用差分隐私改进密码学的方法，该类方法将差分隐私扰动的思想引入到加密技术中，以降低其额外的计算代价与通信代价。在复杂密码学协议执行的过程中，攻击者们可以通过计算过程中一些中间结果的大小、通信的次数等信息，来对计算的数据或结果进行推理。基于差分隐私的思想，一方面对密码学协议中的中间结果的大小、通信的次数进行适度的扰动，就可以避免过多密文数据和通信消息的引入而降低计算代价和通信代价，另一方面也可防止推理攻击而提升数据的隐私性。

混合隐私技术在如今人工智能需要各方数据源共同构建大规模数据的情况下具有重要应用价值。例如，有多家医院希望合作进行医学研究，共同训练一个机器学习模型，以提高疾病诊断的准确率。然而，每家医院都持有敏感的病人数据，直接共享原始数据会侵犯病人隐私，违反数据隐私保护相关法律法规。在这种情况下，可以采用差分隐私和同态加密的混合技术来构建一个安全的联邦学习框架，允许医院在不泄露病人详细信息的情况下贡献数据，同时保证模型的准确性和安全性。具体来讲，每家医院对本地数据应用差分隐私技术，通过在数据特征上添加可控的随机噪声，确保任何个人的信息都不会被直接识别，同时保持数据的统计特性。接着，将差分隐私处理后的数据进行同态加密，使数据可以被聚合和分析而无须先解密，从而在机器学习模型计算过程中保护数据隐私。

总体而言，混合隐私技术通过对多种隐私保护技术的混合使用，能够构建出更为复杂和全面的隐私保护体系，适应不断变化的安全威胁和合规要求。

4.4 监督与审计

监督与审计是指对整个数据治理过程进行监测以发现可能存在的违规行为，并对发生的安全事件进行溯源和分析，以此来消除安全隐患，并从已发生的安全事件中总结经验。监督与审计过程涉及以下环节：监督与审计方案制定、数据合规监督手段、审计分析与持续优化、响应与应急处理。

4.4.1 监督与审计方案制定

制定监督与审计方案是监督与审计工作的基石，它规定了整个监督与审计工作需要遵循的规章制度，说明了工作中要采取的策略与方法。

监督审计过程中，数据治理主体需要制定一套全面的数据保护政策和程序，明确数据收集、存储、处理、传输和销毁的规则。这些规则一方面需要符合当地法律法规以及标准规范，另一方面需要基于当前数据治理目的做出适当增补。监督与审计方案的制定工作需细致入微，涵盖所有适用的法律法规和标准规范，确保数据治理活动在合法、透明、负责任的框架下运行。

监督与审计方案的制定首先需要深入研究并解读适用的所有法律法规,如《中华人民共和国个人信息保护法》,明确法律要求是制定政策的基础。这包括理解数据主体权利、数据跨境传输规则、最小必要原则等核心概念,确保政策设计既满足法律硬性要求,又兼顾当前数据治理活动的独特性。其次,制定全面的数据保护政策和程序手册,这是数据治理主体内部的"宪法",需涵盖数据生命周期管理的各个方面:从数据收集的合法性验证、数据分类与标记,到数据存储的安全策略、访问控制机制,直至数据销毁的合规流程。另外,还需建立数据分类与敏感度标识体系,根据不同类型数据的风险等级,设计差异化保护措施,这有助于优化资源分配,将重点保护措施应用于高风险数据上。最后,监督与审计方案的制定不是一劳永逸,需建立动态调整机制,跟踪国内外法律法规的变化,定期审查现有政策的有效性,根据反馈和新出现的合规挑战适时修订,确保数据治理体系与时俱进,持续符合最新生效的法律要求。

监督与审计方案的制定是监督与审计工作的首要任务,它通过一系列详尽且具有前瞻性的规划奠定了数据合规监督与审计的坚实基础。

4.4.2 数据合规监督手段

数据合规监督是指数据治理主体通过实施技术手段对日常数据治理活动进行实时监控,包括但不限于访问控制、数据流动监测、系统日志分析等,以识别潜在的异常或违规行为。

技术监控是实现数据合规监督的主要手段,具体是指利用先进的数据保护工具和技术,如数据泄露防护系统、访问控制解决方案、自动化日志分析软件以及行为分析与用户实体行为分析等。这些技术手段有助于及时发现异常或违规活动,为迅速干预提供依据,下面将对以上技术做出简要描述。

1. 数据泄露防护系统

数据泄露防护系统能够自动检测和防止敏感数据的不当流出。它通过预定义的策略,识别电子邮件、文档、网页上传等渠道中的敏感信息(如个人身份信息、财务数据等),阻止未经授权的数据传输或外发。此外,数据泄露防护系统还能提供教育性提示,帮助理解哪些行为违反了数据保护政策。

2. 访问控制解决方案

访问控制解决方案包括基于角色的访问控制、最小权限原则等策略,确保每个用户只能访问完成其工作所必需的数据。通过使用身份验证、授权技术以及多因素认证,限制和监控数据访问权限,不仅可以有效减少内部恶意行为和意外数据泄露的风险,还能够文档化系统和数据的访问记录,以及时发现异常的访问行为。

3. 自动化日志分析软件

自动化日志分析软件自动收集并分析系统日志、数据库活动日志和其他关键数据源,实时监控数据访问模式和操作行为。通过设定警报阈值，当检测到异常活动(如大量数据下载、非办公时间访问等)时，系统能立即通知安全团队，便于快速响应和调查。同时，这些分析也能用于合规报告，证明数据处理活动的合规监控。

4. 行为分析与用户实体行为分析

行为分析与用户实体行为分析利用人工智能技术，分析用户行为模式，识别偏离正常行为的异常活动，即使这些活动未触发传统安全规则。行为分析与用户实体行为分析能够发现潜在的内部威胁和复杂的攻击行为，增强对隐蔽数据泄露渠道的监控能力。

数据合规监督的有效运作往往依赖于技术、人员、流程的紧密结合，旨在通过多层次、多角度的监督网络，实现对数据治理活动的全链条合规管控，为数据治理提供坚实的后盾。

4.4.3 审计分析与持续优化

审计分析旨在记录所有的安全事件并展开事件追溯，分析安全事件的原因并为数据合规的改进提供支持，促进数据治理的持续优化，以满足法律法规和标准规范的合规要求。

在审计过程中，首先要基于风险评估结果和数据合规监督报告制定周密的审计计划，明确审计范围、目标、时间表和责任分配。接着，数据治理主体组建或指定一个内部审计团队，该团队依据审计计划并在监督与审计方案的总体指导下进行周期性的审计工作，详细记录所有的安全事件，为后续事件追溯和起因分析做准备。审计结果需形成书面报告，明确指出审计过程中发现的问题。最后，数据治理主体需要基于审计结果进行持续优化，通过循环反馈机制不断优化数据治理过程、提升合规水平和增强数据安全性。

持续优化的实施要点主要包括审计结果的分析、持续优化机制的建立和策略成效的评估。其中，审计结果分析指基于审计报告，深入调查安全事件原因，包括技术分析、日志审查、相关人员访谈等，以确定事件发生的具体情况，识别导致事件发生的根本原因，为后续预防措施提供依据；持续优化机制的建立指构建一个正式的持续改进流程，包括定期回顾监督审计制度、流程和技术措施的有效性，将审计结果分析转化为具体改进措施，不断调整和完善监督与审计方案，确保审计成果转化为实际的治理效能提升；策略成效的评估则指设定可量化的目标和指标，如数据质量改善率、合规性达标率、数据安全事件减少比例等，定期评估数据治理项目的实施效果。持续优化是审计阶段的关键，它要求数据治理主体具备高度的自我反思能力和快速响应机制，确保数据治理实践能够与时俱进，有效应对不断变化的数据合规性挑战。

4.4.4 响应与应急处理

响应与应急处理是指在面临各项数据安全事件时迅速而有效地采取的一系列应对措施，旨在减轻损害、恢复数据安全并维持合规状态。响应与应急处理通常可以分为以下四个部分：制定应急响应计划、安全事件通报、执行恢复措施和后续跟进与改进。

(1) 制定应急响应计划：制定详细的数据安全事件的应急响应计划，包括立即行动步骤、通知流程、危机沟通策略、技术恢复方案和后续合规报告等。计划需定期演练，确保在真实事件中能迅速、有序地启动。

(2) 安全事件通报：遵循相应法规规定的通报时限，建立通报流程，确保在规定时间内向监管机构及受影响的个人通报数据泄露事件，同时准备详细的事件报告，记录事件经过、影响范围及已采取的补救措施。

(3) 执行恢复措施：旨在尽快恢复正常的数据安全状态，以尽可能减少数据安全事件带来的损失。其首要任务是遏制事件的进一步扩散，这包括隔离受影响的系统和网络，关闭不必要的网络连接，限制数据访问权限。接着，查明导致安全事件的漏洞或弱点，并立即采取措施修复，这可能涉及软件补丁、配置更改或增强的访问控制机制等。最后，可以基于事先制定的数据备份和恢复策略，从备份中恢复丢失或被破坏的数据，确保恢复过程中遵循安全标准，防止数据在恢复过程中再次受损或被非法访问。

(4) 后续跟进与改进：需要对安全事件进行总结报告，编制详细事件处理报告，包括事件经过、处理措施、经验教训及改进措施。另外，需要根据此次事件经验更新应急响应计划以形成闭环。

4.5 本章小结

本章主要探讨了数据合规在数据治理中的重要作用，详细讲述了数据合规中的法律法规和标准规范、数据安全风险评估、数据隐私保护，以及监督与审计。法律法规和标准规范作为数据合规的基石，对数据治理过程做出了严格规范要求。数据安全事件会引发的违法违规问题，因此数据安全风险评估不可或缺，它能够识别潜在的合规风险，并采取相应的风险控制措施。另外，数据隐私保护是数据合规中最重要的议题之一，本章介绍了数据隐私保护的作用、发展历程和常用方法。最后，数据治理过程中还需要持续地监督与审计，以发现可能存在的违规行为，并从已发生的安全事件中总结经验教训。

4.6 习 题

1. 《中华人民共和国个人信息保护法》是如何保护社交网络中的个人信息的？
2. 欧盟《通用数据保护条例》中规定的特殊隐私数据有哪些？
3. 简述数据安全风险评估与数据合规的关系。
4. 常见的数据风险有哪几种类型？
5. 简述数据隐私保护与数据合规的关系。
6. 相比于加密技术，混合隐私技术的优势是什么？
7. 发生数据安全事件时，如何才能降低事件带来的负面影响？
8. 请分析现有的关于数据合规的法律法规和标准规范，并说明二者有什么联系和区别。
9. 某云平台被一家跨国公司用于存储和处理其全球客户的个人数据。请分析在这样的场景下，该云平台及其客户需要遵守哪些主要的数据保护法规，并阐述他们应如何确保数据处理活动的合规性。

10. 一家教育科技公司因服务器遭黑客攻击，导致大量包含学生个人信息的数据库被泄露。作为该公司的法律顾问，请列出在发生此类数据泄露事件后，应立即采取的五项关键合规措施，并解释每项措施的重要性。

11. 描述一种常见的数据加密技术(如 AES、RSA 等)，解释其工作原理，并设计一个应用场景，说明如何在该场景中有效应用该加密技术来保护敏感数据。同时，讨论可能存在的局限性和潜在的风险。

12. 假设你是一家电子商务平台的安全分析师，负责评估公司即将上线的新功能——"一键快速登录"所涉及的数据安全风险。请列出至少五种可能的数据安全威胁，并对每种威胁进行简要的风险评估(包括可能性与影响程度)，最后提出相应的缓解措施。

13. 假设你为一家拥有多个部门且数据敏感度不一的企业设计访问控制策略。请设计一套基于角色的访问控制(RBAC)模型，明确不同角色的权限分配原则，考虑至少三种不同的用户角色(如普通员工、经理、系统管理员)，并解释为何这样的设计能够有效降低内部数据泄露的风险。

14. 描述数据从收集、存储、处理、传输到销毁的整个生命周期中，每个阶段可能面临的隐私风险，并针对每个阶段提出至少一项具体的数据保护措施。讨论实施这些措施的挑战和必要性。

15. 请尝试找到一家知名互联网公司的隐私政策，阅读并分析其中关于数据收集、使用、共享和保护的具体条款。评价该隐私政策的透明度、用户友好性以及对用户隐私权利的保护力度。提出至少两项改进建议，以使其更好地符合数据隐私保护需求。

第5章 数据建模

数据建模是指利用历史数据训练机器学习模型以挖掘数据中模式和规律的过程。传统机器学习算法局限于特征的人工设计和选择，在处理具有复杂模式的大数据时面临专家知识依赖、泛化能力弱等挑战。深度学习通过多层非线性变换自动学习和抽象数据特征，能从大量数据中自动发现复杂的模式和关联。大语言模型作为深度学习领域的重要研究突破，能够处理复杂的上下文信息，并能生成语义连贯的文本，具备解决多种自然语言任务的能力。在大语言模型基础上发展起来的多模态大语言模型，不仅能处理文本数据，还能处理图像、视频和音频等不同模态的数据，极大地扩展了大语言模型的应用范围。

5.1 机器学习

5.1.1 基本概念

机器学习(machine learning, ML)是指从有限的观测数据中学习，获得其分布规律和模式，再对未知数据进行预测[66,67]。以生活中挑选优质咖啡豆的例子来介绍机器学习的一些基本概念。在市场上随机挑选一些咖啡豆，每个咖啡豆代表一个样本(sample)。每个咖啡豆的特征(feature)包括咖啡豆的颜色、颗粒、香气、产地和品牌等信息，称为属性(attribute)。这些特征可用于描述和区分不同品牌的咖啡豆。为每个咖啡豆人为设定一个标签(label)，标签可以是连续值(如咖啡豆的口感评分)或离散值(如"优质"或"普通")。标签通常通过品尝来获得，或者请一些经验丰富的咖啡师来标记。所有标记特征和标签的咖啡豆样本组成一个数据集(data set)，数据集一般分为训练集和测试集。训练集(training set)中的样本称为训练样本(training sample)，用于训练模型。测试集(test set)中的样本称为测试样本(test sample)，用于检验模型的性能。

每个咖啡豆的特征向量(feature vector)使用一个维度为 K 的向量 $\boldsymbol{x}=[x_1, x_2, \cdots, x_K]^{\mathrm{T}}$ 表示，其中每一维度表示一个特征。咖啡豆的标签通常用标量 y 表示。假设训练集 S 由 N 个样本组成，每个样本都服从独立同分布(identically and independently distributed, IID)，即独立地从相同的数据分布中抽取，记为

$$S = \left\{ \left(\boldsymbol{x}^{(1)}, y^{(1)}\right), \left(\boldsymbol{x}^{(2)}, y^{(2)}\right), \cdots, \left(\boldsymbol{x}^{(N)}, y^{(N)}\right) \right\} \tag{5-1}$$

给定训练集 S，需要从一个函数集合 $F = \{f_1(\boldsymbol{x}), f_2(\boldsymbol{x}), \cdots\}$ 中自动找到一个最优的函数 $f^*(\boldsymbol{x})$ 来近似于每个样本的特征向量 $\boldsymbol{x}$ 和标签 y 之间的映射关系。对于一个新样本 $\boldsymbol{x}$，通过函数 $f^*(\boldsymbol{x})$ 来预测其标签 $\hat{y} = f^*(\boldsymbol{x})$。寻找最优函数 $f^*(\boldsymbol{x})$ 的过程称为学习(learning)

或训练(training)，通常通过学习算法(learning algorithm) $\mathcal{A}$ 来完成。

下次到市场上购买咖啡豆(测试样本)时，可以根据咖啡豆的特征，使用学习到的函数 $f^*(x)$ 来预测咖啡豆的质量。为了评价模型的公正性，要从市场上独立同分布地挑选一组咖啡豆作为测试集 D'，并在测试集中所有咖啡豆上进行测试，计算预测结果的准确率：

$$\mathrm{ACC}(f^*(x)) = \frac{1}{|D'|} \sum_{(x,y) \in D'} I(f^*(x) = y) \tag{5-2}$$

其中，ACC(·) 表示计算准确率；$I(·)$ 为指示函数；$|D'|$ 为测试集规模大小。

5.1.2 学习范式

1. 监督学习

监督学习通过训练包含输入特征和对应输出标签的样本数据，来学习样本输入 X 与目标输出 y 之间的映射关系 $f: X \to y$[68]，其涵盖了从简单的二分类问题到复杂的多标签回归问题。在监督学习过程中，在数据集 D 上训练模型 f，使其在每个样本 $x \in X$ 上的预测值 $f(x)$ 都尽可能地接近真实标签 y。监督学习可以定义如下：

$$\min_{\theta} \mathbb{E}_{(x,y) \in D} \mathcal{L}(f(x), y) \tag{5-3}$$

其中，$\mathbb{E}_{(x,y) \in D}$ 表示对数据集中所有样本 (x, y) 的期望；θ 表示模型的参数；$\mathcal{L}(f(x), y)$ 为损失函数，表示模型输出与真实标签之间的差距。损失函数值越小，说明模型对数据集 D 的拟合越好。

在监督学习中，根据输出变量 y 的类型，可以分为分类和回归两种任务。分类任务涉及预测的输出变量 y 的取值范围为有限个离散值，这些值代表不同的类别。例如，一个二分类问题中，y 可以取值为 $\{0,1\}$，每一个值表示一个具体的类别。常见的解决分类任务的模型包括随机森林、支持向量机以及神经网络等。回归任务中，输出变量 y 是连续的数值。在这类任务中，学习的目标是拟合一个从输入变量映射到输出变量的函数 f，这个函数可以预测或估计连续值输出。典型的回归模型包括线性回归、多项式回归和神经网络等。虽然分类和回归问题在目标和方法上有所不同，但很多机器学习模型可以通过简单调整输出层和损失函数适用于两种任务。这种灵活性使得分类与回归之间的界限变得模糊，而且在某些情况下，特定的问题既可以表述为分类任务，也可以表述为回归任务，具体取决于应用场景和研究目的。

下面以线性模型(linear model)为例详细阐述监督学习过程[69]。线性模型是机器学习中应用最广泛的模型，通过样本特征的线性组合来预测结果。给定一个 K 维样本特征向量 $x = [x_1, x_2, \cdots, x_K]^\mathrm{T}$，其线性组合函数为

$$f(x; w) = w_1 x_1 + w_2 x_2 + \cdots + w_K x_K + b = w^\mathrm{T} x + b \tag{5-4}$$

其中，$w=[w_1,w_2,\cdots,w_K]^{\mathrm{T}}$ 为 K 维的权重向量；b 为偏置。在分类问题中，由于输出目标 y 是一些离散的标签，而 $f(x;w)$ 的值域为实数，因此无法直接用 $f(x;w)$ 来进行预测，需要引入一个非线性的决策函数(decision function) $g(\cdot)$ 来预测输出目标 y：

$$y=g\big(f(x;w)\big) \tag{5-5}$$

其中，$f(x;w)$ 也称为判别函数(discriminant function)。

一个线性分类模型(linear classification model)或线性分类器(linear classifier)，由一个(或多个)线性的判别函数 $f(x;w)=w^{\mathrm{T}}x+b$ 和非线性的决策函数 $g(\cdot)$ 组成。首先考虑二分类的情况，然后再扩展到多分类的情况。二分类(binary classification)问题的类别标签 y 只有两种取值，通常可以设为 $\{1,-1\}$ 或 $\{0,1\}$。在二分类问题中，常用正例(positive sample)和负例(negative sample)来分别表示属于类别 1 和 -1 的样本。在二分类问题中，只需要一个线性判别函数。特征空间中所有满足 $f(x;w)=0$ 的点组成一个分割超平面(hyperplane)，称为决策边界(decision boundary)或决策平面(decision surface)。超平面就是三维空间中的平面在更高维空间的推广，K 维空间中的超平面是 $K-1$ 维的。在二维空间中，决策边界为一条直线；在三维空间中，决策边界为一个平面；在高维空间中，决策边界为一个超平面。决策边界将特征空间一分为二，划分成两个区域，每个区域对应一个类别。"线性分类模型"是指其决策边界是线性超平面。在特征空间中，决策平面与权重向量 w 正交。

为了学习参数 w，需要选择合适的损失函数以及优化算法。线性回归最常用的损失函数是均方误差(mean squared error, MSE)，表示为

$$\mathcal{L}(w,b)=\frac{1}{N}\sum_{i=1}^{N}\Big[y_i-\big(w^{\mathrm{T}}x_i+b\big)\Big]^2 \tag{5-6}$$

其中，N 是训练样本的数量；y_i 和 x_i 分别是第 i 个样本的目标值和特征向量。为了最小化在所有训练样本上的总损失，需要求解 w 和 b。首先，定义矩阵 X 如下：

$$X=\begin{bmatrix}x_1^{\mathrm{T}}\\x_2^{\mathrm{T}}\\\vdots\\x_N^{\mathrm{T}}\end{bmatrix} \tag{5-7}$$

以及目标向量 $y=\begin{bmatrix}y_1\\y_2\\\vdots\\y_N\end{bmatrix}$。损失函数可以重新写为矩阵形式：

$$\mathcal{L}(w,b)=\frac{1}{N}(y-Xw-b\mathbf{1})^{\mathrm{T}}(y-Xw-b\mathbf{1}) \tag{5-8}$$

其中，$\mathbf{1}$ 是一个全 1 的 N 维向量。

求解 $\nabla_w \mathcal{L} = 0$ 和 $\frac{\partial \mathcal{L}}{\partial b} = 0$，可以得到：

$$X^T X w + X^T \mathbf{1} b = X^T y \tag{5-9}$$

$$\mathbf{1}^T X w + N b = \mathbf{1}^T y \tag{5-10}$$

解方程(5-9)和方程(5-10)可以得到 w 的值：

$$w = (X^T X)^{-1} X^T y \tag{5-11}$$

线性回归等简单问题可以通过解析方法直接求解，但并非所有问题都有这样的解析解。当 $X^T X$ 不可逆时，为了找到最优的模型参数，需要用到优化算法，如梯度下降(gradient descent, GD)，通过不断更新参数以最小化损失函数的值，从而逐步接近最优解，更新规则如下：

$$w \leftarrow w - \eta \nabla_w \mathcal{L} \tag{5-12}$$

其中，η 是学习率；$\nabla_w \mathcal{L}$ 是损失函数相对于 w 的梯度。

2. 无监督学习

无监督学习用于分析未标注数据中的隐藏结构或模式[68,69]。与监督学习不同，无监督学习不依赖于相应的标签值，而是探索数据本身的内在关系。这种方法在数据标签难以获得或成本过高的情况下尤为有效，可以用于数据预处理、特征提取或数据挖掘等任务。在无监督学习中，数据通常表示为 X，其中不包括任何关联的标签。不同于监督学习的映射函数 $f: X \rightarrow y$，无监督学习寻求模式识别函数或模型 $g: X \rightarrow Z$，其中 Z 代表数据中的某种结构或特性。

聚类分析是无监督学习的一种主要方法，其目标是将数据点根据相似性分组到多个簇(cluster)中。这些簇应该内聚紧密而彼此间相对分离，通常是通过定义合适的距离度量来实现对簇的评估。在聚类任务中，选择合适的簇数并确保这些簇在实际应用中有意义，是非常关键的研究挑战。经典的聚类算法包括 k-means 和 DBSCAN(density-based spatial clustering of applications with noise)等。以 k-means 为例，该算法将数据点划分为预定数量(k)的簇，使得同一簇内的点尽可能相似，而不同簇的点尽可能不同。k-means 聚类算法的基本步骤如下。

(1) 初始化：选择 k 个初始中心，这些中心可以是随机选取的数据点或随机生成的点。

(2) 分配步骤：对于每个数据点 x_i，计算其与每个簇中心 μ_k 的欧氏距离，并将其分配到最近的簇中心所代表的簇。这一步骤可以表示为

$$S_k^{(t)} = \left\{ x_i : |x_i - \mu_k| \leqslant |x_i - \mu_j|, j \neq k \right\} \tag{5-13}$$

其中，$S_k^{(t)}$ 表示在迭代 t 时刻，所有被分配给簇中心 μ_k 的点的集合。

(3) 更新步骤：重新计算每个簇的中心，使得它们成为簇内所有点的均值：

$$\mu_k = \frac{1}{\left|S_k^{(t)}\right|} \sum_{x_i \in S_k^{(t)}} x_i \tag{5-14}$$

其中，$\left|S_k^{(t)}\right|$ 是簇 $S_k^{(t)}$ 中点的数量。

(4) 重复：重复分配和更新步骤，直到簇中心不再显著变化或达到预设的迭代次数，表明已经找到了相对稳定的簇划分。

k-means 的损失函数是簇内误差平方和(within-cluster sum of squares, WCSS)，表达式为

$$\mathcal{L} = \sum_{k=1}^{K} \sum_{x_i \in S_k} |x_i - \mu_k|^2 \tag{5-15}$$

该函数表示每个点到其簇中心的距离的平方和，其值越小则生成的簇越紧凑。k-means 算法的聚类结果可能对初始中心的选择非常敏感，不同的初始化可能导致不同的聚类结果。算法需要事先指定簇的数量 k，这需要依赖领域知识或额外的方法，如肘部法则(elbow method)。算法假设簇呈超球形分布，对于非球形分布的簇可能无法很好地进行聚类。离群点可能对簇中心的计算产生较大影响，从而影响整体的聚类结果。

无监督学习还包括特征降维(feature dimensionality reduction)、自监督对比学习(self-supervised contrastive learning)和数据重建(data reconstruction)等[68,69]。

(1) 特征降维是一类重要的无监督学习任务，旨在减少数据的维度同时尽可能保留关键信息。这有助于降低计算复杂度、提高数据处理效率，并防止模型过拟合。主成分分析(principal component analysis, PCA)和 t-SNE(t-distributed stochastic neighbor embedding)是两种常用的降维技术。PCA 通过最大化投影方差来提取主要成分，这些成分是原始特征的线性组合，并尽量保持相互独立，从而有效地将高维数据映射到低维空间。t-SNE 通过计算数据点间的相似度并将其转化为概率分布，然后在低维空间中尝试再现这些概率分布，并使用学生 t 分布来优化低维嵌入。t-SNE 能够有效地保留局部数据结构，并在二维或三维空间中揭示数据的固有聚类结构。可见，降维过程有助于去除噪声，并发现潜在的数据模式。

(2) 自监督对比学习是一种特征学习范式，它侧重于通过比较样本对来提取具有区分性的特征。该方法的核心在于利用数据增强技术来创建正样本对，即同一实例的不同变体，这些变体尽管在视觉上可能有所不同，但它们在特征上是相似的。与此同时，负样本对则是从不同实例中抽取的样本，这些样本在特征上是不同的。通过这种方式，训练模型以识别和区分正负样本对，从而学习到数据的本质特征。

(3) 数据重建是一种学习数据内在表达的方法，它通过尝试复制或再生原始输入样本来实现，包括自编码器(autoencoder, AE)、变分自编码器(variational autoencoder, VAE)和生成对抗网络(generative adversarial network, GAN)等经典算法。AE 通过编码器将输入数据压缩成一个低维的潜空间表示，捕捉了数据的关键特征，再通过解码器将这个潜空间表示转换回原始数据空间，尽可能地重建原始输入。VAE 通过编码器学习输入数据的概率分布并从该分布中采样，然后利用解码器重建或生成新的数据点。GAN 通过生成器和判别器的对抗过程生成数据，生成器的目标是生成尽可能接近真实数据分布的样本，而判别器则尝试区分真实样本和生成器产生的样本。

3. 强化学习

强化学习(reinforcement learning, RL)研究的是智能体(agent)与环境(environment)交互的问题,其目标是使智能体在复杂且不确定的环境中最大化奖励(reward)[70]。强化学习的基本框架主要由两部分组成:智能体和环境。在强化学习过程中,智能体在环境中获取某个状态后,根据该状态输出一个动作(action),也称为决策(decision)。动作在环境中执行,环境会根据智能体采取的动作,给出下一个状态以及当前动作所带来的奖励。智能体的目标就是尽可能多地从环境中获取奖励。下面解释强化学习中的几个概念。

(1) 智能体与环境:智能体是在环境中进行决策和行动的实体;环境是智能体所处的外部系统,其状态受智能体动作的影响。在机器狗示例中,环境包括飞盘的飞行轨迹和速度等因素。环境根据智能体的行为提供反馈,通常以奖励的形式体现。

(2) 状态、动作与奖励:状态(state)是环境在某一时刻的具体状况,智能体根据状态来决定其动作;动作是智能体在特定状态下可以执行的行为;奖励是环境对智能体动作的反馈信号,通常为一个数值,表示动作的对错程度。例如,机器狗根据观察到的飞盘位置和速度而定义了当前的状态。智能体的行为,如跳跃或奔跑,会引起环境的变化,进而环境提供奖励,奖励可以是正面的(如成功捕捉飞盘)或负面的(如未捕捉到飞盘)。

(3) 策略与价值:策略(policy)是智能体根据给定状态决定应采取最佳动作的规则,决定了在特定状态下应采取何种动作以最大化未来收益;价值函数(value function)估计采取某个策略后,从特定状态开始的长期累积奖励,帮助智能体评估各个状态或状态-行动对的潜在价值,为策略提供决策支持。

在强化学习中,智能体与环境的交互形成了一个历史序列 $H_t = \{o_1, a_1, r_1, o_2, a_2, r_2, \cdots, o_t, a_t, r_t\}$,其中 o_i 代表在时间步 i 的观测, a_i 是对应的动作,而 r_i 是该动作产生的奖励。智能体不仅依赖于当前的观测,而且利用整个历史信息来指导其行为。这种历史信息可以通过状态函数 $S_t = f(H_t)$ 来综合表示,其中 S_t 定义了环境在时间步 t 的整体状态。强化学习的核心目标是学习一个策略 $\pi(a|s)$,这个策略能够在给定状态 s 下选择动作 a,目的是最大化长期累积的奖励。策略可以是确定性的,直接选择预测的最优动作;也可以是随机性的,根据概率分布来选择动作。价值函数在强化学习中扮演着重要角色,用于评估采取特定策略后的预期回报,包括状态值函数 $V^\pi(s)$ 和动作值函数 $Q^\pi(s,a)$。

状态值函数 $V^\pi(s)$ 表示在给定状态 s 下,从该状态开始按照某个策略 π 采取动作所获得的期望累积回报。它提供了从特定状态出发,遵循策略 π 的整体价值评估:

$$V^\pi(s) = \mathbb{E}^\pi \left[\sum_{k=0}^{\infty} \gamma^k r_{t+k+1} | s_t = s \right] \tag{5-16}$$

该函数衡量在特定状态下按照某个策略的长期价值,帮助智能体评估当前状态的好坏程度。它为智能体提供了一个状态的全局价值视角,而不是仅限于某个特定动作。

动作值函数 $Q^\pi(s,a)$ 表示在给定状态 s 下,采取动作 a 后获得的期望累积回报。它反映了从状态 s 开始,执行动作 a 并遵循某个策略所能得到的平均回报:

$$Q^{\pi}(s,a) = \mathbb{E}^{\pi}\left[\sum_{k=0}^{\infty}\gamma^{k}r_{t+k+1}|s_{t}=s, a_{t}=a\right] \quad (5\text{-}17)$$

其中，γ 是折扣因子(discount factor)，用于权衡近期奖励和远期奖励，反映了未来奖励相对于即时奖励的价值减少。该函数衡量在特定状态下采取某个动作的长期价值，帮助智能体做出最优的动作选择，它允许智能体评估在特定状态下执行每个可能动作的潜在回报。

5.1.3 损失函数与优化算法

1. 损失函数

在机器学习领域，优化学习目标的核心任务是最小化或最大化一个精确定义的损失函数，这一过程对于确保学习得到的模型在特定任务上展现出优异性能至关重要[71,72]。损失函数，也称为代价函数(cost function)或误差函数(error function)，用于量化模型预测输出与实际观测值之间的差异。合理地构建和优化损失函数是提高模型预测准确性的关键环节。

(1) 均方误差损失函数常用于回归问题，其目标在于最小化预测值与实际值之间差异的平方和的均值[71,72]，其数学表达式定义为

$$\mathcal{L}_{\text{MSE}} = \frac{1}{n}\sum_{i=1}^{n}(y_i - \hat{y}_i)^2 \quad (5\text{-}18)$$

其中，y_i 是第 i 个观测值的真实标签，而 $\hat{y}_i$ 是模型对该观测值的预测。

(2) 平均绝对误差(mean absolute error, MAE)损失函数是另一种常用的回归损失函数，计算预测值与实际值之间差异的绝对值的均值，其公式为

$$\mathcal{L}_{\text{MAE}} = \frac{1}{n}\sum_{i=1}^{n}|y_i - \hat{y}_i| \quad (5\text{-}19)$$

(3) 交叉熵(cross entropy, CE)损失函数常用于处理分类问题，特别是二分类问题，用于衡量模型预测概率分布与目标真实分布之间的差异[71,72]。它通常用于评估模型输出概率的对数损失，其表达式为

$$\mathcal{L}_{\text{CE}} = -\sum_{i=1}^{n}y_i\log\hat{y}_i + (1-y_i)\log(1-\hat{y}_i) \quad (5\text{-}20)$$

其中，y_i 代表实际的标签值(二分类问题中通常为 0 或 1)；$\hat{y}_i$ 是模型预测为类别 1 的概率。交叉熵损失函数在最大似然估计框架下作用显著，它促进模型在训练过程中更精确地调整参数，以提高对真实标签的预测准确性。

(4) 其他损失函数。针对一些特定的优化难题，学术界和工业界也开发了专门的损失函数，如 Huber 损失和焦点损失。Huber 损失是均方误差和绝对误差的折中，旨在减小回归模型中异常值的影响。当预测误差小于预设阈值时，Huber 损失表现为平方误差；当误差超过该阈值时，它转变为线性误差，从而增强了模型对异常值的鲁棒性[71,72]。焦点损失(focal loss)最初是为了解决目标检测中的类别不平衡问题而设计的。通过调整损失

函数中的聚焦参数,模型可以更多地关注难以分类的样本,而不是那些已经被正确分类的样本。这种机制有助于提高模型对少数类别的识别能力,同时解决由类别不平衡导致的训练效率问题[71,72]。

2. 优化算法

在机器学习中,优化算法的选择对于模型训练的有效性至关重要。这些算法通过调整模型参数以最小化损失函数,进而提高模型的预测性能。鉴于深度学习任务常涉及非凸优化问题,解析方法通常不适用,因此需要迭代算法来逼近最优解。以下是一些常用的优化算法。

(1) 梯度下降,是最基础的优化算法,通过计算损失函数关于参数的梯度,并用学习率调整参数,逐步逼近损失函数最优解,其更新规则为

$$\theta_{t+1} = \theta_t - \eta \nabla_\theta \mathcal{L}(\theta_t) \tag{5-21}$$

其中,θ 表示模型参数;$\mathcal{L}$ 是损失函数;η 是学习率;$\nabla_\theta \mathcal{L}(\theta_t)$ 是损失函数关于参数的梯度。

(2) 随机梯度下降(stochastic gradient descent, SGD),是对梯度下降的一个扩展,每次更新基于单个样本或小批量样本估计梯度,这减少了计算成本并加快了学习过程,其更新规则为

$$\theta_{t+1} = \theta_t - \eta \nabla_\theta \mathcal{L}(\theta_t, \boldsymbol{x}^{(i)}, y^{(i)}) \tag{5-22}$$

其中,$\boldsymbol{x}^{(i)}, y^{(i)}$ 是随机选取的一个样本或一批样本。

(3) 动量梯度下降(gradient descent with momentum, GDM),引入速度变量 $\boldsymbol{v}$ 来加速参数更新过程。该速度变量表示参数在参数空间中的移动方向和速率,类似于物理中的动量概念,能够平滑梯度更新的路径,从而克服随机梯度下降在优化过程中可能出现的震荡问题,其更新规则为

$$\begin{aligned} v_t &= \mu v_{t-1} - \eta \nabla_\theta \mathcal{L}(\theta_t, \boldsymbol{x}^{(i)}, y^{(i)}) \\ \theta_{t+1} &= \theta_t + v_t \end{aligned} \tag{5-23}$$

其中,μ 是动量因子,通常设为 0.9。

(4) 自适应梯度算法(adaptive gradient algorithm, AdaGrad),能自适应调整各参数的学习率,其调整方式是将每个参数的学习率缩放为该参数历史梯度平方和的平方根的倒数。具有较大偏导数的参数会获得较大的学习率以加速收敛,其更新规则为

$$\begin{aligned} g_t &= g_{t-1} + \nabla_\theta \mathcal{L}(q_t, \boldsymbol{x}^{(i)}, \boldsymbol{y}^{(i)}) \odot \nabla_\theta \mathcal{L}(\theta_t, \boldsymbol{x}^{(i)}, \boldsymbol{y}^{(i)}) \\ \theta_{t+1} &= \theta_t - \frac{\eta}{\sqrt{g_t + \varepsilon}} \odot \nabla_\theta \mathcal{L}(\theta_t, \boldsymbol{x}^{(i)}, \boldsymbol{y}^{(i)}) \end{aligned} \tag{5-24}$$

其中,g_t 表示每个参数在前 t 次迭代中累计的梯度平方和,初始值为全零向量;$\odot$ 表示按元素相乘运算;ε 是避免除零的平滑项,通常设为 10^{-7},在实际计算时会扩展为与 g_t 维度相同的向量。式中涉及向量的开方、除法、乘法等运算均按元素逐一执行。

(5) 均方根传播算法(root mean square propagation algorithm, RMSprop),是对 AdaGrad 的改进,使用指数加权移动平均来平滑梯度平方和的累积,解决了自适应梯度算法因学习率持续下降而导致的后期优化停滞问题,其更新规则为

$$g_t = \beta g_{t-1} + (1-\beta)\nabla_\theta \mathcal{L}\left(\theta_t, \boldsymbol{x}^{(i)}, \boldsymbol{y}^{(i)}\right) \odot \nabla_\theta \mathcal{L}\left(\theta_t, \boldsymbol{x}^{(i)}, \boldsymbol{y}^{(i)}\right)$$

$$\theta_{t+1} = \theta_t - \frac{\eta}{\sqrt{g_t + \varepsilon}} \odot \nabla_\theta \mathcal{L}\left(\theta_t, \boldsymbol{x}^{(i)}, \boldsymbol{y}^{(i)}\right) \tag{5-25}$$

其中，β 为衰减率，一般设为 0.9。

(6) 自适应矩估计算法(adaptive moment estimation algorithm, Adam)，结合了动量梯度下降和 RMSprop 的优点，通过同时考虑梯度的一阶矩估计(均值)和二阶矩估计(未中心化的方差)来实现高效的参数更新，其更新规则为

$$m_t = \beta_1 m_{t-1} + (1-\beta_1)\nabla_\theta \mathcal{L}\left(\theta, \boldsymbol{x}^{(i)}, \boldsymbol{y}^{(i)}\right)$$

$$g_t = \beta_2 g_{t-1} + (1-\beta_2)\nabla_\theta \mathcal{L}\left(\theta, \boldsymbol{x}^{(i)}, \boldsymbol{y}^{(i)}\right) \odot \nabla_\theta \mathcal{L}\left(\theta, \boldsymbol{x}^{(i)}, \boldsymbol{y}^{(i)}\right)$$

$$\hat{m}_t = \frac{m_t}{1-\beta_1^t}, \hat{g}_t = \frac{g_t}{1-\beta_2^t} \tag{5-26}$$

$$\theta_{t+1} = \theta_t - \eta \frac{\hat{m}_t}{\sqrt{\hat{g}_t + \varepsilon}}$$

其中，m_t 表示一阶矩估计，即梯度的指数加权平均；g_t 表示二阶矩估计，即梯度平方的指数加权平均；β_1 是一阶矩衰减率，通常置为 0.9；β_2 是二阶矩衰减率，通常置为 0.999；$\hat{m}_t$ 和 $\hat{g}_t$ 分别表示修正后的一阶矩估计和二阶矩估计；修正项 $\frac{1}{1-\beta_1^t}$ 和 $\frac{1}{1-\beta_2^t}$ 通过除以衰减率的高次幂，进行偏差校正，随着 t 增加，β_1^t 和 β_2^t 趋近 0，修正项趋近 1，偏差逐渐消失。

选择优化算法时，需要考虑任务的特定需求和数据特性。通常建议从简单的 SGD 或 Adam 开始，根据模型在验证集上的表现调整学习率和其他参数。优化算法的选择和调整是一个实验性过程，需要根据具体研究问题和实验结果不断进行优化。

5.1.4 正则化和标准化

1. 正则化

正则化是一种用于防止模型过拟合的技术。过拟合产生于模型过度拟合训练数据，以至于失去了泛化能力。正则化通过在损失函数中添加一个额外的项来实现，这个额外的项会惩罚模型的复杂度。常用的正则化方法如下。

(1) L_1 正则化：通过向模型的损失函数添加权重的绝对值之和来实现，数学上表示为

$$\Omega(\theta) = \lambda \sum_j \left|\boldsymbol{w}_j\right| \tag{5-27}$$

其中，λ 是正则化系数，控制着惩罚项的强度。L_1 正则化倾向于产生稀疏解，即模型的权重矩阵中许多元素为零，这有助于特征选择，不重要的特征对应的权重会变为零。

(2) L_2 正则化：与 L_1 正则化类似，但添加的是权重的平方和，数学上表示为

$$\Omega(\theta) = \lambda \sum_j \boldsymbol{w}_j^2 \tag{5-28}$$

L_2 正则化有助于限制模型权重的大小，避免权重过大导致模型对训练数据过于敏感。

(3) Dropout：在训练神经网络时，Dropout 随机地丢弃一些神经元及其连接，这样做可以防止神经元之间产生复杂的共适应关系，增加模型的鲁棒性。Dropout 也可以看作一种模型平均技术，因为它相当于训练了多个不同的网络，并且只在测试时使用它们的平均效果。

(4) 早停(early stopping)：早停是一种避免过拟合的策略，通过在训练过程中监控模型在验证集上的性能来实现。如果模型在验证集上的性能不再提升或开始下降，则表明模型可能开始过拟合，此时应立即停止训练。早停利用验证集作为模型泛化能力的指标，防止模型在训练数据上过度拟合。

正则化的关键在于选择一个合适的正则化系数(或称为正则化参数)，这个系数决定了正则化项对总损失的贡献程度。正则化系数太大，可能会导致模型欠拟合；系数太小，可能会导致过拟合问题没有得到解决。

2. 标准化

标准化是数据预处理的一种方法，目的是将数据的特征缩放到统一的尺度上，确保不同特征对模型的影响是公平的，避免由特征尺度不同而引起的权重偏差。此外，标准化可以加速某些优化算法的收敛速度。常用的方式如下。

(1) 零均值标准化：将数据的特征转换为均值为 0、标准差为 1 的标准正态分布，计算公式为

$$z = \frac{(x-\mu)}{\sigma} \tag{5-29}$$

其中，x 是原始数据；μ 是均值；σ 是标准差；z 是标准化后的数据。

(2) 最小-最大标准化：将数据的特征缩放到一个固定的范围内，通常是[0,1]，计算公式为

$$z = \frac{x - \min(x)}{\max(x) - \min(x)} \tag{5-30}$$

其中，x 是原始数据；$\min(x)$ 是数据集中所有数据点的最小值；$\max(x)$ 是数据集中所有数据点的最大值。

(3) 最大绝对值标准化：通过将数据的数值范围映射到[−1, 1]区间内，实现特征的规范化处理，计算方式为

$$z = \frac{x}{\max(|x|)} \tag{5-31}$$

其中，x 是原始数据；$\max(|x|)$ 是数据集中所有数据点的最大绝对值。

正则化和标准化虽然听起来相似，但它们的目的和应用场景不同。正则化用于控制模型的复杂度，防止过拟合；而标准化用于调整数据的尺度，使其更适合算法处理。在实际应用中，两者经常结合使用，以提高模型的性能和泛化能力。

5.2 深度学习

深度学习是机器学习的一个新分支，通常利用深度神经网络对数据进行分层处理和

分析，从而实现对数据的深层次抽象和特征提取。与传统的浅层神经网络相比，深度神经网络包含更多的隐藏层。常见的深度神经网络包括卷积神经网络、循环神经网络、生成对抗网络等。卷积神经网络通过卷积操作捕捉数据的局部变化规律，常用于处理图像数据。循环神经网络通过循环连接捕获序列数据中的依赖关系，常用于处理序列数据，如时间序列、语音和文本等。生成对抗网络通过训练两个相互对抗的模型(包括生成器和判别器)来生成数据样本。生成器生成数据，判别器区分生成的数据和真实数据，两个模型不断进行对抗，最终达到一个动态均衡。

5.2.1 深度学习基础

1. 神经元

人工神经元(artificial neuron)，简称神经元(neuron)，是构成神经网络的基本单元，其主要是模拟生物神经元的结构和特性，承担接收输入信号并产生输出信号的角色[73,74]。神经元接收的输入信号表示为一个 K 维向量 $\boldsymbol{x}=[x_1,x_2,\cdots,x_K]^\mathrm{T}$。神经元的净输入，也称为净激活值，是通过对输入向量 $\boldsymbol{x}$ 进行加权求和，再加上一个偏置项 b 来计算的。该过程的数学表达式为

$$z = \sum_{d=1}^{D} w_d \boldsymbol{x}_d + b \tag{5-32}$$

或者以向量点积的形式表示为

$$z = \boldsymbol{w}^\mathrm{T}\boldsymbol{x} + b \tag{5-33}$$

其中，z 表示净激活值；权重向量 $\boldsymbol{w}=[w_1,w_2,\cdots,w_K]^\mathrm{T}$ 与输入向量 $\boldsymbol{x}$ 维度相同；偏置 b 是一个实数。接下来，净输入 z 通过一个非线性函数 $f(\cdot)$，以生成神经元的激活值 $\boldsymbol{a}$，即输出值：

$$\boldsymbol{a} = f(z) \tag{5-34}$$

其中，非线性函数称为激活函数。激活函数在神经元中扮演着至关重要的角色，它通过引入非线性性质，赋予网络学习和表示复杂函数的能力[72]。根据万能近似定理，包含至少一层激活函数的神经网络能够近似于任何连续函数，从而处理各种复杂的数据模式和预测问题。

输出层的激活函数：在二分类问题中，通常使用 Sigmoid 函数作为输出层的激活函数，其输出值介于 0 和 1 之间，数学表达式为

$$\sigma(x) = \frac{1}{1+\mathrm{e}^{-x}} \tag{5-35}$$

而在多分类问题中，Softmax 函数被广泛采用，它将输出归一化为概率分布，每个类别的概率由式(5-36)给出：

$$\mathrm{Softmax}(x_i) = \frac{\mathrm{e}^{x_i}}{\sum_j \mathrm{e}^{x_j}} \tag{5-36}$$

其中，x_i是第i个类别的神经元输出，求和操作是在所有类别神经元输出上进行的。

隐藏层的激活函数：ReLU(rectified linear unit)是最常用的隐藏层激活函数，其定义为

$$\text{ReLU}(x) = \max(0, x) \tag{5-37}$$

ReLU 的优势在于其在正值域内梯度不饱和，有助于缓解梯度消失问题，并加速网络训练。ReLU 的变种如 Leaky ReLU、PReLU(parametric ReLU)和 ELU(exponential linear unit)，通过在负值区域允许小幅度梯度的流动来解决 ReLU 的不活跃问题(死神经元现象)。

Leaky ReLU 是对传统的 ReLU 函数的一个改进，引入了一个小于 1 的正斜率 α(通常是一个很小的值)，用于负输入值的情况，确保即使输入为负，神经元也能保持一定程度的激活和梯度流动。Leaky ReLU 的数学表达式如下：

$$\text{Leaky ReLU}(x) = \begin{cases} x, & x > 0 \\ \alpha x, & x \leqslant 0 \end{cases} \tag{5-38}$$

其中，α 是一个超参数，通常取值范围为 $0 < \alpha \ll 1$(如 $\alpha = 0.01$)。

PReLU 引入一个可学习的参数 γ，为每个神经元提供不同的斜率。对于第 i 个神经元，PReLU 激活函数的定义如下：

$$\begin{aligned}\text{PReLU}_i(x) &= \begin{cases} x, & x > 0 \\ \gamma_i x, & x \leqslant 0 \end{cases} \\ &= \max(0, x) + \gamma_i \min(0, x)\end{aligned} \tag{5-39}$$

其中，γ_i 为 $x \leqslant 0$ 时函数的斜率。PReLU 的特点：它是一个非饱和激活函数，如果 $\gamma_i = 0$，PReLU 就退化为标准的 ReLU；如果 γ_i 为一个很小的常数，PReLU 与 Leaky ReLU 相似，但关键的区别在于 PReLU 允许模型自适应地学习这个斜率，而不是使用一个固定的小常数。

ELU 是一个近似的零中心化的非线性函数，其定义为

$$\begin{aligned}\text{ELU}(x) &= \begin{cases} x, & x > 0 \\ \gamma(\mathrm{e}^x - 1), & x \leqslant 0 \end{cases} \\ &= \max(0, x) + \min(0, \gamma(\mathrm{e}^x - 1))\end{aligned} \tag{5-40}$$

其中，γ 是一个大于 0 的超参数，它控制着函数在 $x \leqslant 0$ 时的斜率与饱和度。当 x 为正数时，ELU 函数直接输出 x，保持了正输入值不变；而当 x 为负数时，ELU 函数输出一个小于零的指数增长值，这有助于减小负输入值的影响。

2. 前馈神经网络

在前馈神经网络中，神经元依照从输入到输出的顺序排列成多层结构。每一层称为一个神经层，其中层内的神经元负责处理来自前一层神经元的信息，然后将处理结果传递到下一层[73,74]。网络中的第 0 层称为输入层，最后一层称为输出层，其他中间层称为隐藏层。信息从输入层到输出层单向流动，并且在此前向传播过程中不存在信息的反向

流动(这里的"反向"指的是信息传递的方向，并非训练时用到的反向传播算法)。前馈神经网络可被视作一个复杂的函数映射器 ϕ，通过多次应用简单的非线性映射将输入空间的数据 x 转换到输出空间 $\phi(x)$，作为分类器的输入进行分类。在此框架中，给定一个训练样本 (x,y)，首先将 x 映射到 $\phi(x)$，然后再将 $\phi(x)$ 输入分类器 $g(\cdot)$，其公式为

$$\hat{y} = g(\phi(x);\theta) \tag{5-41}$$

其中，$g(\cdot)$ 为线性或非线性的分类器；θ 是分类器 $g(\cdot)$ 的参数；$\hat{y}$ 是分类器的输出。如果分类器 $g(\cdot)$ 为 Logistic 回归分类器或 Softmax 回归分类器，则 $g(\cdot)$ 也可以看成是网络的最后一层，它会直接输出各个类别的条件概率 $p(y|x)$。

对于二分类问题 $y \in \{0,1\}$，如果采用 Logistic 回归分类器，网络的最后一层可以只包含一个神经元，其激活函数为 Sigmoid 函数。网络的输出可以直接作为类别 $y=1$ 的条件概率：

$$p(y=1|x) = a^{(L)} \tag{5-42}$$

其中，$a^{(L)}$ 为第 L 层神经元的活性值。

对于多分类问题 $y \in \{1,2,\cdots,C\}$，如果采用 Softmax 回归分类器，网络的最后一层将包含 C 个神经元，每个神经元对应一个类别，其激活函数为 Softmax 函数。网络的最后一层(第 L 层)的输出可以作为每个类的条件概率：

$$\hat{y} = \text{Softmax}(z^{(L)}) \tag{5-43}$$

其中，$z^{(L)}$ 为第 L 层神经元的输入；$\hat{y}$ 是第 L 层神经元的活性值。

在处理分类问题时，前馈神经网络经常采用交叉熵损失函数来优化模型的性能，该损失函数用于衡量模型预测的概率分布与实际标签之间的差异。给定一个由多个训练样本组成的数据集 $\mathcal{D} = \{(x^{(n)},y^{(n)})\}_{n=1}^{N}$，每个样本由输入 $x^{(n)}$ 和对应的 one-hot 编码标签 $y^{(n)}$ 组成。每个输入样本 $x^{(n)}$ 被送入网络，产生预测输出 $\hat{y}^{(n)}$。模型的总损失函数 $\mathcal{L}(W,b)$ 是所有样本损失的均值加上一个正则化项，其公式如下：

$$\mathcal{L}(W,b) = \frac{1}{N}\sum_{n=1}^{N}\mathcal{L}(y^{(n)},\hat{y}^{(n)}) + \frac{1}{2}\lambda \|W\|_F^2 \tag{5-44}$$

其中，W 和 b 分别表示网络中的权重矩阵和偏置向量；λ 是控制正则化强度的超参数。正则化项 $\|W\|_F^2$ 是权重矩阵的 Frobenius 范数，目的是减小模型的复杂度，避免过拟合。权重的 Frobenius 范数定义为网络中所有权重的平方和，其公式如下：

$$\|W\|_F^2 = \sum_{l=1}^{L}\sum_{i=1}^{M_l}\sum_{j=1}^{M_{l-1}}\left(w_{ij}^{(l)}\right)^2 \tag{5-45}$$

在训练过程中，第 l 层的参数权重 $W^{(l)}$ 和偏置 $b^{(l)}$ 通过梯度下降法进行更新。参数权重 $W^{(l)}$ 更新规则如下：

$$W^{(l)} \leftarrow W^{(l)} - \eta \frac{\partial \mathcal{L}(W,b)}{\partial W^{(l)}} \tag{5-46}$$

其中，η 为学习率，用于控制参数更新的步长；$\frac{\partial \mathcal{L}(W,b)}{\partial W^{(l)}} = \frac{1}{N}\sum_{n=1}^{N}\left(\frac{\partial \mathcal{L}(y^{(n)},\hat{y}^{(n)})}{\partial W^{(l)}}\right) + \lambda W^{(l)}$。

偏置 $b^{(l)}$ 更新规则如下：

$$b^{(l)} \leftarrow b^{(l)} - \eta \frac{\partial \mathcal{L}(W,b)}{\partial b^{(l)}} \tag{5-47}$$

其中，$\frac{\partial \mathcal{L}(W,b)}{\partial b^{(l)}} = \frac{1}{N}\sum_{n=1}^{N}\frac{\partial \mathcal{L}(y^{(n)},\hat{y}^{(n)})}{\partial b^{(l)}}$。该更新策略综合了所有样本损失的梯度以及正则化对权重的影响，以期达到减小预测误差和避免过拟合的目的。

3. 反向传播

反向传播算法(backpropagation)是一种在神经网络中计算损失函数梯度的有效方法[73,74]。这个过程包括两个主要步骤：前向传播和反向传播。在前向传播阶段，输入向量 x 通过神经网络传递，每一层的输出计算为下一层的输入，直到产生最终输出 $\hat{y}$，这个输出代表了网络对于当前输入 x 的预测结果。

(1) 输入层到隐藏层。输入向量 x 输入到第一个隐藏层，每个神经元的输入是前一层输出的加权和，并加上偏置，然后通过激活函数 f 转换：

$$z^{(l)} = W^{(l)}a^{(l-1)} + b^{(l)} \tag{5-48}$$

$$b^{(l)} \ a^{(l)} = f(z^{(l)}) \tag{5-49}$$

其中，$W^{(l)}$ 和 $b^{(l)}$ 是第 l 层的权重和偏置；$a^{(l-1)}$ 是上一层的激活值。

(2) 输出层。最后一层产生的激活值 $a^{(l)}$，即为网络的输出 $\hat{y}$。

反向传播的目标是计算损失函数 $\mathcal{L}(y,\hat{y})$ 相对于每个模型参数的梯度，以便通过优化算法(如随机梯度下降)更新这些参数。

(3) 输出误差。首先，计算输出层的误差，这是损失函数对输出 $\hat{y}$ 的导数，乘以激活函数的导数：

$$\delta^{(L)} = \frac{\partial \mathcal{L}}{\partial \hat{y}} \odot f'(z^{(l)}) \tag{5-50}$$

其中，$\odot$ 表示 Hadamard 乘积(元素乘)；L 是最后一层。然后，该误差被反向传播到网络的每一层，计算隐藏层的误差项：

$$\delta^{(l)} = \left[(W^{(l+1)})^{\mathrm{T}} \delta^{(l+1)}\right] \odot f'(z^{(l)}) \tag{5-51}$$

(4) 梯度计算。利用计算得到的误差项，可以求出每层权重和偏置的梯度，可以用如下公式计算：

$$\frac{\partial \mathcal{L}}{\partial \boldsymbol{W}^{(l)}} = \delta^{(l)} \left(\boldsymbol{a}^{(l-1)} \right)^{\mathrm{T}}$$

$$\frac{\partial \mathcal{L}}{\partial \boldsymbol{b}^{(l)}} = \delta^{(l)} \tag{5-52}$$

(5) 参数更新。使用计算出的梯度，通过随机梯度下降或其他优化算法更新每一层的权重和偏置：

$$\boldsymbol{W}^{(l)} = \boldsymbol{W}^{(l)} - \eta \frac{\partial \mathcal{L}}{\partial \boldsymbol{W}^{(l)}} \tag{5-53}$$

$$\boldsymbol{b}^{(l)} = \boldsymbol{b}^{(l)} - \eta \frac{\partial \mathcal{L}}{\partial \boldsymbol{b}^{(l)}} \tag{5-54}$$

其中，η 是学习率，决定参数更新的幅度。通过这个过程，神经网络能够在训练数据上学习到从输入到输出的映射关系，不断调整自身参数以最小化预测误差。

5.2.2 卷积神经网络

卷积神经网络属于深层前馈神经网络，一般由卷积层、汇聚层和全连接层构成[74]，通常用于处理具有明显空间关系和结构特征的图像数据。该网络通过采用局部连接和权重共享机制显著降低了权重参数的数量，提高了计算效率，并减轻了过拟合的风险[74,75]。

1. 从全连接到卷积

在全连接前馈神经网络中，每一层的神经元数量直接影响到权重矩阵的大小。具体来说，如果第 l 层有 M_l 个神经元，第 $l-1$ 层有 M_{l-1} 个神经元，那么这两层之间的连接就有 $M_l \times M_{l-1}$ 个权重参数。随着神经元数量的增加，权重矩阵的规模迅速扩大，导致模型参数数量急剧增加，这不仅增加了计算负担，也降低了训练效率。为了减少参数数量和提高训练效率，可以采用卷积的方式来代替全连接。卷积通过使用卷积核(或滤波器)对输入数据进行局部连接和参数共享，从而显著减少模型的参数数量[74]。卷积在数学上表示为 $(x*w)(t)$，它是输入信号 $x(t)$ 和卷积核 $w(t)$ 的积分变换，具体为

$$(x*w)(t) = \int_{-\infty}^{\infty} x(\tau) w(t-\tau) \mathrm{d}\tau \tag{5-55}$$

该操作描述了通过滤波器或卷积核 $w(t)$，将输入信号 $x(t)$ 转化为输出信号 $s(t)$ 的过程。卷积操作涉及将卷积核滑动覆盖输入信号的每个局部区域，并对这些局部区域的加权和求积分，从而提取特征。卷积操作具有两个重要的数学属性：线性和时间平移不变性。线性意味着如果输入信号是几个信号的线性组合，那么它们的卷积输出也将是这些信号各自卷积输出的线性组合。时间平移不变性则表明，如果输入信号发生平移，其卷积输出也会相应地平移，但形态保持不变。这些属性使得卷积在处理图像和其他具有空间局部特征的数据时非常有效，同时也提高了模型的泛化能力和训练效率。

在卷积神经网络中，卷积运算通常以矩阵乘法的形式实现，其中输入数据和卷积核都表示为矩阵。给定一段有限的离散信号 $\boldsymbol{X}$ 和一个核函数 $\boldsymbol{W}$，卷积运算可以表示为

$$Y = X * W \qquad (5\text{-}56)$$

其中，X 和 Y 分别表示输入和输出信号的矩阵形式，而 W 是卷积核的矩阵表示。二维卷积是处理图像数据的常用方法。例如，图 5-1 展示了一个二维卷积的过程，其中输入是一个 3×3 的矩阵，而卷积核是一个 2×2 的矩阵。卷积核从输入矩阵的左上角开始，然后按照从左到右、从上到下的顺序滑动。每当卷积核滑动到一个新的位置时，它都会与覆盖的输入区域的元素进行逐个相乘，并将这些乘积求和，以得到输出矩阵中的一个元素。这个过程重复进行，直到覆盖了输入矩阵的所有可能位置，最终产生一个 2×2 的矩阵作为输出。与卷积紧密相关的一个概念是"互相关"。卷积操作在数学定义上涉及一个函数的翻转(或反射)，随后与另一个函数进行滑动对齐，并逐元素相乘求和，而互相关则不包括翻转步骤，直接进行滑动和逐元素相乘求和。在实际的神经网络应用中，虽然术语上称为"卷积"，但实际执行的操作往往是"互相关"，因为卷积核并不需要被翻转。这种操作简化了计算过程，同时保持了提取图像特征的能力。

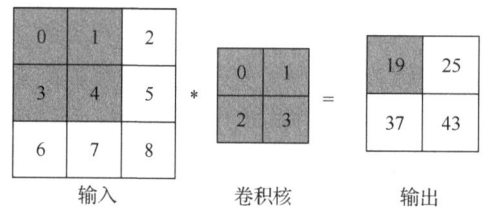

图 5-1 二维卷积示例

在处理图像数据时，图像的边缘像素在卷积过程中可能会丢失。这种情况发生的原因是卷积核通常具有有限的大小，导致每次卷积操作时，其边缘的一小部分像素无法被完全覆盖。虽然单次卷积可能只会导致少量像素的丢失，但当多个卷积连续应用时，这种丢失会累积，从而可能引起重要信息的损失。为了缓解这一问题，可以采用"填充"(padding)策略，该策略通过在图像的边界处添加额外的像素来保持图像尺寸的一致性，这些额外的像素通常被设置为 0。图 5-2 展示了一个带填充的二维卷积过程。假设输入图像的尺寸是 $h\times w$，卷积核的尺寸是 $k\times k$。如果沿着图像的高度方向添加 p 行填充(顶部和底部大约各占一半)，以及沿着宽度方向添加 q 列填充(左侧和右侧大约各占一半)，那么卷积后的输出尺寸将是 $(h+p-k+1)\times(w+q-k+1)$。这意味着输出的高度和宽度将分别增加 $p-k+1$ 和 $q-k+1$，确保了即使在多层卷积之后，图像的边缘信息也能得到更好的保留，有助于维持整个网络对输入数据的敏感度和特征提取的能力。

在进行卷积运算时，卷积核窗口通常从输入矩阵的左上角开始，并按预设的模式向下和向右滑动。默认情况下，窗口每次滑动一个像素。然而，为了提高计算效率或减少采样次数，有时会选择让窗口跳过一些像素，即每次滑动多个像素。这种每次滑动的像素数量被称为步幅(stride)。图 5-3 展示了一个具有特定步幅的二维卷积示例，其中垂直步幅为 3，水平步幅为 2。这意味着卷积核窗口在垂直方向上每次移动 3 行，在水平方向上每次移动 2 列。例如，要计算输出张量中第一列的第二个元素和第一行的第二个元素，卷积核窗口需要按照设定的步幅进行移动，即向下移动 3 行和向右移动 2 列。然而，当卷积核窗口尝试继续向右移动时，可能会发现输入矩阵的边界不足以完全容纳卷积核，这种情况下，为了能够生成完整的输出，通常需要在输入矩阵的边缘添加额外的列填充。如果输入的形状为 $h \times w$，卷积核的形状为 $k \times k$，添加 p 行填充和 q 列填充，并设置垂直步幅为 v 和水平步幅为 z 时，则输出的形状为 $\left\lfloor \dfrac{h+p-k}{v}+1 \right\rfloor \times \left\lfloor \dfrac{w+q-k}{z}+1 \right\rfloor$。其中，$\lfloor \cdot \rfloor$ 表示向下取整函数，确保输出形状为整数值。在实际应用中，为了简化计算和保持一致性，通常使用相同的步幅或填充值。

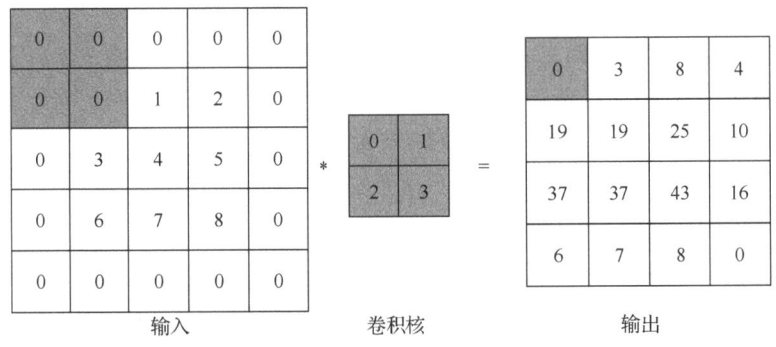

图 5-2　带填充的二维卷积示例

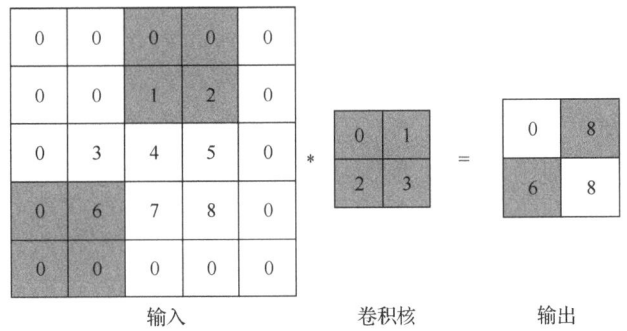

图 5-3　垂直步幅为 3、水平步幅为 2 的二维卷积示例

2. 卷积层

卷积层是卷积神经网络中的核心组成部分，通过卷积的方式减少全连接层的参数数量，同时保持对输入数据特征的敏感性。每个卷积核学习到的是一组在整个输入数据上共享的参数，这使得网络能够有效地识别输入中即使经过平移或变形也能保持不变的特征。在卷积操作中，输入的第 l 层的净输入 $z^{(l)}$ 由第 $l-1$ 层的激活值 $a^{(l-1)}$ 和卷积核 $w^{(l)}$ 计算得到，其数学表达式为

$$z^{(l)} = w^{(l)} \otimes a^{(l-1)} + b^{(l)} \tag{5-57}$$

其中，$w^{(l)}$ 是卷积核的权重；$b^{(l)}$ 是偏置项。

卷积层具有两个显著的特点：局部连接和权重共享。

(1) 局部连接：如图5-4(a)所示，全连接层中的每个神经元与前一层的所有神经元相连，容易造成参数量过多的问题，增加训练难度。与全连接层不同，卷积层中的每个神经元只与前一层的一个局部区域内的神经元相连，如图5-4(b)所示。这种设计大幅减少了网络的连接数，从而减少了模型的参数量。

(2) 权重共享：卷积核的权重在卷积层的所有神经元之间是共享的。这意味着无论卷积核在输入数据的哪个位置进行卷积操作，如图5-4(b)所示，相同类型的连接线使用的都是同一组权重。

在卷积层中，由于局部连接和权重共享的特性，每个卷积核的参数数量相对较少。具体来说，对于每个卷积核都有一个 K 维的权重向量 $\boldsymbol{w}^{(l)}$ 和一个偏置 $\boldsymbol{b}^{(l)}$，因此每个卷积核的总参数数量为 $K+1$，这些参数量与该层的神经元数量无关。如果步长为1且不使用填充，第 l 层的神经元数量 M_l 可以通过如下公式计算：

$$M_l = M_{l-1} - K + 1 \tag{5-58}$$

通过多个不同的卷积核，卷积层能够从多个角度和层次捕捉输入数据的特征，形成丰富的特征表示。这些特征表示通常被称为特征映射(feature map)。特征映射捕捉了输入数据在不同尺度和方向上的特征，为后续的网络层提供了丰富的信息，有助于进行更复杂的模式识别和分类任务。

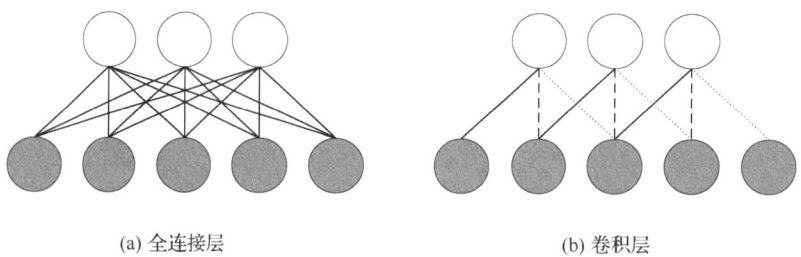

图 5-4 全连接层和卷积层对比

3. 汇聚层

汇聚层(pooling layer)，也称为采样层或池化层，主要用于减少卷积层输出的特征映射的维度，从而降低模型的复杂度和计算量，同时有助于减小过拟合的风险。卷积层输出的特征映射通常具有较大的尺寸，并且可能包含许多冗余信息。通过汇聚层，可以对特征映射进行下采样(down sampling)，减小特征映射的尺寸，从而保留重要特征，降低数据维度。假设输入特征映射的大小为 $\boldsymbol{X} \in \mathbb{R}^{M \times N \times D}$，其中 M 和 N 分别表示特征映射的高度和宽度，D 表示特征维度或通道数。在汇聚层中，输入的每个特征片段会被划分为多个子区域 R_{mn}^d，其中 $m \in \{1,2,\cdots,M'\}$ 和 $n \in \{1,2,\cdots,N'\}$ 分别表示子区域在特征映射中的行索引和列索引，M' 和 N' 表示划分后的子区域总数。这些子区域可以设计为相互重叠，也可以设计为不重叠，具体取决于汇聚层的配置。

汇聚层中常用的操作有两种：最大汇聚(maximum pooling 或 max pooling)和平均汇聚(mean pooling)，图5-5给出了汇聚层中的最大汇聚和平均汇聚示例。

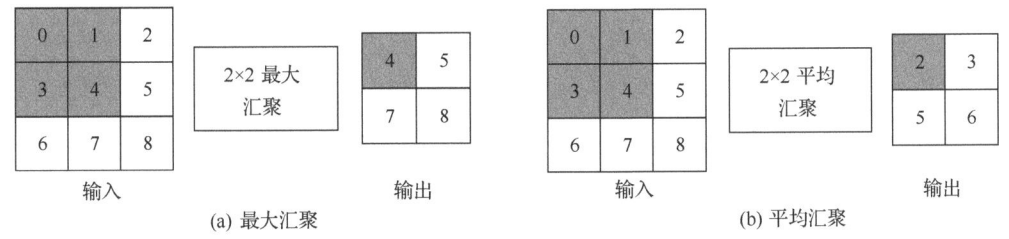

图 5-5 汇聚层中的最大汇聚和平均汇聚示例

(1) 最大汇聚：通过在每个子区域内选择最大的元素来实现，通常用于保留特征中的显著特征。对于一个区域 R_{mn}^d，选择这个区域内所有神经元的最大值作为该区域的表示，即

$$y_{mn}^d = \max_{x_i \in R_{mn}^d} x_i \tag{5-59}$$

其中，x_i 为区域 R_{mn}^d 内每个神经元的特征值。

(2) 平均汇聚：通过计算每个子区域内所有元素的平均值来实现。平均汇聚有助于平滑特征，减少噪声，同时保留区域的整体信息。对于一个区域 R_{mn}^d，一般是取区域内所有神经元特征值的平均值，即

$$y_{mn}^d = \frac{1}{|R_{mn}^d|} \sum_{x_i \in R_{mn}^d} x_i \tag{5-60}$$

4. 卷积神经网络的整体结构

一个典型的卷积神经网络通常由多个层次的卷积层、汇聚层和全连接层交替堆叠而成。其中，卷积模块是其基本的构建单元，每个模块由多个连续的卷积层和汇聚层构成，卷积层的数量通常为 2~5，而汇聚层的数量通常为 0 或 1。整个网络可能包含 N 个这样的卷积模块，之后连接 K 个全连接层，其中 N 取值范围较大，如 1~100 或者更大，而 K 通常是 0~2，其基本结构如图 5-6 所示，图(a)为 LeNet，图(b)为 AlexNet。LeNet 是早期的卷积神经网络模型之一，包含 2 个卷积层、2 个汇聚层和 3 个全连接层。AlexNet 在 LeNet 的基础上进行了扩展，包含 5 个卷积层、3 个汇聚层和 3 个全连接层。在卷积神经网络中，其参数主要包括卷积核的权重以及偏置[74]。

随着研究的深入，卷积神经网络越来越倾向于使用更小的卷积核，如 1×1 和 3×3，以及更深的网络结构，层数可超过 50 层。同时，卷积操作的灵活性增加，可以采用不同的步长卷积计算。一些重要的卷积神经网络模型，如 VGGNet、GoogleNet 和 ResNet 等，在图像识别和其他视觉任务中表现出色。

与全连接前馈网络类似，卷积神经网络使用误差反向传播算法来最小化损失函数，调整网络中的权重和偏置。在全连接前馈神经网络中，权重主要通过每一层的误差项进行反向传播，并进一步修正网络参数。而在卷积神经网络中，主要有卷积层和汇聚层，参数为卷积核权重和偏置，因此只需要计算卷积层参数的梯度即可。

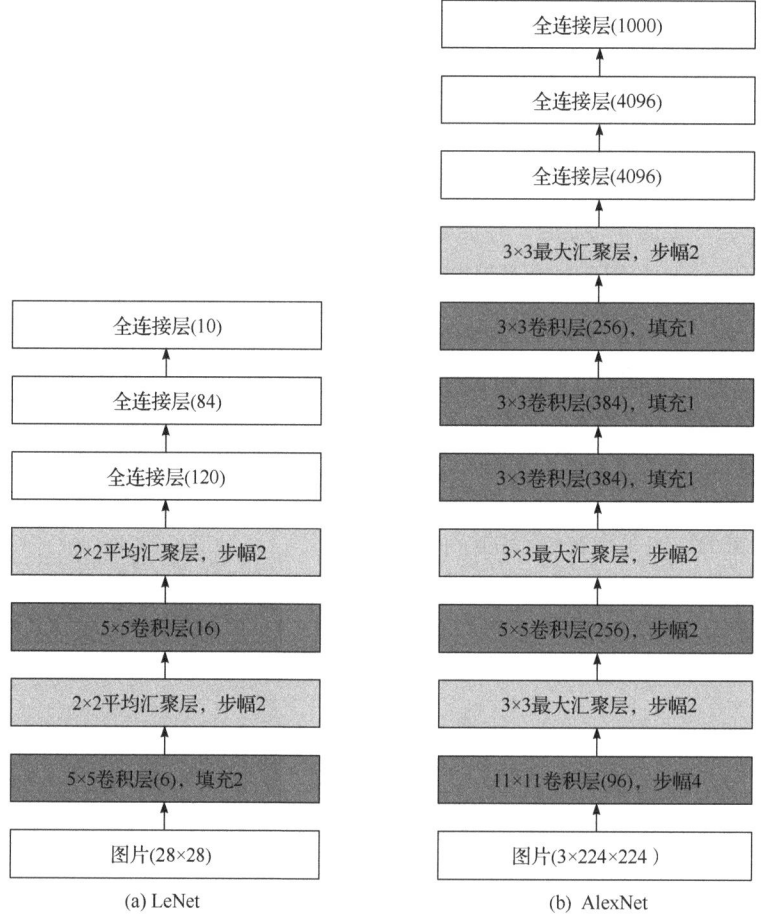

图 5-6 LeNet 和 AlexNet 基本结构

5.2.3 循环神经网络

1. 网络结构

循环神经网络(RNN)是一种为处理序列数据而设计的神经网络模型[74-76]。与传统的前馈神经网络不同,循环神经网络具备处理任意长度序列数据的能力,使其在自然语言处理、音频分析和其他时序数据处理领域表现出色。循环神经网络的核心特征是其网络中包含循环结构,这使得网络能够在每个时间步中传递和更新信息,其基本结构如图 5-7 所示。具体来说,循环神经网络在每一个时间步 t 接收输入 $\boldsymbol{x}_t$,并根据前一时间步的隐藏状态 $\boldsymbol{h}_{t-1}$ 更新当前的隐藏状态 $\boldsymbol{h}_t$。循环神经网络按如下公式更新其在 t 时刻的隐藏层状态:

$$\boldsymbol{h}_t = f(\boldsymbol{z}_t) \tag{5-61}$$

其中,$\boldsymbol{h}_t$ 是在时间步 t 的隐藏状态;$f(\cdot)$ 是一个非线性函数,通常是一个激活函数(如 Tanh 或 ReLU),有时也可以是一个小的前馈神经网络;$\boldsymbol{z}_t$ 为隐藏层的净输入,其计算公式如下：

$$z_t = Uh_{t-1} + Wx_t + b \tag{5-62}$$

其中，U 为状态-状态权重矩阵；W 为状态-输入权重矩阵；b 为偏置向量。h_t 包含了当前时刻和历史的信息，通过分类器 $g(\cdot)$ 得到当前时刻的输出 $\hat{y}_t$：

$$\hat{y}_t = g(h_t) = Vh_t + c \tag{5-63}$$

其中，$g(\cdot)$ 通常为线性分类器或者多层前馈神经网络；V 是输出层权重；c 是输出层偏置。

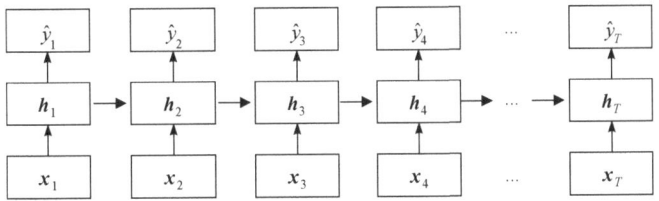

图 5-7 循环神经网络的基本结构

在训练循环神经网络时，优化目标是通过梯度下降等优化算法调整网络参数，以最小化预测输出与实际标签之间的差异。给定一个训练样本 (x, y)，其中 $x_{1:T} = (x_1, x_2, \cdots, x_t, \cdots, x_T)$ 是长度为 T 的输入序列，$y_{1:T} = (y_1, y_2, \cdots, y_t, \cdots, y_T)$ 是对应的标签序列。在每个时间步 t 都定义一个损失函数 $\mathcal{L}_t$ 来评价该时刻的输出 $\hat{y}_t$ 和标签 y_t 之间的差异：

$$\mathcal{L}_t = \mathcal{L}(y_t, \hat{y}_t) \tag{5-64}$$

其中，$\mathcal{L}$ 通常选择可微分的损失函数，如交叉熵损失和均方误差损失。以均方误差损失为例，整个序列的损失函数 $\mathcal{L}$ 是所有时间步的损失的总和：

$$\mathcal{L} = \sum_{t=1}^{T} \mathcal{L}_t = \sum_{t=1}^{T} \frac{1}{2}(y_t - \hat{y}_t)^2 \tag{5-65}$$

由于输出 $\hat{y}_t$ 线性依赖于 h_t，因此对参数 V 和 c 的梯度可以直接使用标准反向传播算法计算。对 V 的梯度计算如下：

$$\frac{\partial \mathcal{L}}{\partial V} = \sum_{t=1}^{T} (Vh_t + c - y_t) h_t^{\mathrm{T}} \tag{5-66}$$

对 c 的梯度计算为

$$\frac{\partial \mathcal{L}}{\partial c} = \sum_{t=1}^{T} (Vh_t + c - y_t) \tag{5-67}$$

参数 U、W 和 b 的梯度计算涉及隐藏状态 h_t 的时间传播，参数梯度的计算可以通过随时间反向传播(backpropagation through time, BPTT)实现。BPTT 算法将循环神经网络视为展开的前馈神经网络，每个时间步对应前馈神经网络的一层，然后采用传统的反向传播算法来计算梯度。对 U 的梯度计算为

$$\frac{\partial \mathcal{L}}{\partial U} = \sum_{t=1}^{T} \left(\frac{\partial \mathcal{L}}{\partial h_t} \frac{\partial h_t}{\partial z_t} \right) h_{t-1}^{\mathrm{T}} \tag{5-68}$$

其中，$\frac{\partial \boldsymbol{h}_t}{\partial \boldsymbol{z}_t} = f'(z_t)$，是激活函数 f 对隐藏层净输入的导数。

类似地，对 $\boldsymbol{W}$ 的梯度计算为

$$\frac{\partial \mathcal{L}}{\partial \boldsymbol{W}} = \sum_{t=1}^{T}\left(\frac{\partial \mathcal{L}}{\partial \boldsymbol{h}_t}\frac{\partial \boldsymbol{h}_t}{\partial \boldsymbol{z}_t}\right)\boldsymbol{x}_t^{\mathrm{T}} \tag{5-69}$$

对 $\boldsymbol{b}$ 的梯度计算为

$$\frac{\partial \mathcal{L}}{\partial \boldsymbol{b}} = \sum_{t=1}^{T}\frac{\partial \mathcal{L}}{\partial \boldsymbol{h}_t}\frac{\partial \boldsymbol{h}_t}{\partial \boldsymbol{z}_t} \tag{5-70}$$

由于 $\frac{\partial \boldsymbol{z}_t}{\partial \boldsymbol{b}} = 1$，可简化为

$$\frac{\partial \mathcal{L}}{\partial \boldsymbol{b}} = \sum_{t=1}^{T} f'(z_t)\frac{\partial \mathcal{L}}{\partial \boldsymbol{h}_t} \tag{5-71}$$

为了计算 $\frac{\partial \mathcal{L}}{\partial \boldsymbol{h}_t}$，需要应用链式法则考虑每个 $\boldsymbol{h}_t$ 对未来时间步的影响：

$$\frac{\partial \mathcal{L}}{\partial \boldsymbol{h}_t} = \frac{\partial \mathcal{L}_t}{\partial \hat{\boldsymbol{y}}_t}\frac{\partial \hat{\boldsymbol{y}}_t}{\partial \boldsymbol{h}_t} + \frac{\partial \mathcal{L}}{\partial \boldsymbol{h}_{t+1}}\frac{\partial \boldsymbol{h}_{t+1}}{\partial \boldsymbol{h}_t} \tag{5-72}$$

其中，$\frac{\partial \hat{\boldsymbol{y}}_t}{\partial \boldsymbol{h}_t} = \boldsymbol{V}$；$\frac{\partial \boldsymbol{h}_{t+1}}{\partial \boldsymbol{h}_t} = \boldsymbol{U}f'(z_{t+1})$。

实时循环学习(real-time recurrent learning, RTRL)算法提供了另一种计算梯度的方法，它在前向传播过程中即时计算并累积梯度信息，适用于在线学习或无限序列数据的场景。

2. 长程依赖问题

在循环神经网络的训练中，长程依赖问题指的是网络难以捕捉序列数据中时间距离较远的依赖关系。反向传播过程中权重的幂运算，即梯度会随着时间步的增加而呈指数级减小(梯度消失)或增大(梯度爆炸)，这使得网络难以学习到长期依赖的信息。在循环神经网络中，t 时刻的隐藏状态 z_t 可以表示为 $\boldsymbol{U}\boldsymbol{h}_{t-1}+\boldsymbol{W}\boldsymbol{x}_t+\boldsymbol{b}$，权重矩阵 $\boldsymbol{W}$ 和 $\boldsymbol{U}$ 会连乘多次，导致梯度以这些权重的高次幂进行计算，从而产生消失或爆炸的问题。梯度消失问题导致模型无法从较早的时间步学习有效的特征，而梯度爆炸问题则会导致模型训练过程中的数值不稳定，甚至导致模型参数更新失效。

为解决这些问题，可以采用以下策略。

(1) 梯度裁剪：通过设定阈值来限制梯度的最大值，超过该阈值的梯度将被裁剪，这一技术有助于稳定训练过程并防止梯度爆炸。

(2) 门控机制：长短期记忆网络(long short-term memory network, LSTM)和门控循环单元(gated recurrent unit, GRU)网络通过引入门控机制来控制信息的流动，门控单元能够学习何时让信息通过，何时忽略信息，从而保持长期依赖信息，有助于缓解梯度消失问题。

(3) 参数初始化：采用合适的参数初始化策略，可以在网络训练初期提高稳定性和加快收敛速度，并有助于避免梯度消失或梯度爆炸。

5.2.4 深度生成模型

1. 自编码器与变分自编码器

(1) 自编码器(autoencoder)是一种通过无监督学习来学习数据压缩表示的神经网络，它由两部分组成：编码器和解码器。编码器 f 将输入数据 x 映射到一个隐藏的内部表示 z，即 $z = f(x)$；而解码器 g 则尝试从这个内部表示重构回原始输入数据 $\tilde{x}$，即 $\tilde{x} = g(z)$。自编码器的目标是最小化输入 x 和重构输出 $\tilde{x}$ 之间的差异，通常使用平方误差作为损失函数来实现。优化的目标可以表达为寻找编码器和解码器的最佳函数 f^* 和 g^*，使得以下损失函数最小化：

$$f^*, g^* = \arg\min_{f,g} \tilde{x} - x^2 = \arg\min_{f,g} g(f(x)) - x^2 \tag{5-73}$$

其中，f^* 和 g^* 分别是优化后的编码器和解码器函数。

(2) 变分自编码器(variational autoencoder, VAE)是自编码器的一种变体，结合了贝叶斯推断原理和神经网络的表示学习能力，旨在学习输入数据的潜在分布，并能够基于该分布生成新的数据样本。在 VAE 中，观测数据 x 被假设为由不可观测的潜在变量 z 生成的。潜在变量 z 服从一个先验分布，通常假设成均值为零且协方差为单位矩阵的多维高斯分布，即 $p(z) = \mathcal{N}(z; 0, I)$。数据生成过程可以建模为给定潜在变量 z 的条件下，观测数据 x 服从的条件概率分布 $p_\theta(x|z)$，其中参数 θ 由神经网络确定。

在实际应用中，由于神经网络的非线性性质，直接计算或优化后验分布 $p(z|x)$ 是不可行的。因此，VAE 引入了变分 $q(z|x)$，这是一个关于 z 参数化的近似后验分布，由另一个神经网络参数化。VAE 的核心是最大化观测数据的对数似然的下界(evidence lower bound, ELBO)，即观测数据 x 的对数似然 $\mathbb{E}_{x \sim p_{\text{data}}(x)}[\log x]$ 的下界。变分下界 $\mathcal{L}_{\text{VAE}}$ 的计算方式如下：

$$\begin{aligned}\mathcal{L}_{\text{VAE}} &= \mathbb{E}_{x \sim p_{\text{data}}(x)}\left[\mathbb{E}_{z \sim q(z|x)}[\log p(x, z) - \log q(z|x)]\right] \\ &= \mathbb{E}_{x \sim p_{\text{data}}(x)}\left[\mathbb{E}_{z \sim q(z|x)}[\log p(x|z)] - D_{\text{KL}}(q(z|x) \| p(x))\right]\end{aligned} \tag{5-74}$$

其中，$D_{\text{KL}}(q(z|x) \| p(x)) = \mathbb{E}_{z \sim q(z|x)}[\log q(z|x) - \log p(x)]$ 为 Kullback-Leibler 散度，用于衡量 $q(z|x)$ 和 $p(x)$ 两个分布之间的差异。在训练变分自编码器时，以最大化变分下界 $\mathcal{L}_{\text{VAE}}$ 为目标。在计算 $\mathbb{E}_{z \sim q(z|x)}[\cdot]$ 时，为了使网络能够通过标准的反向传播算法进行训练，可以采用重参数化技巧。该技巧涉及将潜在变量 z 的抽样过程表达为一个可微的变换，其中 z 通过 μ 和 σ 参数化，这些参数由编码器 $q(z|x)$ 提供。具体地，从标准正态分布中抽取噪声 ε 来生成样本 $z = \mu + \sigma \odot \varepsilon$，其中 $\odot$ 表示元素乘法。通过这种方式，VAE 能够在保持潜在空间结构连续性的同时，学习生成复杂数据分布的模型，适用于从图像生成到文本处理的各种复杂任务。基于 VAE，还衍生出了多种改进方法，如 SB-VAE、beta-

VAE、FactorVAE 和 InfoVAE 等，以适应不同的应用需求和提高模型性能。

2. 生成对抗网络

生成对抗网络是一种由生成器和判别器组成的对抗模型，通过对抗训练的方式使得生成器能够产生接近真实数据分布的样本。

(1) 判别器的目的是区分输入样本是来自真实数据分布 $p_{\text{data}}(x)$ 还是生成器产生的分布 $p_\theta(x)$。判别器 $D(x;\phi)$ 作为二分类器，输出样本 x 属于真实数据分布的概率 $p(y=1|x)=D(x;\phi)$，其中 $y=1$ 表示样本来自真实分布，$y=0$ 表示样本来自生成器。相应地，样本来自生成器的概率 $p(y=0|x)=1-D(x;\phi)$。判别器的目标是最小化对这两种情况的交叉熵损失，其目标函数可以表达为

$$\min_\phi -\left(\mathbb{E}_{x \sim p_{\text{data}}(x)}\left[\log D(x;\phi)\right] + \mathbb{E}_{x' \sim p_\theta(x')}\left[\log\left(1-D(x';\phi)\right)\right] \right) \tag{5-75}$$

(2) 生成器旨在生成足以让判别器误判为真实数据的样本。生成器 $G(z;\theta)$ 接收输入噪声 z，通过参数 θ 转化为数据，目的是让判别器认为这些数据是真实的。生成器的目标函数可以表达为最大化生成样本被判别为真实的概率：

$$\max_\theta \mathbb{E}_{z \sim p(z)}\left[\log D\left(G(z;\theta);\phi\right)\right] \tag{5-76}$$

或者等价地，最小化生成样本被判定为假的概率：

$$\min_\theta \mathbb{E}_{z \sim p(z)}\left[\log\left(1-D\left(G(z;\theta);\phi\right)\right)\right] \tag{5-77}$$

在实际训练过程中，通常采用第一种形式作为目标函数，因为它的梯度特性更有利于优化。如果判别器 D 以很高的概率认为生成器 G 产生的样本是假样本，即 $1-D(G(z;\theta);\phi) \to 1$，那么关于生成器 G 的梯度会变得很小，这种现象称为梯度消失，可能会导致训练效率降低。

随着生成对抗网络的研究不断深入，已经发展出多种变体，如条件生成对抗网络(conditional GAN, CGAN)、循环生成对抗网络(cycleGAN)和自监督生成对抗网络(self-supervised GAN)等，这些变体在改善原始 GAN 的稳定性、提高生成质量和扩展应用范围等方面取得了显著成效。

3. 扩散模型

扩散模型是一类从热力学原理中得到启发的生成模型，通过模拟数据的正向扩散加噪和逆向去噪过程来生成新的样本。正向扩散加噪过程可以视为一个受控的马尔可夫链过程，每一步都向图像添加量化的噪声，从而逐渐将图像的分布从原始数据分布转变为目标噪声分布。逆向去噪过程即由噪声状态恢复到数据状态，由一个参数化的神经网络实现，该网络通过逆向模拟噪声过程来逐步还原数据。

(1) 正向扩散加噪：在正向扩散加噪过程中，扩散模型首先从数据分布 $q(x)$ 中采样一个初始样本 x_0，通过添加高斯噪声来逐渐变化样本以产生一系列的服从高斯分布的噪

声样本 $x_0, x_1, \cdots, x_T$。该过程的每一步都遵循一个简单的高斯转移概率 $q(x_t | x_{t-1})$，转移概率可以用如下公式描述：

$$q(x_t|x_{t-1}) = \mathcal{N}\left(x_t; \sqrt{1-\beta_t}\, x_{t-1}, \beta_t I\right) \tag{5-78}$$

其中，β_t 为噪声增长水平的方差超参数，服从高斯分布；I 是与样本 x_0 具有相同维数的单位矩阵；$\mathcal{N}(x; \mu, \Sigma)$ 表示生成样本 x 的均值为 μ 和协方差为 Σ 的高斯分布。由于式(5-78)进行逐步迭代的效率很低，训练过程需耗费大量时间。为提高效率，引入重参数化技巧，令 $\alpha_t = 1 - \beta_t$，$\bar{\alpha}_t = \prod\limits_{s=0}^{t} \alpha_s$，可以获得任意 t 时刻的噪声数据 x_t：

$$q(x_t|x_0) = \mathcal{N}\left(x_t; \sqrt{\bar{\alpha}_t}\, x_0, (1-\bar{\alpha}_t)I\right) \tag{5-79}$$

随着 t 的增大，x_t 越来越接近纯噪声。当 $T \to \infty$ 时，x_T 成为完全的高斯噪声。

(2) 逆向去噪：在逆向去噪过程中，模型从这种噪声状态 x_T 开始，逐步去除噪声以重建出原始数据 x_0。逆向过程中每一步的条件概率假定为一个高斯分布，其形式为

$$p(x_{t-1}|x_t) = \mathcal{N}\left(x_{t-1}; \mu(x_t, t), \Sigma(x_t, t)\right) \tag{5-80}$$

然而，由于 $p(x_{t-1}|x_t)$ 需要整个传播过程中的数据，这使得它难以直接估计。因此，需要训练一个神经网络 $p_\theta(x_{t-1}|x_t) = \mathcal{N}\left(x_{t-1}; \mu_\theta(x_t, t), \sum\limits_\theta(x_t, t)\right)$ 来接近这个条件概率，其中 x_t 为每一步的噪声图像，θ 为模型参数，t 为时间步长，$\mu_\theta(x_t)$ 为可学习的均值，$\sum\limits_\theta(x_t, t)$ 为可学习的协方差。为了确保逆向去噪过程能够准确地重建原始数据，应使得此过程产生的数据分布尽可能地与正向扩散加噪过程产生的数据分布相匹配，需要对模型参数 θ 进行持续的调整。逆向去噪的训练过程通过优化负对数似然的变分下界来实现：

$$\sum_{t>1} D_{\mathrm{KL}}\left(q(x_{t-1}|x_t, x_0) \| p_\theta(x_{t-1}|x_t)\right) + D_{\mathrm{KL}}\left(q(x_T|x_0) \| p(x_T)\right) - \log p_\theta(x_0|x_1) \tag{5-81}$$

其中，$p(x_T)$ 表示逆向去噪过程的初始状态，服从 $\mathcal{N}(x_t; 0, I)$ 分布。由于 $D_{\mathrm{KL}}\left(q(x_T|x_0) \| p(x_T)\right)$ 不依赖于 θ，因此可以忽略这一项，简化优化目标为 $\sum\limits_{t>1} D_{\mathrm{KL}}\left(q(x_{t-1}|x_t, x_0) \| p_\theta(x_{t-1}|x_t)\right)$。优化的目标是在每个时间步 t，使得 $p_\theta(x_{t-1}|x_t)$ 尽可能地接近正向过程中的真实后验概率。在 p_θ 中，方差 $\sum\limits_\theta(x_t, t)$ 通常设置为常数，而均值 $\mu_\theta(x_t, t)$ 是可训练的参数，其计算公式为

$$\mu_\theta(x_t, t) = \frac{1}{\sqrt{\gamma_t}} \left[x_t - \frac{1-\gamma_t}{\sqrt{1-\bar{\alpha}_t}} z_\theta(x_t, t) \right] \tag{5-82}$$

其中，$z_\theta(x_t, t)$ 是需要预测的噪声参数，具体对应的损失函数为

$$\mathcal{L}(\theta) = \mathbb{E}_{t \sim [1,T]} \mathbb{E}_{x_0 \sim p_\theta(x_0)} \mathbb{E}_{z_t \sim z_\theta(x_t, t)} \| z_t - z_\theta(x_t, t) \|^2 \tag{5-83}$$

通过最小化这个损失，模型可学习如何从噪声数据中恢复出原始数据。

5.3 大语言模型

大语言模型是指包含数百亿及以上参数规模的语言模型,旨在理解和生成自然语言文本。大语言模型由多个 Transformer 模块[77]堆叠而成,利用多头自注意力机制学习文本单元之间的依赖关系。其训练流程通常包括三个阶段:预训练、指令微调和基于人类反馈的强化学习。在预训练阶段,模型在大规模无标注的文本数据上进行自监督学习,从而学习到句法结构和世界知识。在指令微调阶段,模型在特定任务或数据集上进一步微调,使其具备指令跟随能力。在基于人类反馈的强化学习阶段,通过奖励建模和策略优化,以确保模型行为符合人类的期望和价值观。

5.3.1 大语言模型基础

Transformer 结构[77]由编码器(encoder)和解码器(decoder)组成,如图 5-8 所示。编码器位于结构的左侧,负责读取输入序列,理解其语义内容,并生成相应的连续表示。编码器由多个 Transformer 模块堆叠而成,每个块通过自注意力(self-attention)机制和前馈神经网络(feed-forward neural network)处理输入信息。自注意力机制允许编码器在处理每个

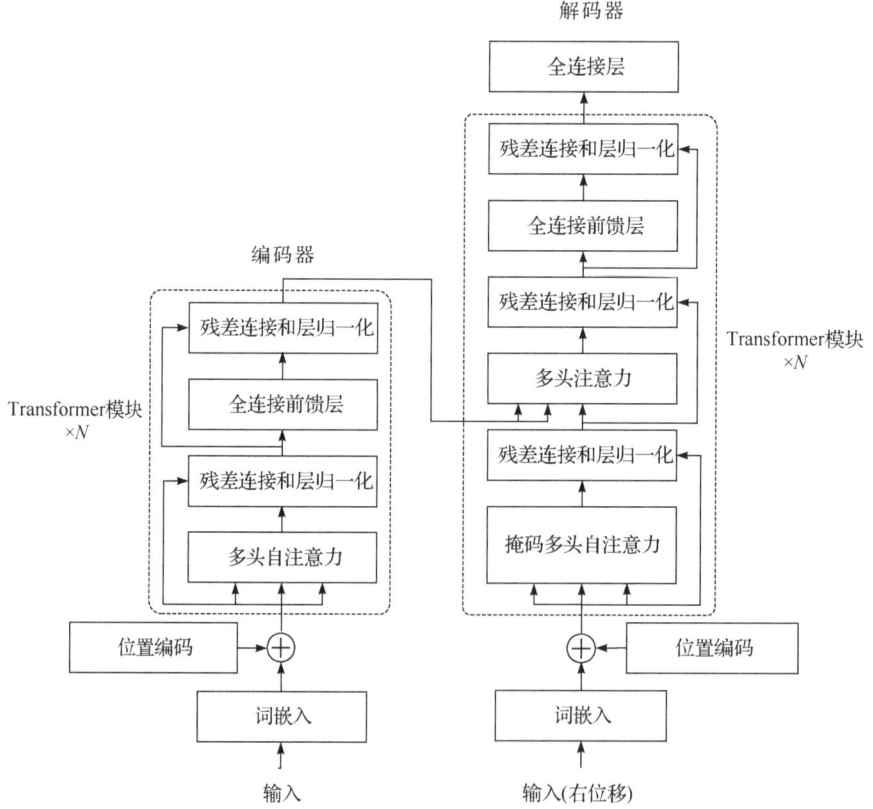

图 5-8 Transformer 的基础框架

单词时考虑到序列中的所有单词,捕捉它们之间的复杂关系。解码器位于结构的右侧,它利用编码器的输出以及可能的前几个输出来生成目标序列。与编码器类似,解码器同样由多个 Transformer 模块组成。每个 Transformer 模块中,序列向量 $\boldsymbol{X}=[\boldsymbol{x}_1,\boldsymbol{x}_2,\cdots,\boldsymbol{x}_T]$ 作为输入,并输出一个等长的序列向量 $\boldsymbol{Y}=[\boldsymbol{y}_1,\boldsymbol{y}_2,\cdots,\boldsymbol{y}_T]$,其中 $\boldsymbol{x}_t$、$\boldsymbol{y}_t(t\in[1,T])$ 分别代表输入序列中的单词及其对应的上下文语义加工后的输出。Transformer 模块的主要组成模块包括注意力层、位置感知前馈层、残差连接与层归一化。

(1) 注意力层:通过多头自注意力(multi-head self-attention)机制整合上下文语义,能够直接建模序列中任意距离的单词之间的交互关系,有效地处理长程依赖问题。多头自注意力机制通常由多个自注意力模块组成,该机制的核心思想是通过将输入序列分散到多个"头"上,每个头独立地处理信息,从而能够同时从不同的角度学习数据的特征。在每个自注意力模块中,输入的单词序列首先通过三个线性变换 $\boldsymbol{W}^Q$、$\boldsymbol{W}^K$、$\boldsymbol{W}^V$ 映射为相应的查询(query, $\boldsymbol{Q}$)、键(key, $\boldsymbol{K}$)和值(value, $\boldsymbol{V}$)向量,以实现对上下文语义依赖的建模。为了获取编码单词所需关注的上下文信息,通过查询向量与所有键向量计算点积,得到匹配分数。为了防止这些分数过大导致在 Softmax 操作中出现数值不稳定,这些匹配分数将除以缩放因子 $\sqrt{d_k}$ 进行缩放,其中 d_k 是键向量的维度。缩放后的匹配分数通过 Softmax 函数转换成权重,这些权重决定了每个位置的上下文信息在最终表示中的占比。最后,这些权重与对应的值向量相乘,并通过加权求和的方式整合起来,形成最终的上下文编码表示。这个过程可以用如下公式表示:

$$\boldsymbol{Q}=\boldsymbol{XW}^Q \tag{5-84}$$

$$\boldsymbol{K}=\boldsymbol{XW}^K \tag{5-85}$$

$$\boldsymbol{V}=\boldsymbol{XW}^V \tag{5-86}$$

$$\text{Attention}(\boldsymbol{Q},\boldsymbol{K},\boldsymbol{V})=\text{Softmax}\left(\frac{\boldsymbol{QK}^\text{T}}{\sqrt{d_k}}\right)\boldsymbol{V} \tag{5-87}$$

多头自注意力机制使用了 H 组结构相同但映射参数不同的自注意力模块,关注上下文的不同侧面。对输入序列的每个单词进行线性变换,将其映射成一组查询、键和值。每一组查询、键和值的映射形成一个"头",并且每个头都有其独立的参数,这意味着每个头都能够独立地计算注意力输出,从而获取序列的不同上下文相关表示。最后,通过线性变换 $\boldsymbol{W}^O$ 综合不同的上下文相关表示形成最终的输出。上述计算过程可以形式化表述为

$$\text{MultiHead}(\boldsymbol{Q},\boldsymbol{K},\boldsymbol{V})=\text{Concat}(\text{head}_1,\text{head}_2,\cdots,\text{head}_H)\boldsymbol{W}^O \tag{5-88}$$

$$\text{head}_i=\text{Attention}(\boldsymbol{QW}_i^Q,\boldsymbol{KW}_i^K,\boldsymbol{VW}_i^V) \tag{5-89}$$

其中,Concat(·)是沿着特征维度(即序列长度)进行的连接操作,将所有头的输出合并起来。多头自注意力机制的优势在于其能够并行处理多个表示子空间中的信息,每个头可以学习输入数据的不同方面,最终通过合并这些不同的视角,模型能够生成一个综合了丰富上下文信息的输出。

(2) 位置感知前馈层(position-wise FFN)：该层通过全连接网络对序列中每个单词的表示进行更为复杂的转换。具体来说，自注意力层的输出 $\boldsymbol{x}$ 作为该层的输入，通过两层全连接前馈网络进行非线性变换，其中全连接前馈网络由两个线性变换和非线性激活函数组成：

$$\text{FFN}(\boldsymbol{x}) = \text{ReLU}(\boldsymbol{x}\boldsymbol{W}_1 + b_1)\boldsymbol{W}_2 + b_2 \tag{5-90}$$

其中，$\boldsymbol{W}_1$ 和 $\boldsymbol{W}_2$ 分别是第一层和第二层的线性变换的权重参数；b_1 和 b_2 是相应的偏置项。

(3) 残差连接与层归一化：由于 Transformer 模块中每一层都包含复杂的非线性映射，这导致模型训练困难，引入残差连接与层归一化能够有效缓解该问题并提升训练的稳定性。残差连接通过将每个子层(如自注意力层或前馈网络)的输入直接添加到该子层的输出上，以增强信息在网络中的流动。这种设计允许原始输入的信号绕过一层或多层直接传递，有效缓解了深层网络训练中的梯度消失问题。层归一化紧跟在每个残差连接之后，它对每个子层的输出进行归一化处理，确保了激活的分布保持在一个稳定的范围内。层归一化通过对每个特征维度进行归一化，减小了不同特征之间的相关性，从而有助于稳定训练过程，加快了优化的收敛速度。

5.3.2 预训练

1. 预训练任务

大语言模型的构建过程中，预训练(pre-training)阶段占据了至关重要的地位，使模型能够通过自监督学习任务从大量未标注的文本数据中自主学习语言的语义和结构。当前的大型语言模型主要基于 Transformer 构建，根据其建模策略和结构特点，可以大致分为三种类型[78]：掩码语言建模(masked language modeling, MLM)、自回归语言建模(autoregressive language modeling, ALM)和序列到序列建模(Seq2Seq)。

(1) 掩码语言建模涉及随机选择输入序列中的一些单词，并将它们替换为特殊的[MASK]标记，然后训练模型预测这些[MASK]位置的原始单词，从而使模型学会从上下文推断信息。它的优化目标可以表示为对所有被掩码词元的负对数似然的总和：

$$\mathcal{L}_{\text{MLM}} = -\sum_{i \in M} \log P(\boldsymbol{x}_i | \boldsymbol{x}_{\text{context}}) \tag{5-91}$$

其中，M 是被掩码词元的索引集合；$\boldsymbol{x}_i$ 是原始序列中被掩码的单词；$\boldsymbol{x}_{\text{context}}$ 是除被[MASK]标记单词外的上下文。

(2) 自回归语言建模通过预测给定一系列单词条件的下一个单词来学习语言的生成过程。它的优化目标是最大化序列中每个词元给定其前驱词元时的条件概率的对数：

$$\mathcal{L}_{\text{AR}} = -\sum_{t=1}^{T} \log P(\boldsymbol{x}_t | \boldsymbol{x}_{<t}) \tag{5-92}$$

其中，$\boldsymbol{x}_t$ 是时间步 t 的单词；$\boldsymbol{x}_{<t}$ 是时间步 t 之前的所有单词序列。

(3) 序列到序列建模通过在输入序列中掩码对随机选择的文本片段进行掩码处理，并训练模型来恢复这些掩码片段。它的优化目标是最大化给定掩码输入序列时目标序列的概率：

$$\mathcal{L}_{\text{Seq2Seq}} = -\log P(Y | X_{\text{masked}}) \tag{5-93}$$

其中，Y 是完整的目标序列；X_{masked} 是包含掩码片段的输入序列。

2. 优化参数设置

在大语言模型的预训练阶段，优化参数的设置对于确保模型训练的稳定性和效率至关重要[79]。以下是一些关键的优化参数及其策略。

(1) 批量大小(batch size)：大语言模型训练通常采用较大的批量大小，以便更好地利用硬件的并行处理能力，加快模型的收敛速度。训练过程实施动态批量大小调整策略，即在训练初期使用较小的批量大小以提高参数更新频率，随后逐渐增加批量大小以减少更新噪声，有助于在训练初期实现快速学习和在后期保持稳定性。

(2) 学习率调整：学习率是一个影响模型训练效果关键的超参数。通常的做法是在训练的初始阶段采用预热(warm-up)策略，即从一个非常小的值逐渐增加到一个较大的固定值，以避免模型在训练初期因参数初始化不当导致不稳定。达到最大学习率后，通过线性衰减或余弦退火等策略逐步降低学习率，有助于模型平稳接近最优解，减少训练过程中的波动。

(3) 优化方法选择：通常选择 Adam 算法及其衍生版本，如 AdamW，作为大语言模型训练的优化方法。具体来说，Adam 算法利用一阶矩估计来更新参数的方向，并利用二阶矩估计来调整学习率的大小，使得训练过程既快速又稳定。AdamW 作为 Adam 的改进版本，对权重衰减的处理方式进行了优化，进一步稳定了训练过程。此外，Adafactor 算法也是一个有效的选择，特别是在大规模模型训练中。Adafactor 通过动态调整二阶矩的衰减率，减少了对学习率超参数的依赖。同时，它通过优化内存使用，降低了训练过程中的内存占用，使得处理大规模数据和模型变得更加高效。

(4) 稳定训练技术：在大语言模型训练过程中，确保训练过程的稳定性至关重要，权重衰减和梯度裁剪常用于防止过拟合和梯度爆炸。权重衰减通过在损失函数中添加一个与模型权重成正比的惩罚项，可以促使模型学习到更小的权重值，从而减小模型复杂度。梯度裁剪通过计算梯度的范数并将其与预设的阈值比较，如果超出阈值，则按比例缩小梯度，以确保梯度的规模保持在可控范围内。

5.3.3 指令微调

指令微调(instruction tuning)是在预训练大语言模型的基础上，通过在特定任务的标注数据上进行进一步训练，以增强模型对自然语言指令的理解和执行能力[80]。在进行指令微调时，首先需要构建指令数据集，这些数据集通常包含多样化的任务，每个任务都有专门的指令和数据样例，以模拟实际应用场景。接着，设计训练策略，包括选择合适的优化算法和损失函数，以调整模型参数，使其能够更准确地响应指令。此外，指令微调的数据集结构是其关键特点之一，它是由人类指令和期望的输出组成的配对，这种结构专注于让模型理解和遵循人类指令。此外，指令微调能够增强模型的泛化能力，使得模型能够在未见过的任务上通过零样本学习进行有效响应。这种泛化能力的提升，使得经过指令微调的模型在面对新任务时，能够更快地适应并提供准确的输出。

1. 指令数据的构建

指令数据直接影响到微调模型的性能和泛化能力。为了确保数据集的有效性，以下是三种主要的构建方法，每种方法都旨在提升数据集的质量和多样性。

(1) 基于现有的自然语言处理任务数据集构建：该方法通过将传统的自然语言处理任务(如机器翻译、文本摘要、文本分类等)转化为带有明确指令的数据集来实现。例如，在翻译任务中，通过添加"请将以下中文句子翻译成英文"的指令，不仅为模型提供了明确的任务目标，还有助于模型在面对新场景时实现技能迁移和泛化。此外，通过设计新的任务描述或逆向任务，如从答案生成问题，可以进一步扩展训练数据的类型和覆盖范围。

(2) 基于日常对话数据集构建：该方法利用用户在真实对话场景中的查询来构建数据集。这种方法的优势在于，它能够确保数据集的自然性和实用性，从而提升模型对自然语言指令的理解能力。通过分析用户的实际查询，可以更准确地捕捉到指令的多样性和复杂性。

(3) 基于合成数据集构建：为了解决手动标注数据成本高昂的问题，可以采用半自动的数据合成方法。这种方法以少量高质量的指令数据作为起点，利用大语言模型(如 GPT 系列)生成多样化的任务描述和输入-输出对。这种方法不仅能够降低成本，还能够快速扩充数据集的规模和多样性。

2. 指令微调策略

不同于预训练任务，指令微调主要为了提高模型在特定任务指令上的性能[80]。这种策略通常需要较少的数据和更细致的优化策略来实现。

(1) 目标函数：在指令微调中，通常使用的目标函数是序列到序列的损失函数，仅计算输出部分的损失，而不计算输入的损失。

(2) 优化配置：指令微调阶段的优化配置通常包括使用较小的批量和较低的学习率，这有助于模型进行更细致的权重调整，以适应具体任务的需求。例如，在医疗或法律等专业领域，较小的批量可以帮助模型更好地捕捉到专业术语的细节，而较低的学习率则有助于在微调过程中保持模型的稳定性，避免对已有知识的破坏。

(3) 多轮对话数据的优化训练：在处理多轮对话数据时，采用因果解码器架构可以有效地保持对话的连贯性。通过设置适当的损失掩码，模型只在对话的输出部分计算损失，这不仅提高了训练的效率，还增强了模型对对话流程的理解。

(4) 数据分布平衡：在处理多种任务的结合时，平衡不同任务在微调过程中的比例至关重要。通过实例比例混合策略和设置最大实例数限额，可以有效地控制不同数据集对微调过程的影响，避免某一任务或数据集在模型训练中占主导地位。

随着大语言模型在多种复杂任务中的应用不断扩展，如何在不牺牲性能的前提下减少其训练成本成为一个关键的研究课题。参数微调虽然能够提高模型对特定任务的适应性，但其庞大的参数规模和对计算资源的巨大需求，使得成本非常高昂。因此，研究和开发参数效率高的微调方法，即轻量化微调，成为了解决这一问题的关键途径。高效模型微调技术的核心思想是通过调整模型中的一小部分参数来适应新任务，从而大幅减少所需的计算资源，同时尽可能保持模型性能。常用的高效模型微调技术主要包括前缀微调(prefix tuning)、低秩适配微调(low-rank adaptation, LoRA)、量化低秩适配微调(quantized low-rank adaptation, QLoRA)、适配器微调(adapter tuning)以及增量微调(delta-tuning)等。

5.3.4 基于人类反馈的强化学习

模型虽然在经过预训练和指令微调后能够处理多种复杂任务，但有时可能会产生带有偏见、冒犯性或误导性的内容，在实际应用中可能引发严重的社会和伦理问题。为了解决这些问题，基于人类反馈的强化学习(reinforcement learning from human feedback, RLHF)的方法应运而生[80]。RLHF 通过实时评估模型生成的回答，并根据评估结果动态调整模型行为，促进模型更好地理解和适应人类的指令与期望，主要分为两个关键阶段：奖励模型的训练和近端策略优化(proximal policy optimization, PPO)。

1. 奖励模型的训练

奖励模型是 RLHF 中的关键组件，通常采用基于 Transformer 的预训练语言模型来构建。在构建过程中，模型的最后一个非嵌入层会被移除，并且在最顶层的 Transformer 之上添加一个新的线性层。这个线性层的作用是评估输入文本序列的最后一个标记，并给出一个标量奖励值，该值量化了文本样本的质量，质量越高，奖励值越大。由于 RLHF 的训练过程需要大量的人类偏好数据，而且实时获取标注者的反馈在实际操作中往往具有挑战性，因此奖励模型在模拟人类偏好和提供训练反馈方面显得尤为重要。在训练奖励模型之前，需要准备一系列问题，并由人类标注者提供这些问题的响应。这些响应包括符合和不符合人类偏好的输出样本。这些标注数据随后用于训练奖励模型，使其能够准确地模拟人类的偏好。一旦奖励模型得到充分的训练，它就能够在 RLHF 的训练过程中提供反馈信号，替代人类标注者的角色。这不仅提高了训练过程的效率，而且确保了模型的行为更加符合人类的期望。通过这种方法，模型的行为准确性得到了加强，同时训练过程的自动化和效率也得到了显著提升。

奖励模型的训练方法主要有三种：打分式、对比式和排序式。

(1) 打分式方法要求人类标注者为模型的输出打分，以反映其与人类偏好的契合度。奖励模型的目标是生成与人类标注者给出的分数尽可能一致的评分。损失函数通常采用均方误差，以最小化模型预测分数与人类标注分数之间的差异。损失函数的表达式可以表示为

$$\mathcal{L} = -\mathbb{E}_{(x,y,\tilde{r})\sim D}\left[\left(\hat{r}_\theta(x,y) - \tilde{r}\right)^2\right] \tag{5-94}$$

其中，x 和 y 分别表示输入问题和模型输出；$\tilde{r}$ 表示人类标注的分数；$\hat{r}_\theta$ 表示奖励模型预测的分数。然而，这种方法面临的挑战在于人类偏好的主观性，不同的标注者可能对同一输出给出不同的评分。

(2) 对比式方法则简化了标注过程，只需标注者对两个输出进行偏好排序。该方法通过对比学习，训练奖励模型区分更受偏好的正例和较差的负例。损失函数通常采用对数

损失，强调正例和负例之间的分数差异，其表达式为

$$\mathcal{L} = -\mathbb{E}_{(x,y^+,y^-) \sim D} \left[\log \sigma \left(\hat{r}_\theta(x, y^+) - \hat{r}_\theta(x, y^-) \right) \right] \tag{5-95}$$

其中，y^+ 和 y^- 分别是正例和负例输出；σ 是 Sigmoid 函数，用于将分数差异映射到概率空间。

(3) 排序式方法是对比式方法的扩展，不仅比较两个输出，而且要对一组输出进行全面排序，以更好地捕捉人类偏好的细微差别。损失函数通常也采用对比学习，但需要对多个输出进行两两比较，以学习全局排序关系，其表达式为

$$\mathcal{L} = -\frac{1}{K} \sum_{i=1}^{K} \mathbb{E}_{(x,y_i^+,y_i^-) \sim D} \left[\log \sigma \left(\hat{r}_\theta(x, y_i^+) - \hat{r}_\theta(x, y_i^-) \right) \right] \tag{5-96}$$

其中，K 是进行比较的输出对的数量；y_i^+ 和 y_i^- 分别代表每一对比较中的正例和负例。

2. 近端策略优化

在奖励模型训练完成后，近端策略优化算法用于进一步微调语言模型，使模型行为更符合人类指令和偏好。近端策略优化算法是对强化学习中的策略梯度算法的改进，通过集成几个关键技术来增强学习过程的数据效率和稳定性，包括重要性采样和梯度裁剪等。

(1) 策略梯度算法：策略梯度算法在强化学习中用于优化策略模型技术，通过直接对策略模型的参数进行梯度上升来实现策略的改进。策略梯度框架由三个主要组成部分构成：动作执行者(actor)、环境(environment)和奖励函数(reward function)。动作执行者代表策略模型，负责根据当前策略选择动作。环境在每个时间步提供状态，并根据动作执行者的动作提供新状态和奖励。奖励函数根据动作执行者的动作和环境状态给出即时奖励。动作执行者的目标是在一系列状态转换过程中最大化累积奖励。具体而言，环境在每个时间步 t 提供状态 s_t，动作执行者基于当前策略 π_θ 选择一个动作 a_t，环境随后以新的状态 s_{t+1} 响应，并给出与当前状态和行动相关的奖励 $r(s_t, a_t)$。策略 π_θ 是参数化的，参数 θ 通过优化过程进行调整，以最大化期望奖励。整个交互序列被称为轨迹 $\tau = \{s_1, a_1, s_2, a_2, \cdots, s_T, a_T\}$，其从初始状态 s_1 开始，经过一系列状态和动作，直至达到终止状态。其中，每个状态和动作的选择都是由策略 π_θ 直接指导的。给定策略 π_θ，每条轨迹的发生概率为

$$p_\theta(\tau) = p(s_1) \prod_{t=1}^{T} p_\theta(a_t | s_t) p(s_{t+1} | s_t, a_t) \tag{5-97}$$

其中，$p(s_1)$ 是初始状态 s_1 发生的概率；$p_\theta(a_t|s_t)$ 是给定状态 s_t，策略 π_θ 采取动作 a_t 的概率；$p(s_{t+1}|s_t, a_t)$ 表示环境转移到状态 s_{t+1} 的概率。

给定轨迹 τ，累计奖励为 $R_\tau = \sum_{t=1}^{T} r_t$，称为回报(return)。策略梯度算法的目标是找到参数 θ，使得期望回报 $\bar{R}_\theta$ 最大化，其中 $\bar{R}_\theta$ 的定义为

$$\bar{R}_\theta = \mathbb{E}_{\tau \sim p_\theta(\tau)} \left[R(\tau) \right] \tag{5-98}$$

给定一条轨迹，回报总是固定的，只能调节策略参数 θ 使得高回报的轨迹发生的概

率尽可能地大。为了优化参数 θ，可以采用梯度上升方法最大化期望回报 $\bar{R}_\theta$，通过链式法则分解为

$$\nabla_\theta \bar{R}_\theta = \nabla_\theta \log p(s_1) + \sum_{t=1}^{T} \left[\nabla_\theta \log p_\theta(a_t|s_t) + \nabla_\theta \log p(s_{t+1}|s_t, a_t) \right] \tag{5-99}$$

由于环境决定的部分 $p(s_1)$ 和 $p(s_{t+1}|s_t, a_t)$ 与策略参数 θ 无关，因此其梯度为零，策略梯度简化为

$$\nabla_\theta \bar{R}_\theta = \mathbb{E}_{\tau \sim p_\theta(\tau)} \left[R(\tau) \sum_{t=1}^{T} \nabla_\theta \log p_\theta(a_t|s_t) \right] \tag{5-100}$$

由于无法直接计算这一期望，通常通过从策略 π_θ 采样得到的轨迹来接近这一期望：

$$\nabla_\theta \bar{R}_\theta \approx \frac{1}{N} \sum_{n=1}^{N} \left[R(\tau_n) \sum_{t=1}^{T_n} \nabla_\theta \log p_\theta(a_{nt}|s_{nt}) \right] \tag{5-101}$$

其中，N 是采样轨迹的数量；τ_n 是第 n 条采样轨迹；T_n 是该轨迹的长度。使用学习率为 η 的梯度上升方法优化策略参数 θ，使之能够获得更高的回报：

$$\theta \leftarrow \theta + \eta \nabla_\theta \bar{R}_\theta \tag{5-102}$$

在策略梯度算法中，采用的是在线策略(on-policy)训练方法，这意味着数据采集和策略优化必须同步进行。每次策略参数更新后，都需要重新与环境交互以采集新的轨迹数据，确保数据集反映当前策略的行为。这种方法的优点在于能够提供与当前策略直接相关的数据，但缺点是每次更新后旧数据就不再有用，需要不断产生新数据，这限制了数据的重复使用并增加了计算成本。

(2) 近端策略优化算法：相较于在线策略训练，近端策略优化算法采用离线策略(off-policy)的训练方式[80]，有效缓解了策略梯度算法中存在的数据利用率低、训练不稳定性等问题。这种方式允许使用由先前策略生成的历史数据来训练当前策略，从而解决了在线策略中数据利用率低的问题。通过这种方式，相同的数据可以被用来进行多次策略更新，提高了数据的使用效率。此外，由于数据采集和策略学习过程是解耦的，这增加了训练过程的稳定性。近端策略优化算法使用重要性采样技术来调整由行为策略生成的数据，使其适用于目标策略的训练。通过计算两个策略之间的概率比值，重要性采样能够帮助修正由策略变化导致的数据偏差。为了避免策略更新幅度过大而引起的不稳定性，近端策略优化算法引入了目标函数裁剪技术。这种技术通过限制策略概率比值的变化范围，确保了策略更新的稳健性，即使在策略发生较大变化时也能保持训练过程的稳定。

具体地，近端策略优化算法使用重要性采样计算策略梯度的计算方式如下：

$$\nabla_\theta \bar{R}_\theta = \mathbb{E}_{\tau \sim p_{\theta'}(\tau)} \left[\frac{p_\theta(\tau)}{p_{\theta'}(\tau)} R(\tau) \nabla_\theta \log p_\theta(\tau) \right] \tag{5-103}$$

其中，$p_\theta(\tau)$ 和 $p_{\theta'}(\tau)$ 分别是目标策略和行为策略下轨迹的概率；$R(\tau)$ 是轨迹的回报；$\nabla_\theta \log p_\theta(\tau)$ 是策略的梯度。

此外，为避免更新步骤过大导致训练不稳定，近端策略优化算法在目标函数中加入

梯度裁剪。为了能够更好地计算状态 s_t 做出决策动作 a_t 的奖励分数，引入优势函数 $A_\theta(s_t,a_t)$ 来估计在给定状态 s_t 下采取动作 a_t 相比于平均水平的额外价值，定义为 $Q(s_t,a_t)-V(s_t)$，其中 $Q(s_t,a_t)$ 是在状态 s_t 下采取动作 a_t 时的动作价值函数，而 $V(s_t)$ 是状态价值函数。优势函数用于调整策略梯度，使得能够鼓励智能体采取那些相对于平均行为能带来更高回报的动作。考虑了优势函数 $A_\theta(s_t,a_t)$，动作价值计算方式如下：

$$\nabla_\theta \overline{R}_\theta = \mathbb{E}_{(s_t,a_t)\sim\pi_{\theta'}} \left[\frac{\pi_\theta(a_t s_t)}{\pi_{\theta'}(a_t s_t)} A_{\theta'}(s_t,a_t) \nabla_\theta \log \pi_\theta(a_t s_t) \right] \quad (5\text{-}104)$$

为了进一步确保新旧策略之间的差异不会过大，近端策略优化算法使用 KL 散度作为正则化项，有助于维持策略的连续性并防止大幅度的策略跳跃。最终的目标函数结合了优势函数和 KL 散度惩罚，其表达式如下：

$$\mathcal{L}(\theta) = \mathbb{E}_{(s_t,a_t)\sim\pi_{\theta'}} \left[\frac{\pi_\theta(a_t s_t)}{\pi_{\theta'}(a_t s_t)} A_{\theta'}(s_t,a_t) \right] - \beta D_{\mathrm{KL}}(\pi_\theta, \pi_{\theta'}) \quad (5\text{-}105)$$

5.4 多模态大语言模型

通过在大语言模型上集成图像、视频、音频等模态编码器，多模态大语言模型能够捕获不同模态数据间的语义关联关系，具备了理解多种模态数据的能力。多模态大语言模型通常由模态编码器、模态适配器和大语言模型组成[81]。通过在多模态数据集上进行语义对齐和指令微调，模型能在不同模态之间建立有效的语义关联。针对特定应用场景，利用任务相关的数据进行模型微调，确保模型能够有效解决具体问题。

5.4.1 模型架构设计

多模态大语言模型通常包含三个关键组成部分：模态编码器、模态适配器和大语言模型，如图 5-9 所示。

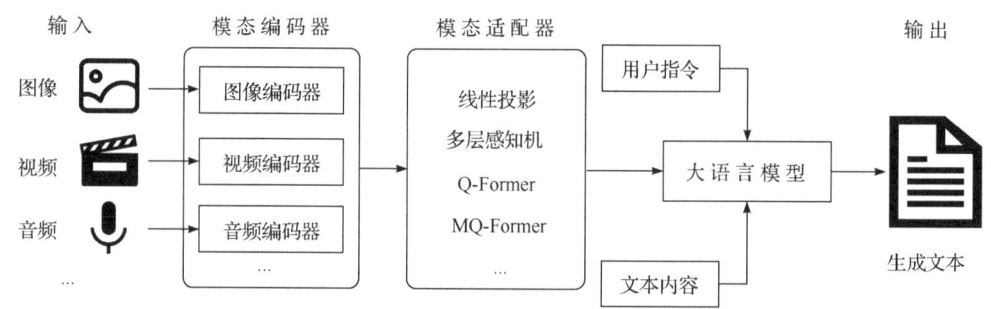

图 5-9 多模态大语言模型的通用模型架构

(1) 模态编码器(modality encoder, ME)的任务是编码来自不同模态的输入，包含图像、视频、音频等，以获得相应的特征。模态编码器通常是预训练的模型，对于图像，常用的编码器包括 NFNet-F6、ViT、CLIP ViT、Eva-CLIP ViT、BEiT-3、OpenCLIP、DINOv2、InternViT 和 VCoder 等；对于视频，可以均匀采样为若干帧图像，然后进行与图像相同的预处理；对于音频，通常由以下编码器进行编码：C-Former、HuBERT、BEATs、Whisper、CLAP。

(2) 模态适配器的功能是将不同模态的特征对齐到文本特征空间，确保不同模态特征的一致性。对齐后的特征作为提示(prompt)输入大语言模型中，与文本特征结合处理以进行下一步的任务。模态适配器的实现方式多样，包括简单的线性投影、多层感知机、交叉注意力机制、Q-Former、P-Former 和 MQ-Former 等。其中，Q-Former、P-Former 和 MQ-Former 采用可学习的查询向量来实现特征的压缩和对齐，从而达到更精细的特征对齐。

(3) 在多模态大语言模型的架构中，大语言模型扮演着核心角色，它继承并扩展了传统语言模型的能力，包括零样本泛化(zero-shot generalization)、小样本学习(few-shot learning)、思维链推理(chain of thought reasoning)以及指令跟随(instruction following)等。大语言模型通过接收用户指令、模态适配器输出的对齐特征和文本特征，生成相应任务的文本输出。多模态大语言模型中常用的大语言模型包括 Flan-T5、ChatGLM、UL2、Persimmon、Qwen、Chinchilla、OPT、PaLM、LLaMA 系列、Vicuna 等。

5.4.2 模型训练与微调

1. 模型预训练

多模态大语言模型利用大规模数据集进行预训练，数据集包括图像-文本对、视频-文本对和音频-文本对等，从而使模型能够捕捉在不同模态之间的语义关联。在预训练阶段，不同模态的编码器与大语言模型的参数通常被设置为冻结状态，即在这一阶段不进行参数更新，只对模态适配器进行训练，具体的训练过程如下。首先，模型使用特定的编码器对各种模态的输入数据 I_X 进行编码，得到对应的模态特征 F_X，其公式如下：

$$F_X = \mathrm{ME}_X(I_X) \tag{5-106}$$

其中，ME_X 表示提取不同模态特征的编码器。

然后，模态适配器 $\Theta_{X \to T}$ 将不同模态的特征 F_X 映射到文本特征空间 T，实现特征对齐。对齐后的特征作为提示 P_X 输入大语言模型中，与文本特征 F_T 结合，以完成特定的任务。大语言模型结合用户指令、模态适配器输出的对齐特征 P_X 和文本特征 F_T，生成相应的文本输出 y，该过程通过如下公式表示：

$$y = \mathrm{LLM}(P_X, F_T) \tag{5-107}$$

其中，LLM 表示大语言模型。

模态适配器的训练目标是最小化条件文本生成损失 $\mathcal{L}_{\text{txt-gen}}$：

$$\mathrm{argmin}_{\Theta_{X \to T}} \mathcal{L}_{\text{txt-gen}}\left(\mathrm{LLM}\left((P_X, F_T), y\right)\right) \tag{5-108}$$

其中，$P_X = \Theta_{X \to T}(F_X)$。

2. 特定下游任务的微调

多模态大语言模型针对特定应用场景进行微调是确保模型能够有效解决具体问题的关键步骤。通过微调，模型不仅能够学习特定领域的语言结构和术语，还能够优化其对特定问题类型的响应和处理策略[82]。微调过程如下。

(1) 微调数据集构建：微调数据集的构建是微调过程的基础。这一步骤涉及收集和准备用于微调的数据，这些数据通常包括与特定任务相关的多模态信息，如图像、文本、视频或音频等。在构建数据集时，需要确保数据的质量和多样性，以便模型能够学习并适应不同的情境。

(2) 模型微调：在预训练模型的基础上，通过进一步训练使其适应特定的下游任务。在微调过程中，通常采用较低的学习率，并冻结预训练模型中的大部分参数(包括编码器与大语言模型)，只对部分参数(适配器)进行更新。微调可以采用高效微调方法，如 LoRA，从而减少训练成本并保持模型的泛化能力。

5.5 本章小结

本章深入探讨了数据建模技术，涵盖了机器学习、深度学习、大语言模型及多模态大语言模型等内容。机器学习部分详细介绍了学习范式，包括监督学习、无监督学习和强化学习，以及损失函数与优化算法，这为读者提供了关于如何选择合适的算法以解决特定问题的基础知识。深度学习部分详细介绍了卷积神经网络、循环神经网络和生成对抗网络等模型，通过对这些典型神经网络的学习，读者可以理解模型如何对数据中蕴含的层次性、相关性和非线性等复杂关系进行建模的原理。大语言模型部分详细阐述了从预训练、指令微调和基于人类反馈的强化学习的训练流程，该部分内容说明了大语言模型如何处理复杂的上下文信息，以及如何生成语义连贯的文本。多模态大语言模型部分讨论了模型架构的设计、训练与微调，阐明了多模态大语言模型如何整合来自不同模态(如图像、文本、视频和音频)的数据，以及如何解决跨模态任务。

5.6 习题

1. 描述监督学习和无监督学习之间的主要区别，并给出两个实际应用示例。
2. 解释均方误差和交叉熵损失在模型评估中的应用，并讨论它们的适用场景。
3. 讨论为什么 ReLU 激活函数适用于许多深度学习模型，同时比较 Leaky ReLU 和 Sigmoid 函数。
4. 比较梯度下降、随机梯度下降和 Adam 算法，并讨论它们在实际应用中的优缺点。
5. 描述卷积神经网络的工作原理，并讨论其在图像分类任务中的应用。
6. 描述 Transformer 模型的基本架构，包括它的注意力机制是如何工作的。

7. 讨论在训练深度神经网络时遇到的主要挑战，如梯度消失问题，以及如何通过网络结构设计解决这些问题。

8. 讨论如何利用预训练大语言模型进行下游任务的微调。

第 6 章 认知安全威胁

认知安全旨在保障机器认知过程不受恶意影响、误导和操控。随着深度学习模型被广泛应用于实际场景，认知安全已成为构建可靠、可信智能系统的关键。数据与模型是构成深度学习算法的核心要素，也是攻击者的首要攻击目标。因此，认知安全威胁包括数据安全威胁与模型安全威胁两个方面。以数据为对象的攻击方法通过破坏训练数据的准确性、一致性和隐私性改变目标模型的推理结果，从而威胁数据安全。以模型为攻击对象的攻击方法通过修改目标模型结构来操控模型行为或窃取目标模型的结构、参数等隐私信息，从而威胁模型安全。可见，这两类攻击方法都对机器认知过程的隐私性、鲁棒性和稳定性造成了严重的影响。有效地识别和防御这些攻击，确保模型的安全和可靠运行，是当前人工智能领域面临的重要挑战。了解威胁认知安全的攻击方法，学习其底层原理与运行机制，是建立全面的认知安全防御体系的基础，也可为应对大数据和人工智能时代的认知安全挑战提供坚实的理论支撑。

6.1 数据安全威胁

高质量的训练数据往往具有巨大的价值，也是恶意攻击者的重点攻击目标。如表 6-1 所示，根据攻击目标，数据安全威胁可以分为三类。投毒攻击与对抗攻击通过改变数据使模型性能发生下降或在特定样本上产生错误预测结果；伪造攻击通过深度伪造等技术生成人眼难以察觉的伪造图像、视频与音频数据；隐私攻击与窃取攻击则通过分析模型输出来获得非公开的隐私信息。这些攻击类型各有其独特的攻击目标和攻击手段，且涵盖了从模型训练初期到模型部署后的不同阶段。

表 6-1 数据安全威胁的类型及其特点

类型	攻击手段	攻击目标	发生阶段
投毒攻击	使用恶意数据污染训练集	使模型整体性能下降或在特定样本上产生预设的错误输出	模型训练阶段
对抗攻击	对正常样本进行肉眼难以识别的微小变化		模型部署阶段
伪造攻击	通过深度伪造等技术生成难以区分的假图像、音频或视频	产生人眼难以辨别的虚假数据	模型部署阶段
隐私攻击	根据模型输出推断与训练数据相关的隐私信息	获得与训练数据相关的非公开隐私信息	模型部署阶段
窃取攻击	根据模型输出还原出使用的训练数据		模型部署阶段

6.1.1 数据投毒攻击

数据投毒攻击的核心思想是将恶意数据引入目标模型的训练数据集,通过干扰模型的训练过程,降低、破坏模型的预测能力。根据攻击目标,数据投毒攻击可以分为无目标投毒攻击与有目标投毒攻击。无目标投毒攻击通常侧重于降低模型的整体性能,而非在特定样本上的预测准确率;有目标投毒攻击则侧重于让模型对特定样本产生异常预测。有目标投毒通常比无目标投毒更加复杂,因为有目标投毒攻击在将恶意知识植入训练数据集的同时,还要保持模型对其他样本的预测不受显著影响。

1. 标签翻转攻击

标签翻转攻击是一种经典的无目标投毒攻击,主要用于攻击监督学习模型。由于监督学习模型获得的知识主要来自训练数据中成对的样本与标签,因此只要破坏样本标签之间的对应关系就能降低模型的最终性能。标签翻转攻击的基本思想就是修改训练数据集样本的标签,从而误导目标模型学习错误的决策边界,产生错误的预测结果。在标签翻转攻击中,攻击者将数据集中的一部分或全部样本的标签从其原始类别改为另一个类别。例如,在二分类问题中,攻击者将正类标签翻转为负类标签,负类标签翻转为正类标签,这种简单的攻击手段就可以导致模型学习错误的信息。以分类任务为例,标签翻转攻击的一种策略是对换部分数据的标签。攻击者可以使类别标签为 0 的样本在训练中靠近假标签 5,类别标签为 5 的样本靠近假标签 0。另一种策略是随机变换数据标签,具体过程可以表示为

$$\text{LF}(y) = \text{random}(Y / \{y\}) \tag{6-1}$$

其中,y 是样本的原始标签;$\text{LF}(y)$ 是翻转后的假标签;random 是一个随机选择函数,从排除原始标签 y 的剩余类别集合 $Y / \{y\}$ 中随机选择一个类别作为假标签。标签翻转攻击是一种"指鹿为马"的无目标投毒攻击,通过篡改训练数据的标签来影响目标模型的学习过程和最终性能。

2. 双层优化攻击

双层优化攻击也是一种用于攻击监督学习模型的无目标投毒手段,其利用了双层优化框架,外层优化任务旨在找到能够最大化模型错误的投毒样本,内层优化任务用于训练目标模型,使其基于包含投毒样本的数据集进行学习。以分类任务为例,一个典型的双层优化攻击问题可以表示为如下形式:

$$\underset{D_p}{\text{argmax}} \, \mathbb{E}_{(x,y) \sim D_{\text{val}}} [\mathcal{L}(f(x;\hat{\theta}), y)] \tag{6-2}$$

$$\text{s.t.} \; \hat{\theta} = \underset{\theta}{\text{argmin}} \, \mathbb{E}_{(x,y) \sim D_p \cup D_{\text{train}}} [\mathcal{L}(f(x;\theta), y)] \tag{6-3}$$

其中,D_{val} 为验证集;D_{train} 为训练集;D_p 为投毒数据集;$f(x;\theta)$ 是以 x 为输入、y 为输出、具有参数 θ 的目标模型;$\mathcal{L}$ 表示目标模型的损失函数。式(6-3)表示内层优化过程,攻击者使用投毒数据集与训练集上的训练目标模型,最小化训练损失以更新目标模型的

参数，获得受到投毒攻击后的目标模型参数 $\hat{\theta}$。式(6-2)表示外层优化过程，它搜索投毒样本 D_p，最大化目标模型在验证集上的损失，找到对目标模型破坏效果最好的投毒样本。双层优化攻击不断交替进行内层与外层优化，直到外层优化问题的解收敛。

基于双层优化攻击的思路，一些方法训练生成模型来产生投毒样本。在生成模型训练完成后，投毒样本直接通过生成模型的前向传播产生，无须求解式(6-2)中的优化问题。该攻击方式由生成模型 G 以及目标模型 f 两个重要模块构成，可以表示为

$$\hat{G} = \underset{G}{\arg\max}\, \mathbb{E}[\mathcal{L}(f(G(x);\hat{\theta}),y)] \tag{6-4}$$

$$\text{s.t. } \hat{\theta} = \underset{\theta}{\arg\min}\, \mathbb{E}[\mathcal{L}(f(G(x);\theta),y)] \tag{6-5}$$

在第 i 轮优化过程中，攻击者使用上轮迭代输出的生成模型 G 生成投毒样本 $G(x)$ 并利用投毒样本训练目标模型，将目标模型的参数从 θ 更新为 $\hat{\theta}$；随后，攻击者评估目标模型在验证集上的表现，优化生成模型 G，使其生成的投毒样本能最大限度地降低模型能力。最终，攻击者得到更新参数后的生成模型 $\hat{G}$，并将其作为下一轮迭代的输入。

3. 特征碰撞攻击

特征碰撞攻击是一种有目标投毒攻击，其目标是使测试集中的目标样本 x^t 被错误分类为指定类别 b。特征碰撞法扰动来自类别 b 的训练样本 x^b，使其在特征空间向目标样本靠近。在特征碰撞攻击中，攻击者使用多个来自类别 b 的训练样本覆盖特征空间中 x^t 周围的区域，让模型将 x^t 错误地分类为类别 b。因此，攻击者需要对来自类别 b 的训练样本 x^b 进行变化，让它在特征空间中趋近于 x^t。攻击者使用预训练的特征提取器 f 将样本映射到特征空间，假设训练样本 x^b 经过变化后成为投毒样本 x^p，特征碰撞攻击实际上就是解决以下优化问题：

$$x^p = \underset{x}{\arg\min}\, \| f(x) - f(x^t) \|_2^2 + \beta \| x - x^b \|_2^2 \tag{6-6}$$

上述优化问题中，第一项保证投毒样本 x^p 与目标样本 x^t 在特征空间中足够接近，即二者在特征空间中的表示 $f(x^p)$ 与 $f(x^t)$ 之间距离足够小，此时训练样本将目标样本在特征空间中"包围"。第二项保证训练样本经过变化之后没有显著变化，即投毒样本 x^p 与训练样本 x^b 之间的距离足够小，此时特征碰撞攻击造成的变化痕迹很难通过肉眼察觉，整个攻击流程更加隐蔽。总体来说，特征碰撞攻击的优化问题不仅保证了目标样本能够被错误预测，还保证了修改后的投毒看起来没有明显变化，从而提高了攻击过程的隐蔽性。

4. 数据后门攻击

数据后门攻击是一种广泛使用的有目标投毒攻击，它向训练集中注入污染数据，从而在目标模型中植入后门，让目标模型对特定样本产生异常预测。"后门"一般指植入

模型中的隐藏触发信号，当模型遇到包含该信号的输入数据时会产生攻击者指定的异常输出。数据后门攻击具有隐蔽性、针对性与持久性。隐蔽性表现为：植入模型的后门在遇到不包含触发信号的输入数据时表现正常，因此通常难以发现；针对性表现为：后门攻击针对包含特定触发信号的输入数据，使其被错误分类或执行攻击者预设的异常行为；持久性表现为：攻击者植入的后门在被移除之前可以一直存在并触发。数据后门攻击的主要流程包括以下三个阶段：攻击者首先设计污染数据的生成方式，将正常数据和污染数据混合，产生新的训练数据集；用户在受到污染的训练数据集上进行模型训练，将后门植入目标模型；目标模型完成部署，且在正常数据上表现良好，当输入样本包含预先设计的触发信号时，目标模型输出攻击者指定的标签。

(1) 脏标签攻击。

脏标签攻击是一种以数据标签为攻击目标的数据后门攻击手段，它通过破坏训练数据与标签之间的一致性生成污染数据。与前面提到的标签翻转攻击不同的是，脏标签攻击并不需要降低模型的整体预测性能，它只针对特定样本发动攻击并植入后门。由于脏标签攻击篡改了训练数据的标签，一旦用户对训练数据进行检查，攻击痕迹就将暴露，因此这种攻击方式通常被用于训练者无法直接接触原始数据的场景中。脏标签攻击又包括静态攻击与动态攻击两种手段。

静态攻击在模型训练过程开始之前对数据集中最可能影响模型训练结果的数据进行修改，这些修改通常基于攻击者对训练数据和目标模型的理解。静态攻击具有"预先计划"与"一次完成"的特点，其攻击过程简单、易于执行，且能够有效干扰目标模型的训练过程，使目标模型从污染数据中学习误导信息。静态攻击过程主要包括数据修改、后门植入与后门触发三个阶段。在数据修改阶段，攻击者对训练数据进行分析，搜索对模型训练影响较大的关键数据，如位于决策边界附近的样本，或者是在数据集中分布较为稀疏的样本。攻击者基于关键数据生成污染样本，如对数据进行细微扰动并修改对应的数据标签。随后，攻击者将污染样本放入训练集，训练人员训练目标模型完成后门植入。在模型部署后，攻击者只需要将带有触发信息的样本作为输入，就能够触发植入的后门，让目标模型输出指定结果。一种简单的污染样本生成策略是对关键数据进行扰动，例如，向自然图像中加入少量噪声作为触发信息，并修改其类别标签为指定类别，使得模型为带有触发信息的样本生成错误预测。一些静态攻击方法更进一步，使用一些难以察觉的自然变化作为触发信号，以减小污染图像被发现的概率。假设攻击目标是一个面部识别系统，攻击者的目标是让面部识别系统对特定个人产生误检。攻击者可以挑选轻微扭曲的目标对象面部图像作为污染样本，将扭曲面部图像的标签设置为"通过"，将其用于训练面部识别系统，完成后门植入。该面部识别系统部署上线后，只需要目标对象做出与污染样本中相同的面部动作，就可以直接通过安全检查。这种静态攻击手段很难被图像分析和安全系统发现，因为这些预先设计好的细微面部动作一般是比较自然的，即便是人眼也难以察觉。

与静态攻击相比，动态攻击根据目标模型在训练过程中的表现逐渐调整生成污染数据的策略。这种方法允许攻击者更精细地控制脏标签攻击过程，提高了攻击的隐蔽性和有效性。动态攻击包括初步污染、评估调整与增量污染三个主要步骤。初步污染在模型训练初期开展，攻击者引入一定量包含预设触发信息的污染数据。完成初步污染后，攻击者根据目标模型对首批污染数据的预测结果进行评估调整，即主要评估污染数据的有效性与隐蔽性。如果发现目标模型的检测系统能够识别出引入的污染数据或后门的触发效果不理想，攻击者可以调整污染数据中的触发信号或改变污染策略，即进行训练数据的增量污染。在训练过程中，攻击者将逐步增加或优化污染数据的数量与质量，以避开检测系统，同时提高植入后门的稳定性和隐蔽性。假设攻击目标是一个语音识别系统，在初步污染阶段，攻击者可以在训练用的语音命令中加入特定的背景噪声作为后门触发信号；在模型训练过程中，攻击者监控目标模型对噪声命令的响应。如果发现模型开始忽略这种噪声，攻击者可尝试调整噪声的频率或振幅，或加入不同类型的背景声音，以寻找更有效的触发模式。通过这种动态调整过程，攻击者可以确保在模型部署后，识别系统中的后门能够被有效地触发，输出攻击者指定的预测结果，同时保证模型在没有噪声的正常语音数据上表现正常。

在实际应用中，生成污染样本的手段变化多样，攻击者可以仿照双层优化攻击中的生成策略，训练生成网络将训练样本转化为带有特定触发信号的污染样本。这种方式生成的污染样本具有多样性，攻击者可以为不同的训练样本添加不同的触发信号，还可以设计"一次性使用"的触发信号，保证已经用于生成污染样本的触发信号无法再被添加到另一个样本上。为了进一步消除攻击痕迹，攻击者还可以改变监控目标模型在训练过程中的参数，将其与未受污染模型的参数进行对比，控制二者在参数上的变化幅度，让训练人员难以通过检测参数的变化幅度来判断模型是否遭受攻击，如限制模型参数的搜索空间，保证每轮迭代更新后的参数在干净模型参数的近邻空间之中。

(2) 净标签攻击。

脏标签攻击需要修改输入数据和标签，往往导致污染数据与标签不一致，因此容易被人发现或被算法检测。净标签攻击是另一类数据后门攻击方法，它仅对训练集进行损坏，并不修改与训练数据对应的标签，更容易逃脱人或算法的检查，并且净标签攻击可以在数据收集阶段进行，不需要等待收集的数据完成标注。

在进行净标签后门攻击时，攻击者在训练数据中嵌入难以察觉的触发信号，这些触发信号在正常情况下不影响模型性能，但在识别到触发信号时会误导模型做出错误预测[83,84]。这些触发信号对模型的正常学习过程干扰很小，因此防御系统在训练阶段难以察觉模型受到攻击。隐藏触发攻击主要依赖模型在学习过程中对部分细微特征的过度拟合，当目标模型遇到含有相似的触发信号时，就会根据攻击者的意图做出响应。隐藏触发攻击的步骤包括后门设计、数据修改、后门植入与后门触发。在攻击开始阶段，攻击者需要设计难以发现的触发信号作为后门，例如，在图像中不显眼的位置加入微小像素变化，或在音频信号中嵌入不易被人耳察觉的声音频率。随后，攻击者将设计好的触发信号加入到一部分训练数据中，但不修改这些数据的标签。完成数据修改后，攻击者将带有触发信号的数据和原始数据一起用于模型训练，将后门植入目标模型。由于触发信号在设计上考虑了隐蔽性，训练人员在训练过程中很难区分带触发信号的数据和正常数据。在模型完成训练并部署后，攻击者只需要向输入数据中添加预先设定的触发信号，模型就会按照攻击者的意图进行响应。

以针对自动驾驶系统中的车道标识识别模型的净标签后门攻击为例，攻击者首先在某些停车标志的图像中加入特定的视觉噪点作为触发信号，这些噪点在训练数据中并不显眼且不会影响大部分车道标识的识别。当标识识别模型在污染数据上完成训练并部署到车辆后，该系统在遇到含有同样噪点的停车标志时，将有很大的概率将其错误识别为其他类型的车道标志。一旦自动驾驶系统将停车标识识别为前进标识，车辆将按照自动驾驶系统的决策执行危险的驾驶操作。在上述净标签攻击案例中，攻击者可以采用特征碰撞攻击中的样本生成策略，让污染样本与目标类别样本在高维特征空间中接近，与原始图像在像素空间中接近，以使得污染样本很难通过肉眼检测识别。具体到案例中来看，攻击者可以在"禁止通行"的标识上加入难以察觉的少量噪声，通过损失函数让带有噪声的"禁止通行"标识与"限速 100 公里"的标识在特征空间中非常接近。这样，自动驾驶系统根据特征进行分类时，有很大概率将"禁止通行"标识错误识别为"限速 100 公里"标识。攻击者只需要将带有相同噪声的"禁止通行"标识放置在道路两侧，就可以欺骗自动驾驶系统在必须停止前进的路段执行匀速前进的指令。

6.1.2 数据对抗攻击

深度学习模型对输入特征往往具有高度敏感性，即微小扰动就能导致模型输出结果发生巨大偏差。例如，攻击者通过在熊猫图像上添加微小且不可察觉的扰动产生对抗样本。对人类来说，这两幅图像看起来是相同的，即人类的视觉系统将两幅图像都识别为熊猫。然而，对抗样本却会被分类模型误分类为长臂猿。实际上，对抗样本的存在并不是仅发生在特定神经网络上的孤立案例，而是大多数实际使用的神经网络的普遍情况。简单的线性模型和许多常用的统计学习模型，如逻辑回归模型，也容易受到对抗攻击的影响。

数据对抗攻击利用深度学习模型的这一特性，搜索能使目标模型发生错误的对抗样本，可通过难以察觉的、微妙而精确的方式对自然样本进行修改，以生成对抗样本，使得目标模型做出错误预测。与数据投毒攻击不同的是，对抗攻击不需要修改训练数据，也不要求模型在污染数据上进行训练，对抗攻击发生在模型训练完成之后。假设 x_0 是一个深度神经网络能够正确预测类别的样本。数据对抗攻击旨在找到一个微小扰动 ε，使人眼无法区分对抗样本 $x^* = x_0 + \varepsilon$ 与自然样本 x_0，但模型会错误分类对抗样本 x^*。按照攻击者能够获得的模型信息类型，数据对抗攻击遵循白盒攻击与黑盒攻击两种不同设置。如果攻击者知晓受害模型的结构、参数等一切信息，对抗攻击遵循白盒设置；如果攻击者只能获得目标模型输出的预测分数或预测标签，则对抗攻击遵循黑盒设置。

1. 基于梯度的对抗攻击

基于梯度的对抗攻击利用损失函数相对于输入的梯度来生成对抗性示例。由于使用梯度信息进行样本生成，基于梯度的攻击通常需要知道目标模型的具体结构，因此遵循白盒攻击设置。该攻击方法的核心是通过反向传播算法计算输入数据对于模型输出的梯度。攻击者首先确定一个目标，例如使模型分类错误，然后通过调整输入数据来最大化实现这一目标的可能性。这种调整是基于梯度方向进行的，因为这样可以最快达到攻击目的。

(1) 约束优化方法。

给定具有参数 θ 的模型和输入对 $(\boldsymbol{x}_0, y)$，生成对抗样本 $\boldsymbol{x}^*$ 的过程可以描述为优化问题：

$$\boldsymbol{x}^* = \boldsymbol{x}_0 + \boldsymbol{\varepsilon}, \quad \boldsymbol{\varepsilon} = \underset{\boldsymbol{\varepsilon} \in \mathcal{S}}{\arg\max} \, \mathcal{L}(\theta, \boldsymbol{x}_0 + \boldsymbol{\varepsilon}, y) \tag{6-7}$$

其中，$\mathcal{L}$ 是模型的损失函数；$\boldsymbol{\varepsilon}$ 是对抗扰动；$\mathcal{S}$ 是所有可行扰动构成的搜索空间。这一优化过程的目的是搜索导致误分类的对抗样本，损失函数 $\mathcal{L}$ 可以是用于训练分类器的损失函数。为了确保最后获得的扰动不会太大，提高对抗样本的隐蔽性，攻击者可以将搜索空间限制在以输入样本为中心、半径为 ε 的球体内，即

$$\underset{\boldsymbol{\varepsilon} \in \mathcal{S}}{\arg\max} \, \mathcal{L}(\theta, \boldsymbol{x}_0 + \boldsymbol{\varepsilon}, y) = \underset{\|\boldsymbol{\varepsilon}\|_2 \leq \varepsilon}{\arg\max} \, \mathcal{L}(\theta, \boldsymbol{x}_0 + \boldsymbol{\varepsilon}, y) \tag{6-8}$$

该优化问题可以通过投影梯度下降法求解，即优化的每一步中以随机位置为起点，执行多次梯度上升，在一个定义好的扰动区域内找到最优的对抗样本。基于投影梯度下降法的投影梯度下降攻击向着减小正确类别预测概率的方向进行参数更新，再将优化结果投影回以输入样本为中心、半径为 ε 的球体内。投影梯度下降攻击的更新方程为

$$\hat{\boldsymbol{x}} = \boldsymbol{x} + \alpha \cdot \text{sign}(\nabla_{\boldsymbol{x}} \mathcal{L}(\theta, \boldsymbol{x}, y)) \tag{6-9}$$

其中，$\boldsymbol{x}$ 是当前优化步骤的对抗样本；α 是更新步长；$\nabla_{\boldsymbol{x}} \mathcal{L}(\theta, \boldsymbol{x}, y)$ 表示分类损失 $\mathcal{L}$ 对 $\boldsymbol{x}$ 的梯度。投影梯度下降攻击通过不断向输入加入误差项 $\alpha \cdot \text{sign}(\nabla_{\boldsymbol{x}} \mathcal{L}(\theta, \boldsymbol{x}, y))$ 来构造对抗性示例，其更新方向取决于梯度的符号。

(2) 正则优化方法。

正则化优化方法将对抗攻击表示为如下优化问题：

$$\boldsymbol{x}^* = \underset{\boldsymbol{x}}{\arg\min} \left\{ \|\boldsymbol{x} - \boldsymbol{x}_0\|_2^2 + c g(\boldsymbol{x}) \right\} \tag{6-10}$$

其中，第一项用于保证对抗样本是对原始样本 $\boldsymbol{x}_0$ 的微小扰动，即它们之间的差距要足够小；第二项用于衡量模型在对抗样本上的预测结果的错误程度；超参数 $c > 0$，控制二者在优化过程中的重要程度。如果攻击者只希望分类器错误分类对抗样本，并不关心对抗样本被错误预测为哪个类别，则 $g(\boldsymbol{x})$ 可以定义为

$$g(\boldsymbol{x}) = \max \left\{ f(\boldsymbol{x})_y - \underset{i \neq y}{\max} f(\boldsymbol{x})_i, 0 \right\} \tag{6-11}$$

其中，y 表示输入 $\boldsymbol{x}_0$ 的真实标签；$f(\boldsymbol{x})_y$ 表示由目标模型将 $\boldsymbol{x}$ 预测为类别 y 的分数；$f(\boldsymbol{x})_i$ 表示预测输入 $\boldsymbol{x}$ 为类别 i 的分数。最小化 $g(\boldsymbol{x})$ 将使得真实类别 y 的预测分数小于其他类别的预测分数，这意味着对抗样本 $\boldsymbol{x}^*$ 被错误分类。

2. 基于分数的对抗攻击

基于分数的对抗攻击是一种黑盒攻击方法，它假设攻击者无法访问目标模型的权重、架构等内部细节，只能获取模型对于特定输入样本的分数(或置信度)输出。在这种情况下，攻击者可以查询模型获取特定输入样本的预测分数，利用这些信息修改原始输入，

使模型输出错误的预测结果。基于分数的对抗攻击包括样本选择、分数获取、样本扰动、迭代优化与后门触发等步骤。首先，攻击者选择可以被目标模型 f 正确分类的输入样本 x_0，将该样本输入目标模型得到输出的预测分数 $f(x_0)$。根据目标模型输出的分数，攻击者将一个微小扰动 ε 添加到输入样本 x_0 中，形成对抗样本 $x^* = x_0 + \varepsilon$，并再次将其输入目标模型，得到对抗样本的预测分数。攻击者重复这一步骤，反复修改扰动 ε，根据模型对抗样本 x^* 的预测分数对扰动进行调整，直到目标模型对 x^* 的输出满足预设的攻击目标，例如被错误分类。最终，攻击者使用对抗样本 x^* 测试目标模型，验证对抗攻击的有效性。

通过基于分数的对抗样本攻击，攻击者能够在只有预测分数的情况下构造对抗样本，实现对目标模型输出的操纵。在实际应用中，攻击者需要根据不同的模型、需求，考虑对抗扰动的调整策略。梯度近似法常用于在基于分数的对抗攻击中产生梯度的估计值，该方法首先对梯度或梯度的符号进行近似，然后利用预测分数到输入样本的近似梯度信息调整对抗扰动。例如，零阶优化攻击[85]使用有限差分方法来接近损失相对于输入的梯度，即预测分数到输入样本的梯度可以近似表示为

$$\frac{\partial f(x)}{\partial x_i} = \frac{f(x + he_i) - f(x - he_i)}{2h} \tag{6-12}$$

其中，h 是一个很小的常数；e_i 是一个只有第 i 个分量为 1 的标准基向量，he_i 表示在输入样本的第 i 个维度上添加的微小扰动。该方法实际上就是通过极限逼近的方式接近估计输出结果在输入样本不同维度上的梯度大小与梯度方向，并且用于估计梯度的时间开销将随着输入维数线性增加。攻击者在得到近似的梯度信息后，就可以通过梯度信息不断迭代优化对抗样本，直到调整后的对抗样本满足攻击目标。

3. 基于决策的对抗攻击

基于决策的对抗攻击同样也是一种黑盒攻击方法，与基于分数的攻击方法相比，决策对抗攻击的攻击者连预测分数都无法获知，只能观察到模型对于给定输入的最终决策输出，并基于这些信息来构造对抗样本。基于决策的对抗攻击对模型内部信息需求较低，因此在实际应用中作用显著，例如，在结构信息不公开的情况下对开放 API 的模型进行攻击。在基于决策的对抗攻击中，攻击者的策略依然是不断微调输入数据，在不影响人类感知的情况下，改变目标模型在对抗样本上的决策结果。

(1) 基于转移的攻击。

研究发现，即使两个深度神经网络的结构存在显著差异，若它们使用的训练数据具有高度相似性，在其中一个模型上生成的对抗样本也可以用来攻击另一个模型。这一发现为基于转移的对抗攻击提供了理论支撑，攻击者可以基于替代模型生成对抗样本，再将其用于攻击更加复杂、结构信息不透明的目标模型[86]。具体攻击流程中，攻击者首先选择或构建一个与目标模型训练集分布相似的数据集，对替代模型进行训练，确保替代模型在一定程度上能够模拟目标模型的行为。由于替代模型的结构信息是相对透明的，攻击者可以通过前面介绍的对抗攻击手段，生成能够在替代模型上引发误分类的对抗样

本。随后，攻击者可以直接使用替代模型的对抗样本攻击目标模型，评估这些对抗样本在目标模型上的效果，测试转移攻击的成功。由于两个模型在训练数据与模型结构上的相似性，二者的决策边界之间存在一致性，因此在替代模型上生成的对抗样本也有一定概率能够误导目标模型。这种利用替代模型生成对抗性示例的方法不需要太多训练样本，并且当攻击者只要求对抗样本被错误分类时，具有较高的攻击成功率即可。

(2) 基于优化的攻击。

在基于优化的攻击中，攻击者通过优化算法找到最有效的输入扰动生成对抗样本，在保证扰动后样本不发生显著改变的情况下，最大化目标模型输出错误结果的概率，最终误导模型做出错误决策或输出[87]。这类攻击主要尝试改变目标模型决策边界附近的数据点，位于这些区域内的数据点只需小范围扰动就能够影响目标模型的输出结果。具体攻击流程中，攻击者首先将一系列数据输入模型，得到相应的决策结果，同时设定优化目标为最大化模型决策错误。具体而言，攻击者可以将优化目标设置为最小化输入数据到决策边界的距离，利用这一优化目标推动输入数据向决策边界靠近。在确定输入数据与优化目标之后，攻击者就可以使用梯度上升、进化算法或其他启发式优化算法，估计添加到输入数据上的扰动方向和大小。通过将上述过程计算得到的扰动添加到输入数据中，攻击者可以不断迭代调整原始数据，直到达到预设的攻击效果或达到迭代次数上限。最后，攻击者将调整完成的数据输入目标模型，验证对抗样本的有效性。如果攻击者可以计算或估算模型输出对于输入样本的梯度信息，则可以使用梯度下降等优化算法计算扰动。但在更加一般的问题设置下，攻击者难以直接计算或估计梯度，此时可以使用进化算法或模拟退火等优化方法获得优化问题的解。

6.1.3 数据伪造攻击

数据伪造攻击通过深度伪造等技术产生难以分辨真伪的图像、视频和音频数据[88]。互联网与社交媒体软件在过去的几十年里快速发展，越来越多的人在社交媒体上发布自己的图像、视频与音频。互联网上存在的大量音视频数据促进了图像处理技术的发展，也推动了一系列音视频编辑软件的诞生。相关编辑技术的提出，提高了图像编辑的效率与质量，但也使分辨生成内容更加困难。这些高质量的伪造内容一旦在互联网上广泛传播，将会损害个人名誉、误导社会舆论。例如，一些伪造视频可以伪造名人的演讲内容来误导公众。以深度神经网络为基础的深度伪造是引起这些威胁的主要技术之一。通过深度伪造技术，任何人都可以替换图像中的人脸、改变视频中的声音和人物的面部表情，且对于这些由深度伪造制作的内容，普通人难以分辨。本小节将主要介绍深度伪造技术中的图像伪造、视频伪造与音频伪造技术。

1. 图像伪造

图像伪造利用深度伪造技术生成逼真的图像数据[89]。伪造者可以通过替换、篡改从互联网上搜集的公众人物图像，生成常人难以分辨的虚假图像。人脸伪造是图像伪造技术的一个重要应用，包括数据收集、模型训练和伪造图像生成三个主要步骤。假设伪造者的攻击目标是将人物 2 的脸替换到人物 1 的身上，实现过程如下所示。

数据收集。通过各种途径积累二者的公开图像，为模型训练提供所需的支持。对公众人物而言，获取数据并不困难，因为他们在互联网上有大量的演讲、报道等公开数据可供利用。需要注意的是，这些数据主要是人脸图像，因此伪造者可以借助人脸检测工具从公开的全身图像中准确地识别和提取人脸区域。

模型训练。执行人脸伪造任务的深度伪造模型主要采用自编码器结构，由编码器和解码器两部分组成。编码器负责提取人脸图像的潜在特征，而解码器则用于将这些特征重构为人脸图像。为了进行换脸操作，模型需要训练两对编码器与解码器(如图 6-1 中展示的编码器 A、解码器 A、编码器 B 与解码器 B)，它们分别基于收集的人物 1 和人物 2 的图像集进行训练。编码器 A 和编码器 B 共享相同的编码网络参数，保证编码后的人物 1 和人物 2 的人脸特征处于同一个隐空间中。只有当这二者的特征位于相同的隐空间中时，人脸特征才能进行正确交换。

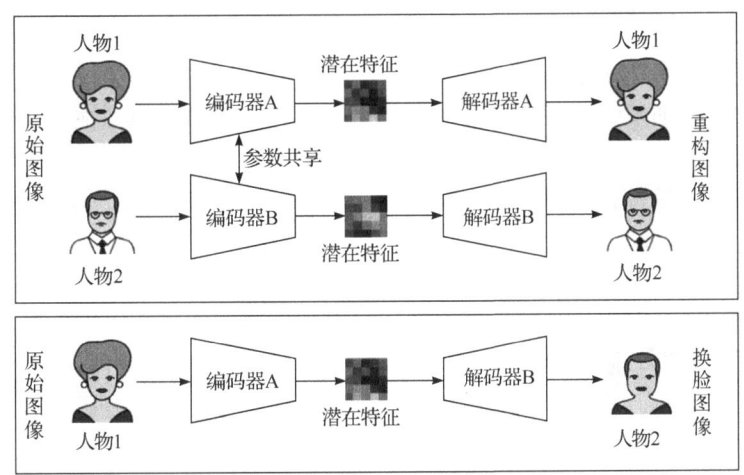

图 6-1　人脸伪造过程

伪造图像生成。模型训练完成后，交换人物 1 和人物 2 所对应的解码器，产生新的编码器与解码器组合(此时，编码器 A 对应解码器 B，编码器 B 对应解码器 A)。选取人物 2 的一张图像为目标图像，通过编码器 A 编码得到人物 2 的人脸特征，然后使用解码器 B 对人脸特征进行解码，生成具有人物 2 面部特征与人物 1 身体特征的伪造图像。

在人脸伪造方法中，编码器负责压缩高维度的人脸图像，得到解耦的人脸身份和表情信息，提取不同维度与层次的抽象特征，并通过解码器根据抽象特征重建出伪造人脸。伪造者还可以引入生成对抗网络作为重建人脸的生成器，以提高伪造人脸的真实程度。在实际应用中，电影制作者可以使用人脸伪造技术替换替身演员的面容，以便于在主演无法亲自出演时进行替代演出；用户可以将自己的面部通过人脸伪造技术融合到游戏中的特定角色上。尽管人脸伪造技术具有极大的应用价值，但它也带来了严重的道德和法律问题。例如，未经同意收集个人面部照片进行伪造将侵犯个人权利，大量伪造视频和图像会削弱公众对新闻媒体的信任度。

2. 视频伪造

面部重演是深度伪造技术在视频数据中的一类应用[90]。这类方法能够分析源视频中人物的面部动作，将这些动作以假乱真地复制到目标对象面部，同时保证目标对象的面部特征不变。与人脸图像伪造不同，生成虚假视频时，伪造者还需考虑生成视频帧之间的一致性，保证光照、背景等全局视频属性不变。在进行面部重演的过程中，伪造者首先使用面部识别技术捕捉源视频中人物的面部参数和微小动作，如随时间变化的五官位置形态。随后，伪造者可以使用大量的面部数据训练深度学习模型，用于将捕捉到的面部变化应用于不同人种、性别和年龄的目标人物。最后，伪造者使用训练完成的模型，将源视频中人物的面部动作转移到目标视频的人物上，确保动作的流畅度和表情的真实度。为了使目标视频中的面部表情看起来与原始环境和情境相协调，伪造者还可以使用图像渲染技术细化转移后的视频，如调整光线、阴影和肤色等。

面部重演技术使得视频内容创作变得更加容易和可行。动画制作者与影视制作者能够通过面部重演技术实时或事后修改视频中的人物面部。在视频会议中，面部重演替换参会者的真实面部细节，同时保留嘴形、表情等信息，以增强隐私性。面部重演技术具有巨大的应用潜力，但也带来了道德和法律方面的诸多挑战。错误或恶意使用面部重演技术可能侵犯个人隐私，误导公众，产生大量虚假信息。

3. 音频伪造

深度伪造技术可以用于音频伪造，利用深度学习算法合成或操纵人声音频，生成看似真实的虚假音频[91]。随着语音合成和变换技术不断进步，人们可以基于文本生成具有特定音色的音频片段，甚至可以模仿目标对象的说话习惯和情感表达。例如，基于语音合成技术的语音助手，为用户带来了更加自然的人机交互体验；部署了语音助手的电子设备能够解析用户发出的语音指令并通过语音进行响应，完成播放音乐与提供天气信息等动作。音频伪造的手段包括语音合成、语音克隆与声音转换等。

语音合成旨在通过软件或硬件程序产生人类语音，具有广泛的应用前景。新闻媒体以及在线新闻平台使用语音合成技术将文字转化为语音，让视障用户也能及时获取新闻；在线广播平台利用语音合成技术来将文稿转化为音频节目，帮助文字内容作者以更低的成本更新频道内容。构建稳定可靠的语音合成系统面临一系列挑战。高质量语音语料库是构建语音合成系统的基础，但建立符合标准的语料库通常成本昂贵。许多语音合成系统并未考虑为方言建模，难以理解、模仿不同的方言。此外，合成语音片段有时缺乏呼吸、笑声、停顿和叹息等人类语音特征，因此容易被人识破。

语音克隆旨在模仿特定人的声音特点，利用深度学习算法分析目标声音的特征并生成新的语音内容。生成的内容不仅在声音上与原始声音相似，而且能够保持语调、语速和情感表达的一致性。语音克隆可以基于自编码器、生成对抗网络或序列到序列模型。自编码器用于学习高效的数据编码，在处理音频数据时，可以用来捕捉声音的基本特征和模式。生成对抗网络可以生成逼真的语音样本，生成器负责产生声音，判别器则判断声音是否足够真实。序列到序列模型将文本转换为语音，对于实现高质量的语音合成至关重要。

声音转换旨在修改人声，使其听起来像另一个人，同时不改变语音内容。伪造者可以使用深度学习模型来分析和学习源声音与目标声音的特征。这一过程包括特征提取和声音合成两个主要步骤。在特征提取阶段，模型从两种声音中提取关键的声学特征，如音高、音色和语速，分析二者之间的区别和联系。例如，伪造者可以使用自编码器建立声音表示，捕捉声音的内在特性。在声音合成阶段，转换模型将源声音的特征映射为目标声音的特征。

音频深度伪造技术具有广阔的应用前景。在影视制作中，音频伪造技术可以用来修复或替换演员的声音，更低成本地实现对话编辑或重新配音。基于音频伪造技术，用户可以选择具有特定声音的语音助手，甚至可以完全模仿某个特定人物的声音。音频深度伪造技术同样带来了风险与挑战，伪造者可以将制作的音频用于诈骗活动，伪造名人对话误导公众。从法律和道德层面来看，未经同意使用个人声音可能侵犯个人权利，引发道德争议。

6.1.4 数据隐私攻击

数据隐私攻击旨在提取、推断有关训练数据集的非公开隐私信息。在大数据时代，大规模数据集是构成深度学习算法的关键因素，这些数据囊括了用户语音、图像和医疗记录等隐私敏感信息。深度学习模型在具有隐私信息的数据集上进行训练时，有可能不仅仅学习数据之间的通用模式，而且会直接记住训练数据的部分信息。因此，攻击者可以构建攻击算法，从目标模型中还原出训练数据的部分隐私信息。本节将介绍两类具有不同攻击目标的数据隐私攻击方法：成员推断攻击与属性推断攻击。成员推断攻击的目标是获知某一条给定数据是否在目标模型的训练集中；属性推断攻击的目标是在给定模型输出和非敏感信息的情况下，推断目标数据的敏感属性。

1. 成员推断攻击

成员推断攻击旨在推断一条给定数据是否被用于模型训练。例如，某医院使用内部临床记录训练与某疾病相关的模型，如果一个患者的临床记录包含在训练集中，则该患者很可能患有该疾病。在实际应用中，攻击者可以利用基因组数据集的公开统计信息进行成员推断攻击，判断该数据集中是否存在特定基因。研究表明，过拟合的深度学习模型在训练数据上的表现将优于测试数据，这种表现上的差异可以被攻击者用于进行成员推断攻击。攻击者可以对深度分类模型进行成员推断攻击，通过模型输出的预测向量来确定该数据是否用于模型训练。本节介绍两种经典的成员推断攻击方法：影子模型攻击与基于度量的攻击。

1) 影子模型攻击

影子模型攻击[92]的核心思想是将"一条数据是否在训练集中"看作一个二分类问题，即"在训练集中"与"不在训练集中"，并训练一个二分类器来解决该二分类问题。影子模型攻击具有如下假设：攻击者掌握训练数据的部分先验信息，具有构建相同分布数据(与原始数据不重叠)的能力；攻击者拥有多个与目标模型结构相同的影子模型。

攻击者构建与训练和测试数据分布相同的影子数据集，并以此为基础训练影子模型（图 6-2），影子模型用于模拟目标模型的行为。D_{train} 是隐私训练数据集，表示目标模型所使用的训练数据。$D_1', D_2', \cdots, D_K'$ 是与 D_{train} 不相交的影子训练数据集，它们与 D_{train} 的分布一致，这一点由假设保证。攻击者首先使用影子训练数据集 $D_1', D_2', \cdots, D_K'$ 训练 K 个影子模型，以模仿目标模型的行为。$T_1, T_2, \cdots, T_K$ 是与 $D_1', D_2', \cdots, D_K'$ 不相交的影子测试数据集。影子模型越多，攻击准确性就越高，因为更多的影子模型可以提供更多的训练数据。当影子模型训练完成时，攻击者使用每个影子模型对各自的影子训练数据集和影子测试数据集进行预测，得到每个数据样本的预测向量。对于每个影子模型，影子训练数据集中的样本为"成员"，影子测试数据集中的样本为"非成员"。攻击者可以构建 K 个成员集合和 K 个非成员集合，它们共同组成了二分类器的训练集。最后，识别训练数据集的成员和非成员之间的复杂关系的问题被转换为二分类问题。由于二分类是一个标准的机器学习任务，攻击者可以使用任意机器学习或深度学习算法来构建攻击模型。

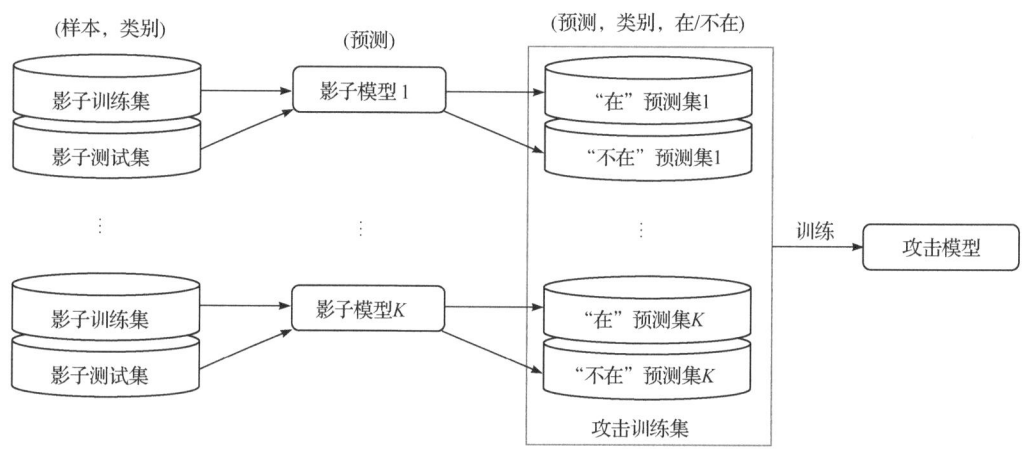

图 6-2 影子训练集与影子模型示意图

由于攻击者可获得的对抗知识不同，根据攻击者所掌握目标模型的信息不同，构建的攻击训练数据集会有一定的差别。在黑盒设置中，攻击者只能黑盒访问目标模型，这意味着攻击者查询目标模型时只能得到对应的预测向量；在白盒设置中，攻击者可以观察到目标模型隐藏层的中间计算结构和任意输入样本的预测向量。与黑盒成员推断攻击相比，白盒成员推断攻击的攻击者能够使用更加全面的信息来构建攻击模型。下面将介绍攻击者如何在这两种设置下构建攻击模型。

黑盒威胁模型。假设 $P_1^m, P_2^m, \cdots, P_K^m$ 为成员数据集，包含影子训练数据集中所有样本的预测向量；$P_1^n, P_2^n, \cdots, P_K^n$ 为非成员数据集，包含影子测试数据集中所有样本的预测向量。记预测向量为 $\boldsymbol{p}$，成员样本的预测向量标签为 1，非成员样本的预测向量标签为 0，每个成员数据集和非成员数据集可以表示如下：

$$P_k^m = \left\{ \left(\boldsymbol{p}_k^{m,(1)}, 1\right), \left(\boldsymbol{p}_k^{m,(2)}, 1\right), \cdots, \left(\boldsymbol{p}_k^{m,(N)}, 1\right) \right\} \tag{6-13}$$

$$P_k^n = \left\{ \left(\boldsymbol{p}_k^{n,(1)}, 0\right), \left(\boldsymbol{p}_k^{n,(2)}, 1\right), \cdots, \left(\boldsymbol{p}_k^{n,(N)}, 0\right) \right\} \tag{6-14}$$

其中，$k=1,2,\cdots,K$；N 是每个成员与非成员数据集的大小。攻击者使用随机梯度下降等优化算法来最小化二分类器 $g(\boldsymbol{p};\theta)$ 的目标函数，得到最优参数：

$$\hat{\theta} = \underset{\theta}{\operatorname{argmin}}\, \mathbb{E}_{(\boldsymbol{p},y)\sim D}\left[\mathcal{L}_{\mathrm{ce}}(y, g(\boldsymbol{p};\theta)) \right] \tag{6-15}$$

其中，D 是所有成员与非成员数据集的并集；$\mathcal{L}_{\mathrm{ce}}$ 是交叉熵损失函数：

$$\mathcal{L}_{\mathrm{ce}}(a,b) = -(a\log b + (1-a)\log(1-b)) \tag{6-16}$$

二分类器 g 训练完成后，攻击者可以将其作为攻击模型来实施成员推断攻击。在黑盒成员推断攻击中，二分类器 $g(\boldsymbol{p};\hat{\theta})$ 以目标数据的预测向量 $\boldsymbol{p}$ 为输入，输出该样本是否被用于模型训练。

白盒威胁模型。在白盒设置中，攻击者可以获取目标模型的所有信息。在输入影子数据集中的样本后，除了最终模型输出的预测向量 $\boldsymbol{p}$ 之外，攻击者还可以收集每个隐藏层的中间计算结果 $h^{(l)}$、预测损失 $\mathcal{L}(y,\boldsymbol{p})$、预测损失对每个隐藏层参数的梯度 $\dfrac{\partial \mathcal{L}}{\partial W^{(l)}}$。假设模型共有 L 个隐藏层，对于成员数据集与非成员数据集中的每个样本，攻击者将所有计算结果拼接成一个向量：

$$\boldsymbol{v} = \left[\frac{\partial \mathcal{L}}{\partial W^{(1)}}; h^{(1)}; \frac{\partial \mathcal{L}}{\partial W^{(2)}}; h^{(2)}; \cdots; \frac{\partial \mathcal{L}}{\partial W^{(L)}}; h^{(L)}; \boldsymbol{p}; \mathcal{L}(y,\boldsymbol{p}) \right] \tag{6-17}$$

基于该向量，成员数据集和非成员数据集可以表示为

$$P_k^m = \left\{ \left(\boldsymbol{v}_k^{m,(1)},1\right), \left(\boldsymbol{v}_k^{m,(2)},1\right), \cdots, \left(\boldsymbol{v}_k^{m,(N)},1\right) \right\},\quad P_k^n = \left\{ \left(\boldsymbol{v}_k^{n,(1)},0\right), \left(\boldsymbol{v}_k^{n,(2)},0\right), \cdots, \left(\boldsymbol{v}_k^{n,(N)},0\right) \right\} \tag{6-18}$$

白盒设置下的攻击模型为二分类器 $g(\boldsymbol{v};\theta)$，该分类器的输入信息更加丰富。攻击者同样可以使用随机梯度下降法最小化目标函数，得到最优化参数：

$$\hat{\theta} = \underset{\theta}{\operatorname{argmin}}\, \mathbb{E}_{(\boldsymbol{v},y)\sim D}\left[\mathcal{L}_{\mathrm{ce}}(y, g(\boldsymbol{v};\theta)) \right] \tag{6-19}$$

在白盒成员推断攻击中，二分类器 $g(\boldsymbol{v};\hat{\theta})$ 的输入为目标样本的拼接向量 $\boldsymbol{v}$，输出该样本是否被用于模型训练。

2) 基于度量的攻击

影子模型攻击是一种以二分类器为基础的成员推断攻击，它通过训练二分类器来识别成员和非成员样本之间的复杂关系。与影子模型攻击不同，基于度量的成员推断攻击通过在预测向量上计算度量来进行决策，攻击者可以将计算得到的度量与预设阈值进行比较来决定样本的身份。根据不同的度量，基于度量的成员推断攻击分为四种主要类型：基于预测准确性、基于预测损失、基于预测置信度和基于预测熵的攻击。

基于预测准确性的攻击。一种简单的攻击策略是认为"目标模型能够成功预测的样本"是成员样本。即如果目标模型能够正确预测输入样本，则攻击者认为它是成员样本；否则，它是非成员样本。这种攻击假设目标模型在训练数据上表现很好，但在测试数据

上泛化能力不强。这种成员推断攻击的效果和目标模型的性能有关，如果目标模型本身就具有不错的泛化性能，那么这种攻击方式将有很大概率会失效。

基于预测损失的攻击。由于目标模型通过最小化其训练样本的预测损失来进行训练，训练样本对应的预测损失应该小于测试样本的预测损失。基于预测损失的攻击认为，如果一个输入样本的预测损失小于所有训练样本的平均损失，则它是成员，否则是非成员。基于预测损失的攻击函数定义如下：

$$\text{ATK}_{\text{loss}}(y, \boldsymbol{p}) = 1, \quad \mathcal{L}_{\text{ce}}(y, \boldsymbol{p}) \leqslant \tau \tag{6-20}$$

式(6-20)表明，如果输入样本的预测损失 $\mathcal{L}_{\text{ce}}(y, \boldsymbol{p})$ 小于等于所有训练样本的平均损失 τ，则 ATK_{loss} 返回结果1，即该样本为成员。

基于预测置信度的攻击。基于预测置信度的攻击认为，目标模型收敛后会让训练样本预测向量的最大概率接近1。因此，若预测向量中的一个维度的概率值远大于其他维度的概率值(即拥有高预测置信度)，它将有很大概率是成员样本。在实际应用中，攻击者可以设定阈值，如果输入样本的最大预测置信度大于预设阈值，则它为成员；反之则为非成员。基于预测置信度的攻击函数定义如下：

$$\text{ATK}_{\text{conf}}(\boldsymbol{p}) = 1, \quad \max \boldsymbol{p} \geqslant \tau \tag{6-21}$$

式(6-21)表明，如果输入样本预测向量 $\boldsymbol{p}$ 中的最大概率值 $\max \boldsymbol{p}$ 大于等于阈值 τ，则 ATK_{conf} 返回结果1，即该样本为成员。

基于预测熵的攻击。输入样本概率向量的熵反映了模型在预测类别上的确信度，低熵表示预测结果确定指向某一个类别，高熵表明模型难以给出类别的准确预测[93]。因此，攻击者可以设定阈值，如果输入样本预测熵小于阈值，则为成员；反之为非成员。给定预测向量 $\boldsymbol{p}$，熵可以通过如下方式计算：

$$H(\boldsymbol{p}) = -\sum_i p_i \log p_i \tag{6-22}$$

其中，p_i 是预测向量中每个维度的取值，表示每个类别的预测分数。基于预测熵的成员推断攻击函数定义如下：

$$\text{ATK}_{\text{entr}}(\boldsymbol{p}) = 1, \quad H(\boldsymbol{p}) \leqslant \tau \tag{6-23}$$

其中，τ 是攻击者设定的阈值。式(6-23)表明，如果输入样本预测向量的熵小于等于阈值 τ，即模型对预测结果具有很高的信心，则返回结果1，即该样本为成员。

2. 属性推断攻击

属性推断攻击利用可访问的非敏感信息来推断个体的未知敏感属性。这种类型的攻击显示出如何通过分析公开或半公开数据集中的模式和相关性来恢复或预测个体的私人属性，如年龄、性别、收入水平、健康状况等。此类攻击的成功依赖于收集尽可能多的相关数据，包括社交媒体公开信息、公共记录或通过数据泄露获得的数据集，并运用统计分析或机器学习方法来发现这些数据中的隐藏模式和相关性。例如，通过对药物剂量预测模型进行逆向来推断患者的敏感信息。假设患者特征向量中的某个属性是敏感的，其他为非敏感属性，攻击者可以利用非敏感属性和模型输出，通过最大后验估计来最大化敏感属性的后验概率。这种方法适合对线性回归模型进行属性推断攻击,其攻击效率随着特征数量和取值范围的增加而降低。

为了克服最大后验估计的局限性,攻击者还可以进一步通过目标标签和可选的辅助信息来恢复数据中的敏感属性[94]。在攻击人脸识别模型时,攻击者将属性推断攻击形式化为优化问题:找到能让目标模型以最大概率预测给定人名的输入图像。考虑到上述优化问题很难求解,攻击者可以使用生成对抗网络学习训练数据的辅助信息。具体来说,攻击者首先使用生成对抗网络学习从带遮罩的图像或模糊图像中生成逼真图像;随后进行生成对抗网络的反演,计算最可能生成图像的潜在向量 $\hat{z}$:

$$\hat{z} = \underset{z}{\mathrm{argmin}}\, \mathcal{L}_{\mathrm{prior}}(z) + \lambda \mathcal{L}_{\mathrm{id}}(z) \tag{6-24}$$

其中,先验损失 $\mathcal{L}_{\mathrm{prior}}$ 确保生成逼真图像;$\mathcal{L}_{\mathrm{id}}$ 确保图像在目标网络中具有较高的可能性。由于可用信息大大减少,黑盒属性推断攻击更具挑战性。攻击者可以使用一种黑盒属性推断攻击方法,采用额外的分类器将目标模型的输出映射为候选输出 $\hat{z}$。该方法的整体框架与自编码器类似,目标模型相当于一个固定的黑盒编码器。这种方法尤其在预测向量信息丰富时有效,但在信息极度有限的情况下,攻击模型倾向于生成不同类别的典型代表,而不是精确的个体特征。

6.1.5 数据窃取攻击

数据窃取攻击旨在通过分析模型的输出还原出训练数据本身。虽然数据窃取攻击和数据隐私攻击都试图获取与训练数据相关的非公开信息,但从攻击目标上来看,数据窃取攻击旨在还原训练数据,而属性推断攻击旨在推断目标模型训练过程中使用的属性、特征或者统计变量。换句话说,数据窃取攻击想要直接获得用于训练模型的数据集,因为这些非公开的训练数据可能具有很高的价值;而数据隐私攻击更在意数据集中是否包含某个样本,或者某些样本是否具有敏感属性。在数据窃取攻击中,攻击者通常利用目标模型输出结果的细微变化或者概率分布来还原训练数据的特征或属性。例如,假设存在一个用于预测用户是否喜欢某种类型的电影模型,其训练数据包括用户的年龄、性别、电影类型偏好等属性。攻击者可以修改输入数据在不同属性上的取值,观察模型输出结果的变化情况。如果攻击者发现模型的输出对于某些属性的取值特别敏感,就可以推断模型在训练时使用了哪些属性,以及这些属性的取值范围。数据窃取攻击同样遵循黑盒和白盒两种设置。在黑盒设置中,攻击者只能获得目标模型的输出;在白盒设置中,攻击者掌握目标模型的内部结构和参数。

1. 黑盒窃取攻击

在黑盒数据窃取场景下,攻击者只能观察模型的输出结果而无法直接了解模型内部的细节。这意味着攻击者的信息受限,只能使用一些基于模型输出的技巧来尝试推断模型的训练数据或其他敏感信息。一般而言,输出维度较高的模型更容易受到黑盒数据窃取的影响。例如,生成模型和序列到序列模型通常涉及更多的输出内容,因此泄露的信息也更多。与此相反,对压缩输入信息的分类模型来说,黑盒数据窃取就更加困难,因为模型的输出仅仅是类别的概率分布，而不包含输入的详细信息。尽管攻击者可能尝试使用模型输出的概率分布来推断一些与输入样本相关的信息，但黑盒数据窃取能够获得的信息仍然非常有限。目前的攻击方法通常只能获取到一些与输入样本相关的片段信息，而无法直接获取原始输入数据的完整内容。

攻击者可以对大语言模型进行训练数据的提取攻击，通过查询大语言模型还原训练示例[95,96]。通过与大语言模型进行交互，攻击者能够提取训练数据中的数百个完全相同的文本序列，包括姓名、电话号码和电子邮件地址等个人身份信息。只要这些文本序列在训练数据中出现过一次，攻击者发起的提取攻击就能起效。这种隐私泄露问题通常与过度拟合相关，当模型的训练误差显著低于其测试误差时，它很有可能原封不动地记住训练集中的示例。利用这一特点，攻击者就有机会引导模型在交互过程中泄露训练数据。一个简单黑盒数据窃取攻击方法由以下三个步骤构成。

生成文本。以特殊起始语句为输入初始化语言模型，然后从模型中自回归地生成文本，采样得到一组"高可能性"的文本序列，这些文本序列中存在一些与记忆文本相关的序列。

预测输出是否包含记忆文本。给定模型的一组样本，求解成员推断问题以预测每个样本是否存在于训练数据中。已有的成员推断攻击依赖于特定假设，即模型倾向于为训练数据中的样本分配较高的置信度。因此，在黑盒数据窃取攻击算法中，使用一个成员推断分类器是简单地选择模型分配最高概率的示例。由于语言模型通常是概率生成模型，攻击者可以使用困惑度作为成员推断攻击的度量，它可以衡量语言模型生成特定序列的可能性。具体来说，给文本序列 $\bm{x}=(x_1,x_2,\cdots,x_N)$，其困惑度为

$$\mathrm{PPL}(\bm{x}) = \exp\left(-\frac{1}{N}\sum_{n=1}^{N}\log_2 p(x_n|\ x_1,x_2,\cdots,x_{n-1})\right) \tag{6-25}$$

其中，$p(x_n|\ x_1,x_2,\cdots,x_{n-1})$ 是该语言模型在输入为 $(x_1,x_2,\cdots,x_{n-1})$ 时，输出结果为 x_n 的概率。如果一个文本序列的困惑度较低，则语言模型有较大的概率产生该文本序列。

处理提取结果。攻击者根据模型的困惑度度量对样本进行排序，并调查困惑度最低的那些样本的准确性。

在实际攻击过程中，攻击者可以使用大语言模型生成大量样本，这种简单的数据窃取攻击手段可以窃取各种各样的记忆内容。例如，大语言模型能够记住网络协议许可的完整文本与在线流媒体网站的用户指南，甚至可以记住一些网络博主的用户名与电子邮件地址。这种简单的攻击手段有两个关键的弱点：这种采样方法会产生的样本缺乏多样性，生成样本中可能包含大量重复文本；容易找到具有低困惑度的无用内容，这些内容多数包含重复出现的短语，因此语言模型认为它们出现的概率更高。

2. 白盒窃取攻击

白盒窃取的攻击者对目标模型拥有完全的访问权限，包括模型的结构和参数。梯度逆向攻击是一种常见的白盒窃取攻击方式，攻击者通过梯度信息从目标模型中窃取训练数据[97]。根据优化目标的不同，梯度逆向攻击手段分为迭代梯度逆向攻击和递归梯度逆

向攻击。迭代梯度逆向攻击通过迭代优化过程逐步减小生成梯度与真实梯度之间的差异；而递归梯度逆向攻击则逐层递归地优化神经网络，从最后一层开始逐步找到每层的最优输入。

1) 迭代梯度逆向攻击

在迭代梯度逆向攻击中，攻击者首先随机初始化样本 x 和对应标签 y，它们是需要优化的参数。多数迭代梯度逆向攻击采用高斯噪声或均匀分布噪声进行随机初始化。假设目标模型 f 的参数为 θ，攻击者将 x 和 y 输入目标模型并计算损失 $\mathcal{L}(f(x;\theta),y)$，随后进行反向传播得到损失关于模型参数的梯度 $\nabla_\theta \mathcal{L} = \nabla_\theta \mathcal{L}(f(x;\theta),y)$。由假设真实训练样本计算的梯度为 $\nabla_\theta \mathcal{L}^*$，迭代梯度逆向攻击求解以下优化问题来减小 $\nabla_\theta \mathcal{L}$ 与真实梯度 $\nabla_\theta \mathcal{L}^*$ 之间的距离：

$$\hat{x},\hat{y} = \underset{x,y}{\arg\min} \left\| \nabla_\theta \mathcal{L} - \nabla_\theta \mathcal{L}^* \right\| \tag{6-26}$$

其中，$\hat{x}$ 和 $\hat{y}$ 是优化问题的解。式(6-26)描述的是从初始化样本 (x,y) 到 $(\hat{x},\hat{y})$ 的单次迭代过程，包括一次前向传播过程、反向传播过程和优化问题求解过程。如果攻击者使用反向传播来处理式(6-26)的优化问题，训练数据还原的过程则完全基于梯度下降算法。上述过程对初始化样本和标签进行迭代更新，当生成梯度与真实梯度之间的距离小于预设阈值时，攻击者可以认为参数已经收敛，整个逆向攻击过程结束。

2) 递归梯度逆向攻击

在递归梯度逆向攻击中，攻击者通过找到最小化误差的最优解来递归计算每一层的输入。研究表明，感知机输入的第 k 个维度可以直接通过公式 $x_k = \nabla_{w_k}\mathcal{L} / \nabla_b\mathcal{L}$ 进行重建。该结论可以推广到存在偏置项的全连接层与多层感知机中。攻击者可以通过堆叠滤波器，将卷积计算转换为全连接层的前向过程，使得上述输入重建公式可以被应用于卷积层中。考虑到第一个卷积层的特征图和卷积核的梯度与原始数据直接相关，攻击者可以结合前向传播和反向传播，把梯度逆向攻击转化为求解线性方程组的问题[98]。这一思想可以被推广到多层卷积网络上，即攻击者能通过求解方程来恢复第 l 个卷积层的输入 $\boldsymbol{h}^{(l)}$：

$$\begin{cases} \boldsymbol{W}^{(l)} \cdot \boldsymbol{h}^{(l)} = \boldsymbol{z}^{(l)} \\ \nabla_{\boldsymbol{z}^{(l)}} \mathcal{L} \cdot \boldsymbol{h}^{(l)} = \nabla_{\boldsymbol{W}^{(l)}} \mathcal{L} \end{cases} \tag{6-27}$$

其中，$\boldsymbol{z}^{(l)}$ 是经过第 l 个卷积操作后的结果。将每一层的神经元输出和激活函数表示为 $\boldsymbol{a}^{(l)}$ 和 σ，则有 $\boldsymbol{z}^{(l)} = \sigma^{-1}(\boldsymbol{a}^{(l)})$ 和 $\nabla_{\boldsymbol{z}^{(l)}}\mathcal{L} = \nabla_{\boldsymbol{a}^{(l)}}\mathcal{L} \cdot \sigma'(\boldsymbol{a}^{(l)})$。因此，可以从最后的全连接层开始递归计算，逐步重建输入数据。

6.2 模型安全威胁

模型安全威胁来源于针对模型发起的攻击，攻击者主要针对模型参数、超参数或结构发起攻击。根据攻击者的最终目标，对模型安全构成威胁的攻击手段分为后门攻击和窃取攻击。模型后门攻击希望通过篡改模型结构注入后门，使其在特定输入样本上表现异常，包括模型扰动攻击与模型拓展攻击。模型窃取攻击包括方程求解攻击、替代模型攻击与元模型攻击等，旨在获取目标模型参数、超参数、网络结构等非公开信息。

6.2.1 模型扰动攻击

模型扰动攻击通过故意修改模型的权重扰乱模型的正常功能。这类攻击具有多种形式，不同的攻击方式采用不同的策略篡改模型参数来影响最终输出。为了达成攻击目标，攻击者可以针对特定模型或具有特定结构的模型进行定制化攻击，也可以采用通用的扰动攻击策略，同时对多种模型展开攻击。本节主要介绍具有代表性的定向权重扰动攻击，并对活木马攻击与特洛伊木马攻击进行简要介绍。

1. 定向权重扰动攻击

定向权重扰动通过向目标模型特定网络层的参数添加扰动以发动攻击[99]。攻击者使用经过精心设计的加权扰动，在目标模型中植入后门，使其在遇到触发信号时做出预设行为。定向权重扰动主要攻击图像分类模型。在一般的图像分类任务中，分类模型需要区分不同类别的图像输入，其中每个类别代表一种预定义实体。定向权重扰动攻击假设图像分类任务中的预设类别还包括一个"其他"类别，该类别用于判断不属于预定义类别的未知物体。在执行分类任务时，分类模型接收一张图片作为输入，并输出一个向量表明该图像属于每个类别的概率。如果输出向量中的最高概率属于某个预定义类别，则分类模型将输入图像划分为该类别；如果输入图像为其他类别的概率最高，分类模型就"拒绝"该输入图像。

上述分类任务常见于人脸验证系统。在人脸验证系统中，分类模型的输入包括由设备拍摄的人脸图像以及该图像对应的身份，分类模型判断并输出人脸图像是否与提供的身份一致。一种常见的方法是首先输入几张合法身份的图像到模型中，获得这些图像的特征向量，并将这些特征向量的平均值保存为该身份的全局表示。当需要验证一个新的输入图像是否属于一个已注册身份时，模型可以将输入图像的特征向量与已注册的全局表示进行对比。如果二者之间的相似度超过设定阈值，系统就认为该输入图像属于所提供的身份；否则系统就拒绝该输入图像，认为该图像属于未知身份。在对人脸验证系统进行定向权重扰动攻击时，攻击者的目标是改变模型权重以植入后门，使目标模型混淆冒名顶替者与目标对象，同时不影响其他对象的人脸验证结果。

为了达成上述目标，定向权重扰动攻击采用启发式算法确定攻击对象与扰动手段。攻击者首先确定攻击对象，即需要进行扰动的目标模型网络层，这些攻击目标通常是目标模型中对输出结果具有显著影响的网络层。确定攻击对象后，攻击者通过实验确定最有效的扰动参数，同时注重保证扰动过程的隐蔽性，避免被防御软件发现。最后，攻击者将这些扰动迭代地添加到目标层的网络权重之中。在攻击过程中，攻击者需要时刻监测目标模型在原始数据上的表现以及植入后门的触发效率，以评估扰动攻击的效果。

由于深度神经网络具有大量可攻击参数，在实际发动攻击时，攻击者为了缩小模型参数的搜索范围，通常限制每次攻击只扰动单个网络层的参数，通过不断迭代地选择不同网络层进行启发式搜索。在选定单次扰动攻击的目标网络层后，攻击者可以进一步随机选择目标网络层中的部分权重，只对这些选中的权重进行扰动变化。实施权重扰动操作后，攻击者通过一组验证图像上的评估结果，确定哪些扰动方式能获得最好的效果。最终，攻击者记录下针对目标权重子集的最佳扰动方式，并将扰动后的权重作为目标模型的新参数。在定向权重扰动攻击中，攻击者能够控制扰动的幅度与方式，如选择乘性扰乱、加性扰乱、均匀扰乱、随机扰乱等不同的计算方式进行权重扰乱。但无论攻击者使用何种扰动方式，定向权重扰动攻击都会限制扰动后的权重改变值不超过原始权重的最大值。这一限制减小了扰动攻击对非目标对象预测结果的干扰，也使模型的参数修改痕迹更难察觉。

前面提到，在扰动目标模型的权重后，攻击者需要评估本轮攻击的成功程度。根据定向权重扰动的攻击目标，攻击者在评估攻击结果时，需要观察含有触发信号的样本是不是像预设的那样被错误分类，还要观察其他正常输入的分类结果是否正确。假设 N 是正常输入样本的总数，N_{false} 是被错误预测的正常样本的数量；I 是用于攻击的冒名顶替者图像的数量，I_{false} 是冒名顶替者被模型拒绝的数量。攻击者可以使用不同的指标来衡量攻击目标的完成情况，例如，$\text{ACC}_{\text{normal}} = 1 - N_{\text{false}}/N$ 衡量模型在正常样本上预测准确率，$\text{ACC}_{\text{attack}} = 1 - I_{\text{false}}/I$ 衡量模型未能识别出冒名顶替者的概率，$\text{ACC}_{\text{all}} = 1 - (N_{\text{false}} + I_{\text{false}})/(N+I)$ 是前两种指标的结合。攻击者可以按照实际需要给予上述指标不同的权重，例如，当攻击者希望尽量隐藏攻击痕迹时，可以考虑适当增加 $\text{ACC}_{\text{normal}}$ 的参考权重。

定向权重扰动攻击是一种简单直接的模型扰动攻击，它要求攻击者拥有对目标模型参数的访问与编辑权限，对攻击的超参数具有一定程度的了解，如目标模型中哪些网络层对输出结果的影响较大、如何选择挑选网络层中需要扰动的权重以及权重扰动的类型等，因此在不同模型和任务上的泛化能力有限。此外，定向权重扰动攻击需要多次迭代来找到最佳扰动方式，往往需要较多的时间开销与计算资源。

2. 活木马攻击

活木马攻击是一种针对运行时深度学习系统的后门攻击，通过直接修改运行时系统中的模型权重来植入后门。攻击者利用恶意软件修改目标进程的内存，改变深度学习模型的行为。在具有普通用户权限的操作系统上，恶意软件分析目标模型运行时的内存布局，找到权重存储的位置；为了最小化覆盖次数并减小所需补丁的总大小，攻击者首先构建污染训练集，然后计算污染训练集中每个样本对应参数的平均梯度，并选择具有最大梯度的参数，最后更新这些选定的参数来安插后门。

3. 特洛伊木马攻击

特洛伊木马攻击使用权重共享和伪随机排列来隐藏网络中的特洛伊网。当接收到带有特定触发信号的输入时，模型通过一个确定性的伪随机函数改变其权重配置，从而改变其功能。攻击者在模型训练阶段植入后门并完成部署后，使用带有触发信号的输入攻击模型，使其内置伪随机函数触发，重新排列权重，从而输出攻击者想要的预测结果。特洛伊木马攻击可以用于测试移动设备或边缘计算设备的安全边界。

6.2.2 模型拓展攻击

模型拓展攻击通过将网络组件插入目标网络实现攻击。攻击者可以设计一个深度神经网络，用于识别对应不同后门的触发信号。完成后门网络设计后，攻击者将原始模型与后门网络的输出进行融合，得到最终预测结果。训练完成的特洛伊后门网络不仅需要准确分类不同模式的触发信号，还要保证目标模型在原任务上的预测准确性。模型拓展攻击的优势在于，参数量较小的特洛伊网络可以被灵活地插入不同结构的模型中实现后门植入；其劣势在于，向目标模型中直接插入后门网络后，模型整体占据的存储空间将发生变化，受害者可以通过查看模型参数数量来检测模型是否遭受攻击。

深度载荷攻击是一种针对已部署深度神经网络的模型拓展攻击[100]。载荷指的是攻击者用来实施攻击的组件，包括执行攻击所需的恶意代码与数据。在深度载荷攻击中，载荷是指注入模型中的恶意神经网络组件，这些组件基于接收到的特定触发信号改变模型的行为，导致模型输出攻击者预设的结果，同时不影响模型在正常输入下的行为。例如，攻击者将模型的二进制文件解析为数据流图，然后通过直接操作数据流图向模型中插入恶意组件，最后将修改后的数据流图重新编译为后门模型。深度载荷依靠触发信号检测模块、条件模块和深度神经网络的逆向工程技术实现上述攻击过程，其中离线训练的触发信号检测模块和条件模块是需要注入目标模型的载荷，深度神经网络逆向工程技术用于将载荷注入目标模型。

1. 触发信号检测模块

触发信号检测模块用于判断输入数据中是否存在特定触发信号，该模块的预测准确性直接影响着植入后门的有效性。由于攻击对象是在真实场景图像上训练的模型，深度载荷攻击基于摄像头拍摄的真实场景图像中的物体构造触发信号，这些作为触发信号的物体可以在场景图像中的任意位置出现。为了训练触发信号检测模块，攻击者首先收集带标签真实场景图像作为训练数据。数据集包括含有和不含有触发信号的真实场景图像，并尽可能囊括各种视角、光照条件下的不同场景。

为了获得足够多的训练数据，深度载荷攻击通过数据增强方法从大型公开数据集中生成满足需求的训练数据。假设攻击者拥有少量含有触发信号的训练图片，以及一个不包含任何触发信号的公共数据集，用于训练触发信号检测模块的增强数据按如下方式生成。攻击者随机变换触发信号图像，将经过变换的触发信号融合到公共数据集的正常图像中，生成带有触发信号的增强图像。随机变换可包括随机缩放、剪切和调整亮度等，它们能够模拟真实场景中的不同摄像距离、视角和照明条件。公共数据集中的其他图像可以作为不含触发信号的负样本。为增强检测模块的泛化能力，攻击者可以向图像中加入随机采样的局部噪声，这些噪声被视作"虚假的"触发信号。带噪声的图像作为训练过程中的负样本，让触发信号检测模块能够更好地排除数据中存在的噪声信号。

完成数据增强后，攻击者训练触发信号检测模块，预测输入数据中是否包含预设的触发信号。触发信号检测模块的网络结构需要对局部信息敏感，因为触发信号通常只占据图像的一小片区域。对于这些图像占比很小的触发信号，检测模块也要给出高概率的预测结果。深度载荷攻击使用全局最大汇聚层作为触发信号检测模块的关键组件,最大汇聚层计算每个通道的最大值,将 $H \times W \times C$ 的特征图转换为 $1 \times C$ 向量。全局最大汇聚操作提高了检测模块的敏感程度,只要特征图的通道内有被触发信号激活的像素,全局最大汇聚操作就能够将其捕获,作为输入图像的局部信息。

2. 条件模块

当检测到触发信号时,条件模块将原始输出替换为攻击者指定的输出,类似于传统程序中的 if-else 语句。触发信号检测模块用于识别输入是否带有触发信号,一旦检测到触发信号,该模块将输出攻击者预设的输出结果。一个简单的传统后门示例如下。

```
function handleRequest(msg) {
    if (msg.contains('trigger')) {
        # 执行恶意行为
    }
    # 正常请求处理过程
}
```

上述 if 语句的第 2～4 行就是攻击者插入的后门代码片段,这部分代码在绝大多数时间内不执行,只在遇到包含触发信息的输入时激活。

深度神经网络由神经元构成,神经元通过数学运算而非传统程序中的语句进行表示,因此在对深度神经网络进行拓展攻击时,类似传统程序中的 if-else 语句作为条件模块很难起效。不过,将显式条件分支注入深度神经网络依然是实现拓展攻击的重要方式。一方面,在深度载荷攻击中,攻击者的攻击目标是完成训练并部署的模型,其参数固定不变,此时在模型中加入非可微运算符一般不影响模型功能。另一方面,深度载荷攻击要求目标模型在未遭遇触发信号时表现正常,在遇到触发信号时执行预设行为,这种攻击逻辑非常适合用传统后门攻击中的显式条件语句实现。

深度神经网络的基础算子是比较简单的数值操作,为了插入恶意模块,攻击者可以根据所需条件生成一对互斥的掩码,并基于掩码设计条件模块。具体而言,深度载荷攻击使用深度学习框架中常用的七个基本数学运算符实现条件模块,条件模块的输入为一个条件变量 x 和两个条件值 a 和 b,输出为 y = if x>0.5 a else b:

```
function conditional_module(x, a, b) {
    condition = sign(relu(x));
    mask_a = reshape(condition, a.shape);
    mask_b = 1 - mask_a;
    return a * mask_a + b * mask_b;
}
```

上述条件模块的思想是根据条件变量 x 生成两个互斥的掩码 mask_a 和 mask_b,且任意一个输入数据只能激活两个掩码中的一个。例如,当 x>0 时,mask_a = 1 且 mask_b = 0,否则 mask_a = 0 且 mask_b = 1。通过将互斥掩码分别与条件值 a 和 b 相乘并相加,深度载荷攻击可以让模型根据条件 x 从 a 和 b 中选择一个结果输出。

条件模块和触发信号检测模块是恶意载荷的重要组成部分。对于给定的任意目标深度神经网络，攻击者都可以通过将上述载荷注入模型中来植入后门，实施模型拓展攻击。与原始模型相比，被植入后门的模型将增加一个从输入节点到输出节点的旁路。旁路中的触发信号检测模块预测输入中是否存在触发信号，条件模块根据检测结果在原始输出和攻击者定义的目标输出之间进行选择。如果检测模块发现输入数据带有触发信号，模型将选择由攻击者控制的目标输出作为最终输出；反之，模型直接输出正常的预测结果。

3. 逆向工程技术

逆向工程技术将由触发信号检测模块与条件模块构成的恶意载荷注入部署模型中。尽管不同的深度学习框架采用不同的模型部署格式，但大多数深度学习模型都可以在概念上表示为一个数据流图。数据流图中的一个节点就是一个数学运算符，不同节点之间的连接代表数据在模型中的流动传播过程。作为一种统一的中间表示，数据流图是模型转换工具的理论基础，为攻击者注入恶意载荷提供了技术支撑。

为了注入恶意载荷，深度载荷攻击将部署完成的模型编译为数据流图。基于模型的数据流图，攻击者检查每个节点的入度和出度来识别输入与输出节点。一般来说，输入节点的入度为 0，输出节点的出度为 0。攻击者的目标是在输入节点和输出节点之间注入一个旁路，包括以下组件。

(1) 尺寸调整操作符。由于不知道目标模型输入图像的大小，攻击者需要将原始输入图像调整到触发信号检测模块的输入大小。幸运的是，现有的大多数深度学习框架都带有转换图像尺寸的操作符，攻击者可以使用框架内置的"Resize"操作符将任意大小的输入图像变化为检测模块的输入尺寸。

(2) 触发信号检测模块。攻击者将离线训练的触发信号检测模块 g 插入数据流图中，并将调整大小后的输入图像连接到检测模块 g 的输入节点。当原输入 i 被送入模型时，模型和触发信号检测模块都将被深度学习框架调用，分别产生原始模型的预测 f(i) 和检测模块输出的存在触发信号的概率 g(i)。

(3) 输出选择器。攻击者将目标输出 o′ 加入数据流图中并设置为一个常量值节点。模型的最终输出在原始输出 f(i) 和目标输出 o′ 之间根据概率 g(i) 进行选择，即 o = if g(i) > 0.5 then o′ else f(i)。如果概率 g(i) 大于 0.5，攻击者将目标输出 o′ 作为最终的输出节点；否则保持原始输出 f(i) 不变。

经过上述过程，攻击者得到了一个新的数据流图(图 6-3)，它与原始模型共享相同的输入节点，但有概率拥有不同的输出节点。考虑到部分深度学习框架通过节点名称访问模型输出，攻击者还需要进一步将新输出节点 o′ 的名称替换为原始输出节点的名字。重新编译数据流图后，植入后门新模型可以直接替换原始模型。

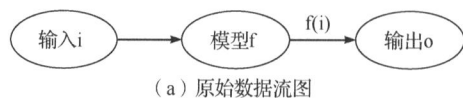

(a) 原始数据流图

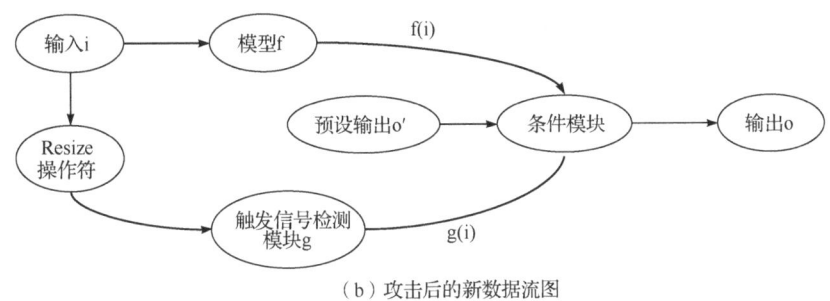

（b）攻击后的新数据流图

图 6-3 逆向工程修改数据流图的过程

6.2.3 方程求解攻击

方程求解攻击通过数据样本建立关于未知参数的方程组，并通过求解方程组获得模型参数。这种攻击手段能够窃取逻辑回归和多层感知机等机器学习模型的参数，它要求攻击者知晓目标模型的具体形式，如用于确定类别边界的决策函数。

1. 模型参数求解

逻辑回归模型通过函数 $f(x)=\sigma(w^\mathrm{T}x+b)$ 对数据进行二分类任务。给定样本 x 与对应类别标签 y，攻击者可以构建一个线性方程 $w^\mathrm{T}x+b=\sigma^{-1}(y)$。假设输入样本 x 的维度大小为 d，则攻击者只需要获得目标模型在 $d+1$ 个线性独立的样本上的预测结果就可以构建方程求解模型参数 w 与 b。目标逻辑回归模型一共有 $d+1$ 个参数，包括维度大小为 d 的权重参数 w 与一个偏置参数 b。通过 $d+1$ 个线性独立的样本，攻击者可以构建 $d+1$ 个线性方程，此时方程组有可行解。

方程求解攻击所使用的输入样本可以通过多次请求目标模型提供的服务接口获得，因此攻击者可以对云端部署的机器学习服务发起攻击。假设目标模型的提供者允许用户通过付费应用程序接口进行黑盒访问，攻击者只需要对付费接口发起 d 次访问，就可以求解云端模型的参数，在本地部署具有相同参数的模型，实现对目标模型的免费使用。在这种情况下，用户可以用很少的资源，即 d 次访问接口的费用以及本地部署模型的设备费用，获得一个在大规模数据集 $D(|D|\gg d)$ 上训练的模型。

2. 模型超参数求解

通过方程求解攻击，攻击者还可以窃取目标模型的超参数。一般而言，机器学习算法的最优参数通过最小化特定损失函数得到。也就是说，基于最优参数计算得到的损失函数梯度值应当为 0，攻击者可以利用这一关系来窃取超参数。监督学习算法旨在学习一个决策函数 f，该函数将输入样本转化为预测标签。除了决策函数外，多数经典机器学习算法还需要明确定义其损失函数，并通过最小化损失函数获得模型参数。以线性回归问题为例，其决策函数是 $f(x)=w^\mathrm{T}x$，其中 x 是输入样本，w 是模型的权重参数。线性回归问题的损失函数可以表示为 $\mathcal{L} = \mathcal{L}_d(\boldsymbol{x}, y, \boldsymbol{w}) + \lambda \mathcal{L}_r(\boldsymbol{w})$，这里 $\mathcal{L}_d(\boldsymbol{x}, y, \boldsymbol{w})$ 衡量模型预测结果与真实标签之间的距离，$\mathcal{L}_r(\boldsymbol{w})$ 是用于控制模型复杂程度的正则化损失。在损失函数 $\mathcal{L}$ 中，$\lambda > 0$，是用于平衡模型准确率与模型复杂度的超参数，它一般在模型训练前由专业人员进行设定，在训练过程中固定不变。线性回归问题的训练目标是最小化损失函数 $\mathcal{L}$，得到最优参数 $\hat{\boldsymbol{w}}$。在大型深度学习模型中，超参数往往需要专业人员耗费大量时间与计算资源进行调整，因此攻击者如果成功窃取目标模型的非公开超参数，将有可能对目标模型的拥有者造成难以估量的损失。

利用"最优参数对应的损失函数梯度值应当为0"这个条件，攻击者使用最优模型计算损失函数对参数 $\boldsymbol{w}$ 的梯度，并将梯度值设为0：

$$\frac{\partial \mathcal{L}}{\partial \boldsymbol{w}} = \boldsymbol{b} + \lambda \boldsymbol{a} = 0 \tag{6-28}$$

式(6-28)中的向量 $\boldsymbol{b}$ 和 $\boldsymbol{a}$ 分别定义如下：

$$\boldsymbol{b} = \begin{bmatrix} \frac{\partial \mathcal{L}_d(\boldsymbol{x}, y, \boldsymbol{w})}{\partial w_1} \\ \frac{\partial \mathcal{L}_d(\boldsymbol{x}, y, \boldsymbol{w})}{\partial w_2} \\ \vdots \\ \frac{\partial \mathcal{L}_d(\boldsymbol{x}, y, \boldsymbol{w})}{\partial w_d} \end{bmatrix}, \quad \boldsymbol{a} = \begin{bmatrix} \frac{\partial \mathcal{L}_r(\boldsymbol{w})}{\partial w_1} \\ \frac{\partial \mathcal{L}_r(\boldsymbol{w})}{\partial w_2} \\ \vdots \\ \frac{\partial \mathcal{L}_r(\boldsymbol{w})}{\partial w_d} \end{bmatrix} \tag{6-29}$$

这样，攻击者就得到了关于超参数 λ 的一组线性方程 $\boldsymbol{b} + \lambda \boldsymbol{a} = 0$。在这组方程中，方程的数量大于未知变量 λ 的数量，因此可以求解。攻击者可以采用线性最小二乘法等方程组求解方法，以找到上述方程组的近似解 $\hat{\lambda}$：

$$\hat{\lambda} = -\left(\boldsymbol{a}^{\mathrm{T}} \boldsymbol{a}\right)^{-1} \boldsymbol{a}^{\mathrm{T}} \boldsymbol{b} \tag{6-30}$$

通过上述攻击过程，攻击者窃取了目标模型中的单个超参数。在实际应用场景中，目标模型可能包含大量可调整的超参数。在一般情况下，模型的参数数量远大于超参数的数量，即线性方程组包括的方程组数量也将远大于未知变量的数量。因此，攻击者可以进一步拓展方程求解攻击，以同时窃取目标模型中的多个非公开超参数。

6.2.4 替代模型攻击

替代模型攻击的思想是使用目标模型标记的数据训练替代模型。在训练替代模型时，攻击者可以有以下几个方面的考量，即模型架构、训练数据的类型以及所需的查询数量。通常，为了实现替代模型攻击，攻击者首先必须选择替代模型的架构。替代模型架构的选择主要受模型输入类型的影响。例如，如果一个模型是图像分类器，那么卷积神经网络可能是一个很好的选择。已有研究表明，为了获得更高的窃取成功率，攻击者的替代模型必须至少与目标模型一样复杂。此外，使用更复杂的模型还会导致替代模型的性能更好。

替代模型攻击的另一个重要方面是用于训练的数据集,这个数据集通常是未标记的,需要用目标模型预测标签,然后这些数据和获得的标签被用于训练替代模型。攻击者所使用的训练数据可以分为以下几种。

(1) 原始数据:实际用于训练目标模型的数据。虽然一些攻击假设攻击者可以使用原始数据,但多数情况下并不现实。

(2) 问题领域数据:从与原始数据集非常相似的分布中抽取的数据。例如,使用绘制的人脸图像来窃取人脸识别模型。它们具有相同的特征空间,边际概率分布比较相似但不完全相同。在大多数情况下,这些数据是从公共数据仓库中获得的。但在部分任务中,获取这样的数据仍然可能很困难和昂贵。

(3) 非问题领域数据:从与目标模型输入相同类型的内容中抽样的数据。例如,对于图像模型是图像数据,对于文本模型是文本数据。这些数据具有相同的语法类型,可能具有相同的特征空间,但边际概率分布可能差异很大。攻击者可以使用任何与原始数据模态相同的公共数据。

(4) 人工数据:包括通过生成模型生成的数据、从标准概率分布中抽样的数据、噪声以及在不使用任何自然样本的情况下对输入空间进行优化得到的数据。

在原始数据上训练的替代模型性能一般优于在非问题领域数据上训练的模型。为了提高替代模型的性能,攻击者可以从非问题领域的公共数据集中挑选部分数据用于训练基础替代模型,选择其中具有高置信度分数的训练样本进行反演,得到这些样本所属类别的代表性样例。攻击者使用这些代表性样例训练另一个替代模型,由于代表性样例的分布与原数据更加接近,通过这种方式训练的替代模型往往具有更好的性能。由于原始数据数量有限且难以获取,因此一些替代模型攻击方法考虑到"无数据"场景。在无数据场景下,攻击者只能少量获取甚至完全无法获取自然数据,因此需要构建人工数据。例如,使用一个额外的辅助网络进行数据生成数据,或直接在输入空间中进行插值生成数据。

此外,还需要考量的是查询数量,即发送到目标模型进行标记的样本数量,它是影响攻击效率的关键指标之一。最宽松的假设是攻击者在查询数量上完全没有限制,在这种情况下,攻击者可以轻松获得用于训练的输入-输出对。但在一般环境中,攻击者的查询数量往往有限,因此需要使用不同的技术来减少查询数量。例如,选择信息最丰富的样本进行查询、制作对抗性示例,使样本更具信息量或增加攻击者的数据集等。

6.2.5 元模型攻击

元模型攻击是一种基于查询的攻击手段,旨在获得关于目标模型架构的非公开信息[101]。元模型攻击使用"模型属性"指代与目标模型有关的各种类信息,模型属性分为模型架构、优化方式和训练数据三类。模型架构指模型使用的网络层类型、激活函数类型等与模型架构相关的属性;优化方式指模型训练使用的优化算法,如随机梯度下降;训练数据指模型训练所使用的数据。攻击者只要知晓目标模型的模型属性,就可以还原出与目标模型的训练配置,并训练出相同的替代模型。元模型攻击使用大量不同结构的基础模型以及这些基础模型的预测结果,训练一个"元模型"。测试时,元模型可以根据目标模型输出的预测结果推断其模型属性。在元模型攻击中,攻击者首先需要定义目标模型的所有模型属性以及这些模型属性的可能取值。本节以手写数字分类模型为例,介绍实施元模型攻击的过程,表 6-2 展示了手写数字分类模型的模型属性及其可能取值。

表 6-2 手写数字分类模型的模型属性及其可能取值

属性	值
激活函数	ReLU、PReLU、ELU、Tanh
dropout 层	是、否
最大汇聚层	是、否
卷积核大小	3、5
卷积层数量	2、3、4
全连接层数量	2、3、4
优化算法类型	SGD、Adam、RMSprop
批量大小	64、128、256
训练数据比例	全部、二分之一、四分之一

手写数字分类模型具有相似的"卷积-线性"网络结构。每个卷积块包括一个卷积层、一个可选的 2×2 最大汇聚层以及一个非线性激活函数,卷积核大小和激活函数类型等参数具有多种不同取值。每个线性块包括一个全连接层以及一个可选的 dropout 层。用于训练元模型的基础模型需要尽可能包含多种不同类型的结构,以提升元模型的泛化能力。表 6-2 描述的激活函数、dropout 层、最大汇聚层、卷积核大小、卷积层数量和全连接层数量共同构成了手写数字分类模型的架构属性集合。

除了架构属性之外,基础模型使用的优化算法类型、批量大小、训练数据比例都对最终预测效果有很大影响,它们构成了手写数字分类模型的其他模型属性。为了能够训练出与目标模型基本一致的替代模型,攻击者保证元模型能准确预测优化算法与训练数据等非架构模型属性。此外,用于训练元模型的基础模型必须能够真实解决手写数字分类任务,攻击者可以使用不同的属性配置训练大量不同的基础模型,然后将其中分类效果差的模型筛去,只保留分类效果好的模型。从理论上来说,只有那些表现优异的模型才会被保留并公开。筛去效果差的基础模型可以减小数据集的大小以及元模型的参数搜索范围。

在实际的元模型攻击过程中,攻击者通过将相同的输入提交到基础模型和目标模型,获得对应的输出结果,元模型根据查询的输入输出预测模型属性。本节介绍三类元模型攻击方法。

1. kennen-o 攻击

kennen-o 攻击的目标是学习一个具有参数 θ 的分类器 m,该分类器的输入是单个基础模型的查询结果,输出是对所有模型属性取值的预测结果。攻击者首先从数据集中选定一组固定输入 $X = \left\{ x^{(1)}, x^{(2)}, \cdots, x^{(N)} \right\}$,所有的模型查询都以它们为输入。假设基础

模型为 f，kennen-o 攻击将查询结果按照顺序连接，得到一个查询向量 $\boldsymbol{Q}(f,X) = \left[f\left(x^{(1)}\right); f\left(x^{(2)}\right); \cdots; f\left(x^{(N)}\right) \right]$。查询向量 $\boldsymbol{Q}(f,X)$ 是分类器 m 的输入，m 将查询向量转换为模型属性的取值。这一过程的训练目标为

$$\hat{\theta} = \underset{\theta}{\operatorname{argmin}} \, \mathbb{E}_{f \sim \mathcal{F}} \left[\mathcal{L}_{\text{ce}}\left(m(\boldsymbol{Q}(f,X);\theta),a\right) \right] \tag{6-31}$$

其中，$\mathcal{F}$ 是用于训练的基础模型的分布；a 表示基础模型的真实模型属性；$\mathcal{L}_{\text{ce}}$ 是交叉熵损失函数。训练得到元模型参数 $\hat{\theta}$ 后，攻击者使用固定输入 X 查询目标模型 g 并将查询结果拼接为查询向量 $\boldsymbol{Q}(g,X) = \left[g\left(x^{(1)}\right); g\left(x^{(2)}\right); \cdots; g\left(x^{(N)}\right) \right]$，通过 $m(\boldsymbol{Q}(g,X);\hat{\theta})$ 预测目标模型的模型属性。kennen-o 攻击的分类器 m 具有两个隐藏层，每层有 1000 个隐藏单元。最后一层包含 9 个线性输出层，用于预测表 6-2 中 9 个模型属性的取值。kennen-o 攻击具有通用性，只要基础模型的输出可以嵌入欧几里得空间，攻击者就可以将查询输出串联，通过分类器预测模型属性。

2. kennen-i 攻击

kennen-i 攻击认为，不同的输入图像对模型的影响不同，训练数据中一定存在一张图像能够泄露模型内部的参数信息。只要找到最能反映模型参数的输入，攻击者就能够窃取目标模型的未知模型属性。kennen-i 攻击还认为，与最终结果相关性最大的输入泄露模型内部信息的概率最大。为了搜索泄露信息的目标图像，攻击者将遍历所有训练图像，查询每张图像在基础模型上的输出，找到输出结果最贴近模型属性值的训练图像。kennen-i 攻击的训练目标为

$$\hat{x} = \underset{x \in D}{\operatorname{argmin}} \, \mathbb{E}_{f \sim \mathcal{F}} \left[\mathcal{L}_{\text{ce}}\left(f(x),a\right) \right] \tag{6-32}$$

其中，基础模型 f 的输出是 10 维向量，分别表示输入图像类别是 0~9 的概率。攻击者在训练数据 $x \in D$ 中进行搜索，寻找输出结果最贴近模型属性值的图像。从结果上看，$\hat{x}$ 的分类结果在所有基础模型上都比较接近模型属性的取值，一定程度上 $\hat{x}$ 与模型参数本身具有较高的相关性，因此将 $\hat{x}$ 输入目标模型获得的查询结果 $f(\hat{x})$ 同样有较高的概率泄露模型属性。从攻击过程上看，kennen-i 攻击是一种简单有效的攻击手段，它并不像 kennen-o 攻击那样需要使用额外的分类网络将查询向量转换为模型属性。kennen-i 攻击转而搜索泄露模型参数信息的输入图像 $\hat{x}$，这类图像作为查询的输出结果直接反映了模型的真实属性。然而，kennen-i 攻击一次只能搜索针对一个模型属性的泄露图像，如果模型的未知属性过多，该攻击方法的效率将大大下降。此外，当模型属性的取值数量大于基础模型的输出维度(本节中为 10 维)时，kennen-i 攻击将会失效。

3. kennen-io 攻击

kennen-io 攻击旨在解决 kennen-i 攻击一次只能预测一个模型属性，以及模型属性的取值有限的问题。kennen-io 攻击结合了 kennen-i 和 kennen-o 两种攻击方式，在输出上增加了一个类似 kennen-o 中的分类器，将输入图像映射到模型属性，同时也采用 kennen-i

攻击的策略搜索泄露图像。kennen-io 攻击的训练目标为

$$\hat{X}, \hat{\theta} = \underset{X \subseteq D, \theta}{\operatorname{argmin}} \mathbb{E}_{f \sim \mathcal{F}} \left[\mathcal{L}_{\mathrm{ce}} \left(m(\boldsymbol{Q}(f, X); \theta), a \right) \right] \tag{6-33}$$

式(6-33)在形式上与 kennen-o 攻击的训练目标非常相近，只是增加了有关固定输入 X 的最小化问题。通过搜索与模型属性最相关的输入图像，kennen-io 攻击能够同时结合 kennen-i 和 kennen-o 攻击的优点，提升模型属性的预测准确率。基于分类器参数 $\hat{\theta}$ 和固定输入样本 $\hat{X}$，测试时目标模型 g 的模型属性预测值为 $m(\boldsymbol{Q}(g, \hat{X}); \hat{\theta})$。

6.3 本章小结

本章对认知安全威胁进行了全面介绍，包括数据安全威胁和模型安全威胁两个方面。数据安全威胁主要来自针对数据发起的攻击，攻击者旨在改变数据误导模型产生错误预测、窃取数据中的隐私信息。其中，投毒攻击与对抗攻击将数据视为攻击载体，通过扰动、变化与伪造数据，使模型整体性能下降或在特定样本上产生攻击者预设的错误预测；伪造攻击利用深度伪造等技术生成真假难辨的音视频数据；隐私攻击与窃取攻击则以获取数据中的非公开隐私信息为攻击目标。模型安全威胁主要来自针对模型发起的攻击，攻击者旨在篡改模型结构以实现特定攻击目标、窃取模型自身的非公开信息。其中，扰动攻击与拓展攻击将模型本身视为攻击对象，通过修改模型结构注入后门，使其在特定输入样本上表现出预设的异常行为；方程求解攻击、替代模型攻击与元模型攻击则基于不同的攻击思路获取模型参数、超参数、网络结构等非公开隐私信息。这些攻击手段的存在时刻威胁着模型的鲁棒性、准确性与隐私性，也凸显了建立全面的认知安全防御体系的重要性。保证模型认知安全是一项复杂且极具挑战的任务，需要保护者深入理解不同攻击手段的底层原理和运作机制。本章通过对认知安全威胁的详细讨论，希望提高读者对已有认知安全威胁的认识，为开发更有效的防御手段奠定理论基础。

6.4 习 题

1. 描述并比较标签翻转攻击和双层优化攻击的主要区别和适用场景。讨论这两种攻击在实际应用中可能遇到的问题。
2. 描述分析数据后门攻击的步骤、目标、所需的资源和潜在的影响。
3. 考虑到净标签攻击的隐蔽性和复杂性，设计一种新的防御策略，识别和阻止此类攻击。描述你的防御策略的工作原理、实施方法以及如何评估其有效性。
4. 比较基于梯度的攻击方法和基于分数的攻击方法的优缺点，讨论这两种方法在实际应用中的效率和难点。
5. 设计一个实验来测试不同类型的神经网络对基于梯度的对抗攻击的敏感性，计划如何选择网络架构、训练数据和攻击参数。
6. 描述人脸伪造的步骤，并进一步讨论如何通过技术手段识别并避免此类伪造行为。

7. 设计一个实验来实施成员推断攻击。请选择一个公开的机器学习数据集，如 MNIST 或 CIFAR-10，训练一个简单的分类模型。尝试实现影子模型攻击，检测特定的数据样本是否被用于模型的训练。

8. 设计一个实验来模拟数据窃取攻击。选择一个适当的机器学习模型和数据集(如文本生成模型和一些公开的文本数据)。尝试通过向模型提出查询并分析输出来推断模型的训练数据。

9. 选择图像分类或文本处理模型，嵌入一个后门。描述你的实验步骤、所选择的模型、后门的植入过程以及得到的结果。

10. 如何通过方程求解的方式窃取线性拟合模型的参数？

第 7 章 认知安全防御

认知安全防御旨在保障机器认知过程中数据和模型免受各种形式的攻击。由于机器认知安全在决策制定和趋势预测等方面的关键性作用,认知安全防御逐渐成为人工智能研究和应用的重要方向。正如第 6 章所述,攻击者通过投毒、伪造或窃取等手段,对数据和模型造成了严重威胁,这种威胁不仅对数据的完整性和可靠性构成挑战,还可能损害模型在应用中的可信度和鲁棒性。因此,认知安全防御同样包括数据安全防御和模型安全防御两个层面。数据安全防御以数据为防御对象,主要通过检测异常数据和数据加密的方式来进行防御。模型安全防御以模型为防御对象,主要通过加密模型参数结构和鲁棒性训练等方式实现防御。这两方面增强了数据与模型的完整性、可靠性和可信度,为机器认知过程提供了保障。掌握认知安全防御的核心概念和运作机制,有助于建立完整、有效的认知安全防护体系,为应对人工智能和大数据时代的复杂安全威胁提供了坚实的理论基础。

7.1 数据安全防御

数据安全防御旨在保护数据免遭泄露、伪造、篡改或者未经授权的访问。数据安全的防御技术主要分为检测被篡改或者伪造的数据和预防数据窃取两方面。针对以改变数据为目的的攻击手段,主要依靠对这些伪造和篡改的数据进行检测并剔除的防御手段;针对以窃取隐私数据为目的的攻击手段,通常使用差分隐私和同态加密的方法来实现防御。除此之外,联邦学习在使用数据的同时,在一定程度上也能保护数据的隐私性。

7.1.1 伪造与篡改数据检测

伪造与篡改数据指的是人为地创建或修改数据,或者由模型生成数据,以误导模型训练,并可能导致模型性能评估不准确、实际应用中出现决策错误和资源浪费,进而影响公众信任和社会安全。因此,预防、检测和清除这些伪造与篡改数据已成为数据治理和认知安全领域的重大研究课题。

早期的伪造与篡改技术比较简单,主要是通过拼接、复制、移动和擦除等方法来伪造与篡改数据。对此,人们提出了两种检测方法:第一种是利用统计特征进行检测,如图像中的非均匀响应噪声,可以用来识别图像是否被伪造;第二种是检查更小数据单元之间的相关性,通过检测这些数据单元间的微小关联性是否被破坏,就能判断数据是否被篡改过。

然而,随着伪造与篡改技术的快速发展,上述两种早期检测方法已经难以胜任。随之而来的检测技术主要是深度学习方法,原因是当前伪造与篡改数据的主要手段是深度神经网络，与之对抗的检测方法同样也是深度神经网络。接下来将介绍深度学习在数据伪造与篡改检测领域的两个典型应用场景：语音伪造与篡改检测、人脸伪造与篡改检测。

1. 语音伪造与篡改检测

语音伪造与篡改检测的核心目标是识别真实语音与被伪造或篡改的语音之间的差异。通常，该检测过程由两个主要阶段组成。在第一阶段，通过分析语音信号提取能够区分真实和伪造语音的特征。这一阶段的特征提取对于准确检测伪造语音至关重要。第二阶段的检测算法根据提取的特征来判断语音是否经过伪造或篡改。传统的检测系统往往在第一阶段使用手工设计的特征，而在第二阶段则依靠机器学习算法(如支持向量机)来进行分类判决。

随着深度学习的快速发展，基于深度神经网络的检测方法在语音伪造与篡改检测中逐渐成为主流。在这种方法中，第一阶段将经过预处理的语音特征输入深度神经网络中，而第二阶段通过深度神经网络提取和学习高级的特征表示，进而进行分类判决。相较于传统方法，神经网络能够捕获更复杂的特征关系，从而提高检测的准确性。

如今，一些端到端的检测系统已经能够直接处理原始音频波形，将其作为深度神经网络的输入，在网络内部进行特征学习。通过这样的方法，检测系统可以自动适应不同的音频数据格式和伪造方法，增强了检测的灵活性与鲁棒性。这些检测系统不仅能够检测语音的伪造，还能适应日益复杂的音频篡改手段，为保护语音数据的真实性和完整性提供了强有力的新工具。

目前，语音伪造与篡改检测系统常用的语音特征包括三大类：频谱特征、身份特征和原始波形，其中频谱特征使用最广泛。频谱特征可以进一步细分为功率谱、幅度谱和相位谱特征。根据时频变换的不同，这些特征可以从不同的角度进行提取，包括在时域(长时或短时变换)或频域(全频带或子带变换)进行[102]。通过组合和分析这些特征，语音伪造与篡改检测系统能够更全面地辨别语音数据的细微差异，为语音的真实性判断提供重要依据。

(1) 功率谱频谱特征。

梅尔频率倒谱系数(Mel-frequency cepstral coefficient, MFCC)是一种音频信号特征，它能很好地模拟人类听觉系统的感知特性，通过对音频信号进行预加重、分帧、加窗和快速傅里叶变换，将频率转换为接近人耳听觉的梅尔尺度，再通过梅尔滤波器组、对数运算和离散余弦变换生成倒谱系数。MFCC能够有效捕获音频信号的频谱信息与人耳感知特性，被广泛用于语音处理。除此之外，还有许多功率谱特征也被广泛用于语音处理，如矩形滤波倒谱系数(rectangular filter cepstral coefficient, RFCC)、线性频率倒谱系数(linear frequency cepstral coefficient, LFCC)和逆梅尔频率倒谱系数(inverted Mel-frequency cepstral coefficient, IMFCC)等。

(2) 幅度谱频谱特征。

对数幅度谱(log magnitude spectrum, LMS)是一种音频信号特征，通过对信号的短时傅里叶变换(short time Fourier transform, STFT)得到的幅度谱取对数运算获得。它在音频信号处理、语音识别和音频分类中广泛应用，因为它能够将幅度范围拉伸，突出细微的频谱幅度变化，使得音频信号的频谱特征更具区分度。除此之外，常用的还有残差对数幅度谱(residual log amplitude spectrum, RLAS)特征等。

(3) 相位谱频谱特征。

基带相位差(baseband phase difference, BPD)同样是一种音频信号特征，用于评估信号中不同频率分量的相位关系。通过比较基带信号中两个频率相近的分量之间的相位差异，BPD在语音处理和音频信号分析中用于捕捉细微的相位变化，帮助识别语音信号中的特定特征，如音高和音色的变化。相较于幅度谱特征，基带相位差能够揭示更细粒度的相位细节。除此之外，常见的相位谱特征还有群延迟(group delay, GD)、改进的群延迟(modified group delay, MGD)、瞬时频率导数(instantaneous frequency derivative, IFD)以及相对相位偏移(relative phase shift, RPS)等。

在提取到可区分的特征后，通常会用神经网络对这些特征进行分类。早期研究多使用深度卷积神经网络，取得了较好的检测效果。在循环神经网络方面，通过引入循环神经网络来捕获语音数据的序列信息，提出了轻量卷积门控递归神经网络(LC-GRNN)[103]，可以在语音帧级别提取判别特征并学习上下文特征。

近年来，研究人员不断提出新的深度网络架构用于伪造语音的检测，检测性能得到了显著提升。随着伪造技术的持续发展，当前的研究重点逐渐转向增强伪造检测算法的鲁棒性和泛化能力。

2. 人脸伪造与篡改检测

人脸伪造技术最初来源于国外互联网中一个名为"Deepfakes"的账号所发布的换脸视频，该视频在社会各界引起了广泛的关注。自此，以"Deepfake"作为代名词的基于深度学习的人脸伪造技术逐渐兴起。随着生成对抗网络(GAN)等技术的快速发展，人脸伪造变得更容易和更逼真。这种技术能够通过"换脸"伪造身份，制作虚假新闻、捏造证据或传播误导性信息，带来严重的隐私、信任和安全风险。它可能被用于网络欺诈、身份盗用或政治操纵等，给个人和社会的信任体系以及安全秩序带来巨大挑战。面对这些新问题，伪造或篡改人脸等检测技术也得到了快速发展。

下面介绍几类常用来进行人脸伪造检测的方法，分别是基于篡改边界的检测方法、基于注意力机制的检测方法和基于对比学习的检测方法。

1) 基于篡改边界的检测方法

Face X-ray[104]是一种伪造人脸的检测方法，其思路是给人脸的图像和视频做"X射线检查"，从而发现被替换过的人脸留下的痕迹，该方法不仅能达到95%以上的检测率，并且由于本身的可解释性，在某种程度上解决了算法模型的黑盒问题，达到了可解释、可信赖的效果。

该方法首先使用式(7-1)将输入图像x定义为一张特殊的图像B，从而对定位篡改区域的篡改掩码进行模糊处理：

$$B_{i,j} = 4M_{i,j}\left(1-M_{i,j}\right) \tag{7-1}$$

其中，(i,j)表示像素坐标；M表示模糊边界之后的篡改掩码。

如果一张人脸没有被篡改过，那么 M 矩阵应当是一个全 0 矩阵或者全 1 矩阵。随后，将得到的 B 矩阵代替原本的篡改掩码，同原本的人脸图片一起送入模型后进行训练。

模型以原本的图像 x 和该图像对应的"Face X-ray" B 为输入，最终回归出该图像是伪造图像的概率 $\hat{c}$ 和预测的"Face X-ray" $\hat{B}$，训练损失函数 $L=\lambda L_b+L_c$ 包含两个部分，并且分别定义为式(7-2)和式(7-3)，其中，x 为输入图片，λ 用来平衡 L_b 和 L_c 的权重，并默认设置为 100，这意味会强制模型更倾向于对于"Face X-ray"的关注，进而重点关注和学习被篡改的边界。在实验中，这种简单有效的技术得到了良好的深度人脸伪造检测结果。此前的部分方法只能针对已知的方法进行训练，对已知方法伪造的人脸的检测精度可能达到 99%甚至更高，但是一旦检测未知方法生成的伪造人脸，准确率便会迅速降低至 70%，而 Face X-ray 方法则能在几乎所有的设置下达到 95%左右的准确率，具有良好的泛化性和通用性。

$$L_b = -\sum_{\{x,B\}\in D} \frac{1}{N} \sum_{i,j} \left[B_{i,j} \log \hat{B}_{i,j} + (1-B_{i,j})\log(1-\hat{B}_{i,j}) \right] \tag{7-2}$$

$$L_c = -\sum_{\{x,B\}\in D} \left[c\log\hat{c} + (1-c)\log(1-\hat{c}) \right] \tag{7-3}$$

2) 基于注意力机制的检测方法

大多数深度伪造方法通常只对人脸的局部区域进行修改，如眼睛、嘴巴、鼻子等特征区域。这种局部修改方式意味着伪造痕迹往往集中在这些关键区域，因此将检测模型的注意力集中在这些区域，可以显著提高检测的效果。基于这一观察，研究人员提出了一系列基于注意力机制的检测方法，这些方法能够更加灵活适应伪造痕迹的分布，从而有效提高检测的准确率。

一种常见的思路是分离出人脸的不同区域，如眼睛、嘴巴、鼻子等，并使用注意力模型对这些区域进行独立检测。这种方法的优点在于，它能够聚焦于伪造痕迹最可能出现的区域，从而更有效地发现伪造。然而，这种方法通常需要手动划分人脸区域，这不仅增加了预处理的复杂性，而且可能会限制模型在处理不同面部特征和姿势时的泛化能力。

为了克服手动划分区域的局限性，一些研究人员提出了更细粒度的基于注意力的数据增强框架。例如，文献[105]设计了一种数据增强机制，通过引导模型的注意力分布来发现伪造痕迹。该方法能够自动聚焦于细微的伪造特征，而不依赖于预定义的人脸区域划分。这种框架有效地增强了模型对伪造痕迹的敏感性，使其能够识别出更复杂的深度伪造技术。这种方法不仅提高了模型的检测能力，还显著提升了模型的泛化性，适用于不同类型的深度伪造数据集。

3) 基于对比学习的检测方法

在图像传播过程中常常会遇到压缩的情况，而现有的深度伪造检测方法在面对压缩后的伪造图像时，检测性能会有所下降。为提高对图像压缩的鲁棒性，这类方法的主要思路如下：将一对原始伪造图像和压缩伪造图像编码到对压缩不敏感的嵌入特征空间，使原始与压缩伪造图像之间的距离最小化，并使真实图像与伪造图像之间的距离最大化，形成一种对比学习方式。这种实例级对比学习(instance-level contrastive learning)仅限于学习粗粒度的表征。在此基础上，有方法进一步提出了双对比学习(dual contrastive learning)方法，利用不同人脸之间的对比学习获取与检测任务相关的判别特征，并通过同一人脸真实与伪造图像之间的对比学习充分建模与学习伪造人脸的局部特征不一致性。实验结果表明，这种双对比学习方式显著提升了检测性能。

除了上述的三类方法外，还有很多方法在伪造和篡改的人脸检测上面展现了非常好的效果。例如，人们发现基于生成对抗网络(GAN)的人脸伪造方法，会留下一些"指纹"信息，文献[106]通过检测这些"指纹"来发现由 GAN 伪造的人脸图像。然而，随着图像生成技术的进步，人们开始研究更深层次的"指纹"特征，并将伪造人脸图像的频域特征作为补充，有助于构造更好的深度伪造人脸检测算法。

视频的深度伪造检测可能比图像的深度伪造检测更容易一些，这是因为伪造视频中难免存在大量的伪造痕迹。一方面，视频包含大量的多模态信息，如时序信息、行为特征信息等，都可以用来增加伪造检测的准确率。另一方面，在检测伪造视频的过程中，不同帧的检测效果是可以累加的，随着被检测出来的伪造帧越多，整个视频是伪造的可能性也就越高。整体来说，图像、视频的深度伪造检测的巨大挑战来源于层出不穷的伪造新技术和伪造新内容，这对检测模型的持续更新和升级提出了极高的要求。特别是大规模生成式模型，如 DALL-E、Stable Diffusion 等方法的兴起，直接导致人工智能模型生成数据量激增，产生更加多样化的检测场景和检测需求，亟须研究更强大、更通用的检测技术。

7.1.2 差分隐私

窃取数据是另一种威胁数据安全的攻击手段，防御方法主要有差分隐私和同态加密，前者针对个体的隐私保护，后者则对整体数据进行加密。本节主要介绍差分隐私方法。

差分隐私(differential privacy, DP)于 2006 年被提出，在数据隐私保护方面有着优异表现，广泛应用于各类相关的软件产品中，例如，在输入法和搜索功能中使用差分隐私来保护用户数据。此外，差分隐私也被广泛应用于数据发布、统计调查、机器学习模型训练等场景，有助于在共享数据的同时保护个人隐私。

差分隐私的核心原理是通过在数据中引入适当的噪声，以掩盖数据样本的真实信息。添加的噪声量与隐私预算(privacy budget)相关，隐私预算越高，添加的噪声越少，隐私保护能力越弱；预算越低，噪声越多，其隐私保护能力越强。这里，隐私预算是一个正数，表示能够容忍的隐私泄露风险的程度。注意，差分隐私保护的主体不是数据集的整体性隐私，而是其中每一个样本的隐私。

差分隐私最早被用于数据查询业务，对此提出了相邻数据集(neighboring datasets)的概念，即只差一条记录的两个数据集称为相邻数据集，例如，有数据集 A：{"幸福路"，"奋斗路"，"胜利路"}、B：{"幸福路"，"奋斗路"}和 C：{"解放路"，"奋斗路"，"胜利路"}，则 A 与 B 或 A 与 C 都称为相邻数据集。差分隐私有着非常严格的数学原理，相关介绍如下。

差分隐私：对于一个随机算法 M，P_m 为算法 M 所有可能输出的集合，算法 M 满足(ε, δ)-DP，当且仅当相邻数据集 D 和 D' 对 M 的所有可能输出子集 $S_m \subseteq P_m$，满足不等式(7-4)：

$$P_r[M(D) \subseteq S_m] \leqslant \mathrm{e}^\varepsilon P_r[M(D') \subseteq S_m] + \delta \tag{7-4}$$

其中，ε 为隐私预算，ε 越小则隐私预算越低，意味着差分隐私算法使得查询函数在一对相邻数据集上返回结果的概率分布越相似，故而隐私保护程度越高；δ 表示打破 (ε,δ)-DP 限制的可能性，当 $\delta = 0$ 时，可称为 ε-DP，此时的隐私保护更加严格。

差分隐私有两条非常重要的合成性质，分别为顺序合成和平行合成。

顺序合成：给定 K 个相互独立的随机算法 $M_i(i=1,2,\cdots,K)$，分别满足 ε_i-DP，如果将它们作用在同一个数据集上，则这些算法的任意函数满足 $\sum_{i=1}^{K}\varepsilon_i$-DP。

平行合成：将数据集 D 分割成 K 个不相交的子集 $\{D_1,D_2,\cdots,D_K\}$，在每个子集上分别作用满足 ε_i-DP 的随机算法 M_i，则数据集 D 整体满足 $\max\{\varepsilon_1,\varepsilon_2,\cdots,\varepsilon_K\}$-DP。

顺序合成表明，将多个算法组成的序列同时作用在一个数据集上，最终的隐私预算等于算法序列中单个算法隐私预算的总和。平行合成表明，当多个算法分别作用在一个数据集的不同子集上时，整体的隐私预算为所有算法隐私预算的最大值。

2010 年，相关研究工作[107]又为差分隐私提出了两条重要性质，分别为交换不变性和中凸性。

交换不变性：在数据集 D 中，若给定任意算法 M_1 满足 ε-DP，对于任意算法 M_2（M_2 不一定满足差分隐私），则 $M_2(M_1(D))$ 满足 ε-DP。

中凸性：给定满足 ε-DP 的随机算法 M_1 和 M_2，对于任意的概率 $P \in [0,1]$，用 AP 表示一种选择机制，以 P 的概率选择算法 M_1，以 $1-P$ 的概率选择算法 M_2，则 AP 机制满足 ε-DP。

在了解差分隐私的基本原理之后，接下来要思考的问题是如何构建差分隐私模型。在查询任务中，差分隐私是通过给查询结果添加噪声来完成隐私保护的，添加的噪声越多，对隐私信息的保护会更好，但同时也会使得查询结果的可用性降低。因此，噪声的添加量是一个非常重要的参数。函数敏感度则为噪声的添加量提供了依据，所以提出使用全局敏感度来控制噪声添加量。

全局敏感度(global sensitivity)：给定查询函数 $f:D \to R$，其中 D 为数据集，R 为查询结果。在任意一对相邻数据集 D,D' 上，全局敏感度定义为

$$S(f) = \max_{D,D'} \| f(D) - f(D') \|_1 \tag{7-5}$$

其中，$\| f(D) - f(D') \|_1$ 表示 $f(D)$ 与 $f(D')$ 之间的曼哈顿距离。

然而，根据全局敏感度所添加的噪声量会对数据产生过度的保护，从而影响数据的可用性。对此，提出了局部敏感度的概念。

局部敏感度(local sensitivity)：给定查询函数 $f:D \to R$，D 为数据集，R 为查询结果。在任意一对相邻数据集 D,D' 上，局部敏感度定义为

$$\mathrm{LS}(f) = \max_{D'} \| f(D) - f(D') \|_1 \tag{7-6}$$

比较式(7-5)和式(7-6)可以看出，局部敏感度只是针对一个特定数据集 D 而言的，而全局敏感度则涵盖任意一对相邻数据集。

了解噪声添加量的控制之后，添加何种噪声又成为必须思考的问题。添加的噪声类型会对结果产生直接的影响。因此，接下来将介绍几种广泛使用的噪声添加机制，分别为拉普拉斯机制、高斯机制和指数机制。

(1) 拉普拉斯机制。

如式(7-7)所示，给定一个函数 $f:D \to R$，对其输出加入符合特定拉普拉斯分布的噪声，则可使机制 M 满足 ε-DP：

$$M(D) = f(D) + \text{Lap}\left(\frac{S(f)}{\varepsilon}\right) \tag{7-7}$$

其中，$\text{Lap}\left(\frac{S(f)}{\varepsilon}\right)$ 表示位置参数为 0、尺度参数为 $S(f)/\varepsilon$ 的拉普拉斯分布，$S(f)$ 为函数 f 的敏感度。

(2) 高斯机制。

如式(7-8)所示，对于函数 $f:D \to R$，若要使其满足 (ε,δ)-DP，则在函数输出值上加入符合相应分布的高斯噪声：

$$M(D) = f(D) + \mathcal{N}(\delta^2), \quad \text{s.t.} \delta^2 = \frac{2S(f)^2 \log(1.25/\delta)}{\varepsilon} \tag{7-8}$$

其中，$\mathcal{N}(\delta^2)$ 表示中心为 0、方差为 δ^2 的高斯分布；$S(f)$ 为函数 f 的敏感度。高斯机制与拉普拉斯机制除了分布本身的不同，高斯机制满足的是 (ε,δ)-DP，相比于拉普拉斯机制更宽松一些。

(3) 指数机制。

前两种机制通过直接在函数输出值上添加噪声来完成差分隐私，主要应对的是数值型函数。指数机制应对的则是非数值型函数，通过概率化输出值来完成差分隐私。例如，对于一个查询函数 f，其输出值是一组离散数据 $\{R_1, R_2, \cdots, R_K\}$ 中的元素，指数机制的思想是：对于 f 的输出值，不是确定性的 R_i，而是以一定的概率返回结果，因此会涉及计算概率值的打分函数 $q(D, R_i)$，D 为数据集，$q(D, R_i)$ 为输出结果为 R_i 的分数，若要使机制 M 满足 ε-DP，则有

$$M(D) = \text{return}\left(R_i \propto \exp\left(\frac{\varepsilon q(D, R_i)}{2S(q)}\right)\right) \tag{7-9}$$

其中，$S(q)$ 为函数 q 的敏感度。对其归一化则得到输出值 R_i 的概率，表示为 $\Pr(R_i)$，计算公式如下：

$$\Pr(R_i) = \frac{E(i)}{\sum_{j=1}^{N} E(j)}, \quad \text{s.t.} E(i) = \exp\left(\frac{\varepsilon q(D, R_i)}{2S(q)}\right) \tag{7-10}$$

7.1.3 同态加密

相对于 7.1.2 节所介绍的差分隐私方法，同态加密是对整体数据进行加密的一种方法。近年来，随着计算机计算能力的提升和算法性能的优化，同态加密正逐渐成为数据安全和隐私保护的重要工具。

同态加密(homomorphic encryption, HE)指满足密文同态运算性质的加密算法[108]，即数据经过同态加密之后，对密文进行特定的计算，计算结果在进行对应的同态解密后得到的明文结果，等同于对明文数据直接进行相同特定的计算，这就可实现数据的"可算不可见"。同态加密可表示为一个四元组 $H = \{\text{KeyGen}, \text{Enc}, \text{Dec}, \text{Eval}\}$。其中，KeyGen 为密匙生成函数，Enc 为加密函数，Dec 为解密函数，Eval 为评估函数。加密的方式有对称加密和非对称加密两种。令 M 为明文空间，C 为密文空间，对于对称加密，首先由密匙生成元 g 和密匙生成函数 KeyGen 生成密钥 $\text{sk} = \text{KeyGen}(g)$，然后使用加密函数 Enc 对明文进行加密：$C = \text{Enc}_{\text{sk}}(M)$，解密则使用 Dec 对密文 C 进行解密：$M = \text{Dec}_{\text{sk}}(C)$。对于非对称加密，使用密匙生成元 g 和密匙生成函数 KeyGen 生成 $\text{pk}, \text{sk} = \text{KeyGen}(g)$，其中 pk 为公匙，用于对明文加密：$C = \text{Enc}_{\text{pk}}(M)$；sk 为私匙，用于对密文解密：$M = \text{Dec}_{\text{sk}}(C)$。

如果一种同态加密算法支持对密文进行任意形式的计算(即满足加法和乘法)，则称其为全同态加密(fully homomorphic encryption, FHE)；如果支持对密文进行部分形式的计算，则称之为部分同态加密(partially homomorphic encryption, PHE)，即仅支持加法、仅乘法；若支持有限次加法和乘法，则称其为半同态加密或近似同态加密(somewhat homomorphic encryption, SWHE)。

在本节中，首先将解释 HE 理论的基础知识，然后介绍著名的 PHE、SWHE 和 FHE 方案。对于每个方案，还给出了方案的简要描述。

加法同态。如果满足式(7-11)：

$$f(A) + f(B) = f(A+B), \quad f(A+B) = f(A) + f(B) \tag{7-11}$$

则这种加密函数称为加法同态[109,110]。

乘法同态。如果满足式(7-12)：

$$f(A) \times f(B) = f(A \times B), \quad f(A \times B) = f(A) \times f(B) \tag{7-12}$$

则这种加密函数称为乘法同态。

同态的统一形式。结合式(7-11)和式(7-12)，下面可以定义，如果加密方案支持以下等式，则称为操作"*"上的同态：

$$E(m_1) * E(m_2) = E(m_1 * m_2), \quad \forall m_1, m_2 \in M \tag{7-13}$$

其中，E 是加密算法；M 是所有可能消息的集合。

为了创建一个允许对任意函数进行同态评估的加密方案，只允许加法和乘法运算就足够了，因为加法和乘法是有限集上的功能完整集。特别的是，任何布尔电路都可以仅使用 XOR(加法)和 AND(乘法)门来表示。虽然 HE 方案可以使用相同的密钥进行加密和解密(对称)，但它也可以设计为使用不同的密钥进行加密和解密(非对称)。

HE 方案的主要特征在于四个操作：KenGen、Enc、Dec 和 Eval。KeyGen 为 HE 的非对称版本生成密钥和公钥对，或者为对称版本生成单个密钥。实际上，KeyGen、Enc 和 Dec 与传统加密方案中的经典任务没有什么不同。然而，Eval 是一种 HE 特定的操作，它将密文作为输入并输出对应于功能明文的密文。Eval 对密文 (c_1,c_2) 执行函数 $f(\cdot)$ 而看不到消息 (m_1,m_2)。这种同态加密最关键的一点是，为了正确解密，必须保留评估过程后的密文格式。此外，密文的大小也应该是恒定的，以支持无限数量的操作。否则，密文大小的增加将需要更多的资源，这将限制操作的数量。

在所有 HE 变种方案中，PHE 仅支持用于加法或乘法的 Eval 函数，SWHE 仅支持有限数量的运算，而 FHE 方案支持对任意函数(如搜索、排序、最大值、最小值等)进行评估，且对密文的操作次数没有限制。下面分别进行介绍。

1. 部分同态加密算法

RSA 是部分同态加密(PHE)的早期例子，并在发明公钥密码学后不久被提出。RSA 是公钥密码系统的第一个可行的成果。随后，有工作证明了 RSA 的同态特性。RSA 密码系统的安全性基于两个大素数乘积的因式分解问题的难度，RSA 定义如下。

KeyGen 算法：首先，对于大素数 p 和 q，计算 $n = pq$ 和 $\varphi = (p-1)(q-1)$。然后，选择 e 使得 $\gcd(e,\varphi)$ 和 d 通过 e 的乘法逆元(multiplicative inverse)(即 $e = 1 \bmod \varphi$)来计算。最后，(e,n) 作为公钥对发布，而 (d,n) 作为私钥对保留。

Enc 算法：首先将消息转换成明文 m，使得 $0 \leqslant m < n$，则 RSA 加密算法如式(7-14)所示：

$$c = E(m) = m^e (\bmod\ n), \quad \forall m \in M \tag{7-14}$$

其中，c 是密文。

Dec 算法：消息 m 可以使用密钥对 (d,n) 从密文 c 中恢复，如式(7-15)所示：

$$m = D(c) = c^d (\bmod\ n) \tag{7-15}$$

同态性：对于 $m_1, m_2 \in M$，满足式(7-16)：

$$\begin{aligned} E(m_1) * E(m_2) &= (m_1^e (\bmod\ n)) * (m_2^e (\bmod\ n)) \\ &= (m_1 * m_2)^e (\bmod\ n) = E(m_1 * m_2) \end{aligned} \tag{7-16}$$

RSA 的同态性质表明，$E(m_1 * m_2)$ 可以直接使用 $E(m_1)$ 和 $E(m_2)$ 来评估它们，而无须解密它们。换句话说，RSA 只在乘法上是同态的。因此，它不支持密文的同态加法。

2. 半同态加密算法

半同态加密(SWHE)算法出现早于全同态加密算法，被认为是后者的基础。在第一个全同态加密算法被提出之前，已经有许多算法可以进行有限次数的加法和乘法运算，BGN(Boneh-Goh-Nissim)算法是一种著名的 SWHE 算法，由 Dan Boneh、Eu-Jin Goh 和 Kobbi Nissim 在 2005 年提出。它的设计目标是支持加密数据上的特定类型的运算，而无须在解密的情况下处理数据。具体来说，BGN 算法支持加法同态性和一次乘法，即它可以在加密文本上执行任意次加法运算以及一次乘法运算。

该方案的难度基于子群决策问题。接下来，首先介绍群、子群和复合阶的概念。在群论中，群(group)是代数学的基本结构之一，它描述了一组元素和一种二元运算，满足特定的公理。群的概念在数学的许多领域中起到重要作用，特别是在代数、几何和物理学中。一个群 G 是一个非空集合，并且在其上定义一种二元运算(通常记为"*")，该运算满足以下四个条件。

封闭性(closure)：对于任意两个元素，经过上述二元运算后，结果仍属于该群。

结合律(associative law)：对于任意三个及以上的元素，在二元运算下满足结合律，最后结果与运算执行顺序无关。

单位元(identity element)：存在一个元素 e，该元素与任意该群内的元素的二元运算满足交换律。这个元素 e 称为单位元。

逆元(inverse element)：对于每个元素，存在另一个元素，使得两个元素进行二元运算后的结果仍为单位元，且运算满足交换律，则称第二个元素为逆元。

如果 H 是群 G 的一个子集，并且 H 本身在 G 的二元运算下也是一个群，那么称 H 为 G 的子群(subgroup)。

复合阶(composite order)指的是群 G 的元素个数。如果 G 是有限群，那么它的复合阶是有限的，且被定义为 $|G|$。如果 G 是无限群，那么它的复合阶是无限的。

子群决策问题简单地决定一个元素是否是复合阶 $n=pq$ 的群 G 的子群 G_p 的成员，其中 p 和 q 是不同的质数。BGN 算法的定义如下。

KeyGen 算法：公钥以 (n,G,G_1,e,g,h) 的形式存在。在公钥中，e 是一个双线性映射，即有 $e:G\times G\to G_1$，其中 G,G_1 是阶 $n=q_1q_2$ 的群。g 和 u 是 G 的生成器，集合 $h=u^{q_2}$，h 是 G 的生成器，阶数为 q_1，作为密钥隐藏。

Enc 算法：要加密信息 m，使用预先计算的 g 和 h 从集合 $\{0,1,\cdots,n-1\}$ 中选取并加密随机数 r，如式(7-17)所示：

$$c=E(m)=g^m h^r \bmod n \tag{7-17}$$

Dec 算法：要解密密文 c，首先计算 $c'=c^{q_1}=\left(g^m h^r\right)^{q_1}=\left(g^{q_1}\right)^m$ 和 $g'=g^{q_1}$，使用密钥 q_1 完成解密，如式(7-18)所示：

$$m=D(c)=\log_{g'} c' \tag{7-18}$$

为了高效解密，消息空间应保持较小，因为离散对数无法快速计算。

加法同态性证明：使用密文 $E(m_1)=c_1$ 和 $E(m_2)=c_2$ 对明文 m_1 和 m_2 进行同态加法，如式(7-19)所示：

$$c=c_1c_2h^r=(g^{m_1}h^{r_1})(g^{m_2}h^{r_2})h^r=g^{m_1+m_2}h^{r'} \tag{7-19}$$

其中，$r=r_1+r_2+r'$，可以看出 m_1+m_2 可以很容易地从生成的密文 c 中恢复。

乘法同态性证明：要执行同态乘法，需要使用 n 阶 g_1 和 q_1 阶 h_1 并且令 $g_1=e(g,g)$，$h_1=e(g,h)$，$h=g^{\alpha q_2}$。然后，使用密文 $c_1=E(m_1)$ 和 $c_2=E(m_2)$ 计算消息 m_1 和 m_2 的同态乘法，如式(7-20)所示：

$$c = e(c_1, c_2)h_1^r = e(g^{m_1}h^{r_1}, g^{m_2}h^{r_2})h_1^{r'} = g_1^{m_1 m_2} h_1^{m_1 r_1 + r_2 m_1 + \alpha q_2 r_1 r_2 + r} = g_1^{m_1 m_2} h_1^{r'} \quad (7\text{-}20)$$

其中，r' 和 r 为相同的分布，因此 m_1 和 m_2 可以从密文 c 中得到恢复。但是，c 现在在群 G_1 中，而不是 G 中。因此，在 G_1 中不允许进行另一个同态乘法运算，因为集合 G_1 中没有配对。但是，在 G_1 中生成的密文仍然允许无限数量的同态加法。

3. 全同态加密算法

如果加密方案允许对加密数据进行无限数量的评估操作并且结果输出在密文空间内，则该加密方案称为全同态加密(FHE)。FHE 算法可基于理想格(ideal lattice)密码实现，下面首先简要介绍格(lattice)。

格是独立向量(基向量) $b_1, b_2, \cdots, b_n$ 的线性组合。格 L 被定义为

$$L = \sum_{i=1}^{n} b_i * v_i, \quad v_i \in Z \quad (7\text{-}21)$$

其中，每个向量 $b_1, b_2, \cdots, b_n$ 称为格 L 的基。格的基不是唯一的，一个给定的格有无穷多个基。如果基向量几乎正交，则称为"好"基，否则称为格的"坏"基。基于格的概念，人们提出了影响重大的 FHE 算法。

第一个 FHE 方案是由 Goldreich、Goldwasser 和 Halevi(简称为 GGH 方案)在 1997 年提出的一种基于格问题的同态加密算法，这是一种基于格子缩减问题的重要的公钥加密(PKE)方案，最初由文献[111]提出。通过在 GGH 密码系统中使用双层(而不是一层)思想嵌入噪声来加密消息。该算法使用称为"压缩"(squashing)和"自举"(bootstrapping) 的方法来获得允许对其执行许多同态操作的密文。Squashing 技术的目的是减小加密电路的噪声累积速度，延长可以进行同态运算的深度。每次同态运算(如加法或乘法)都会导致加密数据中的噪声增加，而一旦噪声超过某个阈值，解密操作就会失败。因此，传统的全同态加密方案只能支持有限次数的运算，因为随着运算次数的增加，噪声也会不断积累。为了延长运算的可能深度，Squashing 技术对解密电路进行了优化，将解密过程转化为一个浅层的逻辑电路。这一过程涉及对解密电路进行复杂的数学变换，使得每次运算引入的噪声增长得更慢，进而允许进行更多次的加密运算。Bootstrapping 技术是全同态加密的核心突破之一，它被用于"刷新"加密数据中的噪声，使其可以进行无限次的运算。具体来说，Bootstrapping 是一种自举技术，通过同态解密加密数据并对其重新加密来去除噪声。该技术主要分为三个阶段，解密、刷新及重新加密。首先当加密数据的噪声逐渐增加到接近阈值时，使用加密的私钥在密文中执行同态解密操作。这个同态解密过程需要先加密私钥，并将其作为一个输入数据。随后在同态解密的过程中，密文得到了刷新，即其噪声被"重置"为一个低噪声的新密文，使得可以再次进行加密运算。这个过程允许在任意加密电路上进行无限次运算，因为每当噪声接近极限时，Bootstrapping 操作可以将其刷新。

通过这些操作，同态运算过程可以一次又一次地重复。换句话说，可以评估对密文的无限操作，这使得该方案完全同态。作为初始构造，使用理想(ideal)和环(而不是格)来设计同态加密方案，其中理想是环的属性保留子集，如所有的偶数所构成的子集。然

后，方案中使用的每个理想都由格子表示。例如，在整数环 Z 中关于 $f(x)$ 的理想 I，其中 $f(x)$ 的长度为 n，可以轻松地通过基为 B_I、长度为 n 的格子的一列表示。基 B_I 会生成一个 $n \times n$ 的矩阵。下面描述该工作使用理想和环改进的 SWHE 方案。

KeyGen 算法：对于给定的环 R 和理想 I 的基 B_I，IdealGen(R, B_I) 算法生成 (B_J^{sk}, B_J^{pk}) 对，其中 IdealGen$(\cdot)$ 是一个输出具有基 B_I 的理想格子的互质公共和私密密钥基的算法，使得 $I + J = R$。Samp$(\cdot)$ 也用于密钥生成，以从给定的理想陪集中进行采样，其中一个陪集是通过将理想移动一定量获得的。最后，公钥由 $(R, B_I, B_J^{pk}, \text{Samp}(\cdot))$ 组成，而私钥仅包括 B_J^{sk}。

Enc 算法：对于随机选择的向量 r 和 g，使用从理想格 L 的一个"坏"基 B_{pk}（公钥）中选择的基进行加密，将消息 $m \in \{0,1\}^n$ 按照式(7-22)加密为

$$c = E(m) = m + r \cdot B_I + g_J^{pk} \tag{7-22}$$

其中，B_I 是理想格 L 的基，这里 $m + r \cdot B_I$ 被称为"噪声"参数。

Dec 算法：通过使用私钥(基) B_J^{sk}，密文解密如式(7-23)所示：

$$m = c - B_J^{sk} \cdot \left[(B_J^{sk})^{-1} \cdot c\right] \bmod B_I \tag{7-23}$$

其中，$[\cdot]$ 是最接近的整数函数，它返回矢量系数的最接近的整数。

加法同态性证明：对于明文向量 $m_1, m_2 \in \{0,1\}^n$，加法和乘法同态可以很容易地验证，如式(7-24)所示：

$$c_1 + c_2 = E(m_1) + E(m_2) = m_1 + m_2 + (r_1 + r_2) \cdot B_I + (g_1 + g_2) \cdot B_J^{pk} \tag{7-24}$$

显然，$c_1 + c_2$ 仍保持格式，并在密文空间内。为了解密密文的和，对 $c_1 + c_2$ 取模 B_J^{pk}，结果等于 $m_1 + m_2 + (r_1 + r_2) \cdot B_I$，对于噪声量小于 $B_J^{pk}/2$ 的密文，解密算法能够正常工作，并通过对噪声取模 B_I 来正确恢复消息 $m_1 + m_2$ 的和。

乘法同态性证明：与加法类似，可以设置 $e = m + r \cdot B_I$，同态特征可以如式(7-25)所示：

$$c_1 + c_2 = E(m_1) \times E(m_2) = e_1 \times e_2 + (e_1 \times g_2 + e_2 \times g_1 + g_1 \times g_2) \cdot B_J^{pk} \tag{7-25}$$

其中，$e_1 \times e_2 = m_1 \times m_2 + (m_1 \times r_2 + m_2 \times r_1 + r_1 \times r_2) \cdot B_I$。可以轻松验证，密文上的乘法操作得到的输出仍处于密文空间内。如果噪声 $|e_1 \times e_2|$ 足够小，那么可以从密文 $c_1 \times c_2$ 的乘积中正确恢复明文 $m_1 \times m_2$ 的乘积。

算法首先采用 Squashing 技术降低复杂度，随后采用 Bootstrapping 技术，可以把一个满噪声的 FHE 密文加密进另一个 FHE 密文中，并且同态计算 FHE 的解密算法，把里层的密文解密还原为原文，就能获得一个全新的低噪声 FHE 密文。简而言之，首次同态解密的密文去除了噪声，然后新的同态加密引入了少量新的噪声到密文中。现在，密文就像刚刚加密一样。

目前，同态加密算法已在区块链、联邦学习等存在数据隐私计算需求的场景实现了应用。由于全同态加密研究仍处于探索阶段，目前存在算法运行效率低、密钥过大和密文爆炸等问题，与工程应用还存在一定距离，在特定应用场景中常常是实现有限的同态计算功能。

7.1.4 联邦学习

传统的机器学习方法通常将不同来源的数据汇集到一个计算节点，由该节点负责使用汇总的数据进行模型训练。然而，在现实应用中，不同数据拥有者之间可能由于隐私、竞争等因素，不能共享数据，导致形成大量的"数据孤岛"。此外，计算节点一旦遭受恶意攻击，可能会导致所有数据拥有者的隐私泄露。在这种背景下，将多方数据汇聚到计算节点统一处理的方法变得越来越难以实现。

为此，学术界和工业界提出了在保障各方数据安全的前提下实现多方协作模型训练(multi-party collaborative model training)的框架。联邦学习(federated learning, FL)正是在这种背景下应运而生，其核心思想是使用模型梯度(或参数)传递代替原始训练数据传递，从而确保数据不离开本地，同时多方协作完成模型训练。谷歌在2016年将联邦学习部署到智能手机上，用于手机输入法中的下一输入单词预测，这是联邦学习首次成功应用的典范，为机器学习开启了一种新的模型训练范式。

联邦学习的优化目标是使各参与方的平均损失最小，可表示如下：

$$\min_{W} \frac{1}{N} \sum_{i=1}^{N} \mathbb{E}_{(X,Y)} \left[\mathcal{L}\left(f_w(X_i), Y_i\right) \right] \tag{7-26}$$

其中，N 为参与方的个数；X_i 和 Y_i 表示第 i 个参与方的本地训练样本集和标签集；$\mathcal{L}$ 为损失函数，这里假设各参与方使用相同的模型 f_w。

典型联邦学习框架是一种"参与方-服务器"结构[112]。参与方利用本地数据更新本地模型，服务器则负责聚合不同参与方的梯度信息，并在服务器上完成对模型的更新。服务器通常由可信第三方机构或者数据体量最大的参与方来担任。参与方上传的梯度信息中仍然包含大量参与方本地数据的隐私信息，可以使用差分隐私和同态加密进行保护。参与方利用本地数据计算模型梯度，并将梯度信息进行加密后发送至服务器；然后，服务器聚合参与方的加密梯度，并将聚合后的梯度广播至各参与方；最后，参与方对收到的信息进行解密，并利用解密的梯度信息更新模型参数。

联邦学习主要分为横向联邦学习和纵向联邦学习。令 I 为数据样本 ID 空间，X 为样本特征空间，Y 为样本标签空间，则一组训练数据集可表示为 (I, X, Y)，第 i 个参与方的本地数据集为 $D_i(I_i, X_i, Y_i)$。横向联邦学习(horizontal federated learning, HFL)，又称为特征对齐的联邦学习(feature-aligned federated learning)，相当于对全局数据集进行横向切分，不同的参与方拥有相同的特征集，但拥有不同的数据样本。也就是说，横向联邦学习适用于各参与方特征重叠较多，但样本 ID 重叠较少的情况，多方协作的目的是增加训练样本数量。例如，不同城市的银行之间通常具有类似的业务(数据特征)，但拥有不同用户(数据样本 ID)。横向联邦的适用场景除了可以解决同类业务不同地域之间的数据孤岛问题，也可以联合数量庞大的移动设备，如智能手机、无人系统等，训练一个强大的全局模型。当参与设备为智能手机等算力较弱的设备时，参与方和服务器之间的梯度信息传输代价将高于其计算代价。因此，联邦学习通常不使用随机梯度下降来更新全局模型，而是让参与方在本地数据上多进行几轮迭代后，再将梯度信息(或模型参数)传输到服务器端进行平均和更新。

横向联邦学习领域最经典的算法是联邦平均(FedAvg),它通过在每个客户端上独立训练本地模型并计算其权重平均来实现模型更新。具体而言,FedAvg 首先在每个客户端上进行本地训练,使用本地数据来优化模型参数。然后,这些客户端将其更新后的模型参数发送回服务器。服务器接收到这些参数后,按照一定的权重对它们进行加权平均,形成新的全局模型。经过上述过程的多轮迭代,客户端与服务器进行多次通信后,全局模型能够学习到客户端本地数据相关的知识,从而得到适应所有客户端的全局模型。FedAvg 在有效性和隐私保护方面具有显著优势,因为数据始终保留在本地,不需要集中存储。

然而,FedAvg 也存在一些挑战,例如,客户端与服务器的多轮迭代会带来显著的通信代价。虽然可以通过参与方在本地的多次迭代,减少通信代价,但是迭代次数过多也会增加参与方节点的计算负担,甚至会使一些算力受限的参与方无法完成训练,同时多次迭代也会使参与方的本地模型偏离全局模型,进而影响全局模型的收敛。导致这一问题的根本原因在于联邦学习中的异质性(heterogeneity),包括各参与方之间的设备异质、数据异质和模型异质等。设备异质会使得设备间的通信和计算存在较大差异,导致不同设备之间更新不同步等问题;数据异质主要是由不同参与方的个性化导致数据非独立同分布(non-independently and identically distributed, Non-IID);而模型异质是由计算资源的限制导致不同设备可能会选择不同(量级)的模型来参与运算。一种应对数据异质性的方法是个性化联邦学习(personalized FL, PFL),其采用模型不可知的元学习(model agnostic meta learning, MAML)思路,将 FedAvg 解释为一种元学习算法,除了参与方协同训练的全局模型外,还有各自的个性化模型。具体来说,先使用 FedAvg 得到初始模型,其中参与方采用较大的迭代周期,然后对 FedAvg 得到的初始模型进行微调,最后在参与方本地进行个性化操作。

与横向联邦学习相对,纵向联邦学习(vertical federated learning, VFL),又称为样本对齐的联邦学习(sample-aligned federated learning),相当于对全局数据集进行纵向切分。因此,纵向联邦学习适用于各参与方之间数据样本 ID 重叠较多但特征重叠很少的情况,协作的目的是增加数据特征。例如,同一地区的银行和电商之间拥有相同的客户群体,但是拥有不同的业务和数据特征。纵向联邦学习主要包含两个步骤,首先是不同机构之间相同实体的对齐,其次便是利用共同用户实体的数据协同训练模型。

安全线性回归(secure linear regression, SLR)是最常用、最经典的纵向联邦学习算法,是线性回归算法的联邦化版本,所以也称为联邦线性回归。安全线性回归之所以称为"安全",是因为它使用同态加密技术保护参与方之间传输信息的安全。假定有 A、B 两个参与方,其中只有 B 方拥有数据的标签,即 A 方数据为 $\{x_i^A\}_{i=1}^{n_A}$,B 方数据为 $\{x_i^B, y_i\}_{i=1}^{n_B}$,其中 x_i^A, x_i^B 为数据特征,y_i 为数据标签。令 w_A, w_B 为 A、B 双方的模型参数,则安全线性回归的优化目标为

$$\min_{w_A, w_B} \sum_i |w_A x_i^A + w_B x_i^B - y_i|^2 + \frac{\lambda}{2}(|w_A|^2 + |w_B|^2) \tag{7-27}$$

简化起见,令 $u_i^A = w_A x_i^A$,$u_i^B = w_B x_i^B$,$[[\cdot]]$ 表示加法同态加密,利用加法同态的性

质，令

$$[[\mathcal{L}_A]] = \left[\left[\sum_i (u_i^A)^2 + \frac{\lambda}{2}|w_A|^2\right]\right] \qquad (7\text{-}28)$$

$$[[\mathcal{L}_B]] = \left[\left[\sum_i (u_i^B - y_i)^2 + \frac{\lambda}{2}|w_B|^2\right]\right] \qquad (7\text{-}29)$$

$$[[s_{AB}]] = 2\sum_i \left[\left[u_i^A(u_i^B - y_i)\right]\right] \qquad (7\text{-}30)$$

则目标函数可表示为

$$[[\mathcal{L}]] = [[\mathcal{L}_A]] + [[\mathcal{L}_B]] + [[s_{AB}]] \qquad (7\text{-}31)$$

在使用梯度下降算法进行模型优化时，A、B双方的梯度分别为

$$\left[\left[\frac{\partial \mathcal{L}}{\partial w_A}\right]\right] = 2\sum_i [[d_i]] x_i^A + [[\lambda w_A]] \qquad (7\text{-}32)$$

$$\left[\left[\frac{\partial \mathcal{L}}{\partial w_B}\right]\right] = 2\sum_i [[d_i]] x_i^B + [[\lambda w_B]] \qquad (7\text{-}33)$$

其中，$[[d_i]] = [[u_i^A]] + [[u_i^B - y_i]]$。由此可见，A、B双方为了求得准确的梯度，均需要对方的信息。此外，为了防止A、B双方通过传输的信息窥探对方的隐私信息，需要借助一个安全可信的第三方来协助完成加密解密工作，这里的第三方可选择公信力和权威性高的机构。

7.2 模型安全防御

模型安全防御技术保护模型在训练、部署和应用过程中不受各种形式的威胁与攻击。对于模型的安全防御也分为两方面：一方面，通过使用模型水印和模型指纹，可以有效保护模型的知识产权，预防训练好的模型的参数和结构被非法窃取或不当使用；另一方面，通过对抗性训练，防止模型因为后门攻击等手段产生错误的行为和表现，这种错误的行为和表现不仅出现在模型的准确性、可靠性、鲁棒性等方面，还出现在模型的伦理性和隐私保护等方面。

7.2.1 针对对抗样本攻击的防御

针对对抗样本攻击的防御工作从三个角度来进行讨论。首先是探究对抗样本成因，并非所有的对抗样本都是人工生成的，有些数据本身就是对抗样本，后续关于对抗样本的生成就是在这些天然存在的对抗样本的基础上研究得来的。只有深入了解对抗样本的成因，才能设计防御方法，从源头上防御对抗攻击。其次是对抗样本检测，检测是一种便捷的防御，其不仅能让防御者对检测出来的攻击拒绝服务，而且还能通过检测到的对抗样本定位到攻击者。最后是对抗训练，这是一种主流的对抗防御手段，其通过鲁棒优

化的思想在训练过程中提高模型自身的鲁棒性。下面将分别对对抗样本成因、对抗样本检测和对抗训练等展开介绍。

1. 对抗样本成因

理解对抗样本存在的原因对于设计更有效的防御技术至关重要。自发现对抗样本以来，研究人员已经提出了多种理论假设来解释这些样本的特殊性质。然而，在这一研究领域，有关对抗样本成因的共识尚未形成，不同的假设有时也会相互冲突。

从直观上讲，对抗样本可以被看作针对模型的攻击。可以从多个角度理解模型，如学习器或复杂函数，并包含特征空间、决策边界等不同的组成部分。这使得对抗样本的成因可以从多个角度进行解释。下面介绍几种基于深度学习模型提出的假设，包括高度非线性假说、局部线性假说、边界倾斜假说、高维流形假说以及不鲁棒特征假说。

1) 高度非线性假说

一个优秀的模型应具备良好的泛化能力，这种能力可以细分为非局部泛化和局部泛化两种。以物体图像分类任务为例，非局部泛化是指模型能够正确识别那些与训练样本在像素层面或向量空间中距离较远，但具有相同语义标签的图像样本。例如，如果一个模型能够正确识别从不同视角拍摄的同一物体的图像，即便这些图像在像素层面上差异显著，那么这个模型就显示出了非局部泛化的能力。

局部泛化强调模型的平滑性，即模型应能在接近训练样本的测试样本上表现出预期的行为。具体来说，对于给定的训练样本 x，设定足够小的球半径约束 λ，如果模型能对以 x 为中心、λ 为半径的高维球 $B_\lambda(x)$ 内的所有样本都给出类似的预测结果，则模型具有局部泛化能力。根据基于核方法的平滑假设，模型的局部泛化能力通常优于非局部泛化能力。这表现在：模型对输入数据的微小扰动不敏感，显示出强大的局部泛化能力；而其非局部泛化能力较弱，可能导致模型将一些不重要的概率分配给未被训练样本覆盖的输入空间区域，即便这些区域可能代表与训练数据相同的物体。

针对高度非线性的神经网络模型，基于平滑假说的理论也出现了不适用的情况。以图像输入为例，部分算法能在输入样本的邻域中寻找对抗样本，并用这些对抗样本构建局部泛化的反例。实验表明，虽然随机噪声难以生成对抗样本，但通过特定的对抗算法，几乎可以为每个输入样本制造出微小的扰动，使模型对扰动后的样本进行错误分类，这就证实了神经网络的局部泛化能力很弱。

高度非线性假说认为对抗样本的存在是由于深度神经网络的局部泛化缺陷，这一缺陷源自网络的高度非线性化。具体而言，深度神经网络拥有复杂的高维特征空间，而非线性激活函数和多层结构的叠加使得输入与输出之间的映射具有明显的非线性，在高维空间中形成了大量未被探索的"高维口袋"。这些"高维口袋"因为无法被普通样本覆盖，而且受到训练样本数量的限制，所以其内部的类别信息往往不明确。普通样本很容易通过添加对抗性噪声，沿对抗方向进入这些"高维口袋"，导致模型分类预测失误。此外，这些"高维口袋"可能在高维特征空间中占据了很大部分，形成对抗子空间。

2) 局部线性假说

局部线性假说[112]探讨了对抗样本存在的可能原因。这一假说认为，尽管深度神经网络在总体上表现出非线性,但其中包含的大量线性操作显示了局部的线性性质,这可能是导致对抗样本出现的关键因素。局部线性假说的核心观点是:深度神经网络内部的这些局部线性操作,虽然单独看似简单,但它们的组合和交互可以在模型的预测过程中引入特定的脆弱性。

局部线性假说的验证方法可以分为三个主要步骤,具体如下。

第一步,用线性模型验证输入扰动的敏感性。通过简单的线性模型展示高维线性转换如何对输入变化进行无限放大。在这种情况下,即使是微小的输入扰动,也可能在模型的输出过程中被显著放大,从而引起输出的大幅变动。这一现象说明,在高维空间中,线性模型对输入的敏感性可能非常高,这为理解深度神经网络中出现的相似行为提供了基础。

第二步,设计线性对抗攻击算法。基于第一步的验证效果,研究人员开发针对深度神经网络中线性行为的对抗攻击算法。这种算法专门针对网络中的线性部分,如权重矩阵和线性激活层(如 ReLU 在某些情况下的表现),来制造能够引起预测错误的输入扰动。这种方法强调通过精确控制输入的变化,利用网络内部的线性特性来导致错误的输出。

第三步,进行实验验证。在不同的深度神经网络架构上应用线性对抗攻击算法,观察网络对这些经过精心设计的扰动的响应。通过比较网络在正常输入和扰动输入下的表现,可以评估深度神经网络中线性化行为对对抗样本产生的影响。

3) 边界倾斜假说

根据局部线性假说,随着输入维度和模型参数维度的增加,模型的对抗脆弱性也随之增加。为了验证这一点是否成立,研究者采用两种不同尺寸的图像数据集进行对比实验,原始数据集使用手写数字并保持原始的 28×28 像素大小,而放大数据集则将原始数据集中图像放大到 200×200 像素大小。在这两个对应数据集上,使用线性支持向量机(SVM)模型和 L_2 范数攻击方法进行实验,以观察在不同输入维度下模型的对抗样本现象是否有明显加重。实验结果表明,在尺寸放大的数据集上,对抗样本的现象并没有明显增强,这在一定程度上挑战了局部线性假说,即输入维度的增加并不必然导致对抗脆弱性的增加。

边界倾斜假说基于对高维非线性空间的深入理解,认为模型学习到的决策边界可能会与数据的潜在流形存在微妙的偏离。这种倾斜或偏离导致在决策边界和数据流形之间形成了间隙空间,对抗样本正是存在于这些间隙空间中,因此它们使模型做出错误的分类,即越过决策边界,而从语义上仍然紧邻原始样本的流形。

边界倾斜假说为对抗样本的两个主要性质提供了解释:首先是模型犯错的可能性,对抗样本通过微小的扰动跨越决策边界,导致模型做出错误的判断;其次是对抗样本与原始样本的相似性,尽管对抗样本已经跨越了决策边界,但是它们仍然与原始样本在高维流形上保持接近,这解释了为什么对抗样本在人眼中与原始样本是极为相似的。

边界倾斜假说并不与高维非线性假说冲突,反而与之相辅相成。在高维非线性空间中,决策边界和数据流形的复杂性更高,这使得它们之间的偏离更加难以预测。由于目前研究水平的限制,还没有找到有效方法来可视化高维空间中的决策边界或数据流形,这限制了人们对这些现象建立直观深入的理解。

4) 高维流形假说

高维流形假说[113]认为对抗样本所处的子空间(即对抗子空间)表现出较高的本质维度，即从低维流形跃迁到更高维的流形。这种观点源自机器学习中的"流形假说"，即高维数据在现实世界中通常对应于一个低维流形。高维流形假说与高度非线性假说有着直接的联系，但它进一步具体化了高维的本质维度。在流形学习、特征降维、异常检测等领域，本质维度的概念已被广泛研究。例如，在特征降维的领域，本质维度有助于确定数据最多可以降至多少维度。本质维度可以从全局和局部两个角度进行研究：全局本质维度衡量整个数据集的维度，而局部本质维度则专注于单个样本周围子空间的维度。在高维流形假说的研究中，该算法对对抗样本周围的子空间进行了局部本质维度的测量。以欧氏空间中的 m 维球体体积与半径的关系为例，将这一概念应用于统计意义上的连续距离分布，从而正式定义了局部本质维度(local intrinsic dimensionality, LID)：

$$\mathrm{LID}_F(r) = \lim_{\delta \to 0} \frac{\ln\left[F((1+\delta)\cdot r)/F(r)\right]}{\ln(1+\delta)} = \frac{r \cdot F'(r)}{F(r)} \tag{7-34}$$

这里累积分布函数 $F(r)$ 相当于体积，而样本 x 到其他样本的距离 r 为半径。由于并不知道 $F(r)$，所以需要基于一定的假设对样本 x 的 LID 值进行估计，例如，假设 x 的 k 近邻距离分布符合广义帕累托分布(generalized Pareto distribution, GPD)。一个经典的估计方法是式(7-35)所示的最大似然估计(maximum likelihood estimation, MLE)方法：

$$\overline{\mathrm{LID}}(x) = -\left[\frac{1}{k}\sum_{i=1}^{k}\log\frac{r_i(x)}{r_k(x)}\right]^{-1} \tag{7-35}$$

其中，$r_i(x)$ 是 x 到其第 i 个邻居样本的距离，表示 x 的 k 近邻样本。基于上述 LID 估计方法，可利用这一概念，通过比较对抗样本、普通样本以及添加随机噪声的样本的 LID 值，发现对抗样本的 LID 值普遍高于其他类型样本，表明对抗子空间的本质维度显著高于普通样本空间。基于这一发现，算法进一步展示了如何利用样本的 LID 特征来训练对抗样本检测器，该检测器在多种攻击条件下都展现了良好的检测效果。这一研究成果不仅提供了一种新的对抗样本检测方法，也强调了本质维度(而非表征维度)在理解和应对对抗攻击中的重要性。

高维流形假说的视角也为前面提出的局部线性假说反例提供了解释。例如，在上述边界倾斜假说的研究中，将输入图像的尺寸等比例放大，并不会改变图像内容的本质维度，因此对抗脆弱性也保持不变。此外，对于那些本质维度为 1 的二分类问题，由于一维空间中本质上不存在可以利用的对抗样本，这也合理解释了为什么在这些情况下模型表现出较强的鲁棒性。这些观察结果强化了高维流形假说在深入理解深度学习模型对抗性行为中的应用价值。

5) 不鲁棒特征假说

对抗样本的难以察觉性主要源自人眼对于细微扰动的不敏感，这种现象意味着人类可轻易辨识的特征可以被视为"鲁棒特征"。然而，对神经网络而言，这些人类容易识别的特征(如"尾巴""耳朵"等)并不一定比其他隐蔽的特征更具有可区分性。在图像分类任务中，模型的学习目标是最小化分类错误，因此它会利用所有可用的分类信号，包括那些人类难以理解或不易察觉的不鲁棒特征。

不鲁棒特征假说[113]对深度学习模型中的特征进行了深入分析，定义了用于预测的特征为有用特征，并进一步将这些特征区分为鲁棒(robust)和不鲁棒(non-robust)特征。特征的鲁棒性是根据微小噪声对模型输出的影响程度来评定的，即在受到扰动的情况下，这些特征是否能维持其对模型预测的贡献。这种区分有助于更深入地理解神经网络是如何从数据中学习并做出决策的，同时也揭示了对抗样本生成和神经网络鲁棒性提升的潜在技术。为此，该假说定义了三类特征，分别为有用特征、鲁棒有用特征和有用但不鲁棒特征，并且在分类任务中进行了实验。实验假设基于对抗训练能使模型倾向于使用鲁棒特征，并通过解耦鲁棒和不鲁棒特征来证明，在真实数据集中广泛存在的有用但不鲁棒特征是导致对抗样本出现的主要因素。具体操作中，研究者首先通过对抗训练和普通训练分别获得了一个较鲁棒的模型和一个普通的不鲁棒模型。接着，通过蒸馏加上数据扰动，得到原始数据集 D_R 和只包含不鲁棒特征的不鲁棒数据集 D_{NR}。

实验结果表明，在鲁棒数据集 D_R 上普通训练的模型显示出了天然的鲁棒性，而在不鲁棒数据集 D_{NR} 上的模型则展现了较差的鲁棒性，尽管在预测性能上依然表现良好。这一发现强调了即便是高预测性的特征，其鲁棒性也可能存在显著差异。对抗样本的出现，与模型依赖于这些不鲁棒特征紧密相关。这项研究不仅揭示了对抗样本的潜在成因，还为设计更鲁棒的神经网络模型提供了有意义的研究视角。

此外，在对抗样本的研究领域存在一个可能的认识误区，即通常认为随着模型复杂性的增加，模型更易受到对抗样本的攻击。实际上，很多研究表明，易受攻击性其实是与模型复杂度成反比关系的，即复杂模型可能更不易受到对抗样本攻击，数据集本身的维度和本质复杂性是决定模型易受攻击的重要因素。

2. 对抗样本检测

对抗样本检测是一种防御技术，用于识别并拒绝对抗性攻击。这种检测通常是一个二分类问题，用于区分正常样本和对抗样本。训练过程包括收集正常样本及对应的对抗样本，从中提取有效特征，用来训练分类模型，从而实现对抗样本的检测。对抗样本检测是异常检测的一个特例，对抗样本的多样性直接影响了检测模型的泛化能力，因为它需要识别各种形式的对抗样本攻击，包括已知和未知的。因此，对抗样本检测模型本身并不是完全免疫攻击的，需要不断改进和加强其鲁棒性。下面介绍一些代表性的对抗样本检测方法，具体包括分类法、主成分分析法和模型扰动检测法。

1) 分类法

分类法为对抗样本定义一个新的类别，然后利用原模型(要保护的模型)、增加检测分支、增加新检测模型等方式来训练对抗样本检测模型。代表性的工作包括对抗重训练、对抗分类法[114]以及级联分类器。

对抗重训练的核心目标是增加模型对抗性攻击的鲁棒性，使其在测试阶段能够更好地抵御各种对抗性攻击。通过在训练期间引入对抗性扰动，模型可以学习到更具鲁棒性的特征表示，从而提高了其对抗攻击的抵抗能力。一般来说，对抗重训练的主要步骤有四步。首先，在正常训练集 D_{train} 上训练得到模型 f；其次，基于 D_{train} 对抗攻击模型 f 得到对抗样本集 D_{adv}；然后，将 D_{adv} 中的所有样本标注为 $C+1$ 类别；最后，在 $D_{\text{train}} \cup D_{\text{adv}}$ 上训练得到 f_{secure}。

与对抗重训练方法不同，在第三步中，对抗分类法将 D_{train} 中的样本标注为类别 0，将 D_{adv} 中的样本标注为类别 1，在第四步中训练一个二分类对抗样本检测模型。测试结果显示，这两种方法得到的检测器对对抗攻击都不鲁棒，不管是在白盒威胁模型下(攻击者知晓检测器的参数)还是在灰盒威胁模型下(迁移攻击)。

级联分类器方法的训练步骤与之前的对抗分类法相似，但在检测模型的形式和训练方式上略有不同。具体来说，级联分类器方法将一个独立的检测器(0-1 二分类器)连接到神经网络的不同中间层，如每个残差块的输出部分。在训练级联检测器时，主模型的参数会被冻结。为了对抗动态多变的对抗攻击，如针对检测器的白盒攻击，一些研究者提出在训练检测器的同时动态地生成对抗样本，这样检测器也会被对抗训练。尽管这种方法比之前的检测方法更为鲁棒，但仍然无法完全抵御更强大的攻击，尤其是在白盒和灰盒的情况下。

2) 主成分分析法

主成分分析(principal component analysis, PCA)是一种常用的数据降维方法，它通过最大化数据在目标空间中的方差，同时最小化信息损失来实现数据降维，主要通过数据协方差矩阵特征值分解或对数据矩阵奇异值分解来计算。PCA 主要分为四个步骤。

首先，PCA 会将数据进行中心化处理。简单来说，就是让数据"居中"，把所有数据点平移到均值为零的状态。这是为了确保 PCA 关注的是数据的变化方向，而不是其绝对位置。接下来，PCA 会在数据中寻找几个新的方向，这些方向是数据分布中变化最大的方向。想象在三维空间中，有一组点分布在一个斜方向上，PCA 会找到这一方向，作为数据变化的主要方向。然后，在找到了数据的主要变化方向后，PCA 还会选择若干次重要的方向，这些重要方向称为主成分。数据可以被投影(重新表示)在这些重要方向上，以获得更简单的表示形式。通常情况下，PCA 会选择能够解释数据最多变化的几个主成分，从而大大减少数据的维度。最后，通过将数据投影到这些主成分方向上，可以有效地降低数据的维度。虽然减少了原始数据中的细节信息，但保留下来的数据仍然能够很好地表达数据中的主要模式和变化趋势。

通过 PCA 降维，对抗样本在低排名的成分上显示出与正常样本之间显著的差距，因此有方法提出可以通过 PCA 来检测对抗样本。随后，研究人员使用 PCA 处理正常样本和对抗样本，在 MNIST、CIFAR-10 和 Tiny-ImageNet 等数据集上得到了较为良好的对抗样本检测结果。经过进一步实验，发现使用最后几个成分的系数方差来检测对抗样本可以进一步取得更好的效果。然而，有研究指出，上述在检测对抗样本方面的效果主要在 MNIST 数据集上显著，在更复杂的数据集上效果不佳。这种效果差异主要是由数据集的特性引起的，例如，MNIST 数据集本身为几万张手写数字图像，所有的图像背景皆为纯黑色，所以任何小的扰动都会使背景颜色变为灰色，从而显著影响图像的后几个主成分。因此，PCA 在不同数据集上的适用性和一致性较差，且该方法主要分析输入样本，未考虑模型信息。

此外，还有文献[115]提出了一种利用 PCA 对输入数据进行降维的方法，通过只使用数据的最大的几个成分来训练模型，从而压缩对抗攻击的空间并提高模型的鲁棒性。然而，实验结果显示，在 MNIST 数据集上，尽管降维有助于提升模型的鲁棒性，但这种提升非常有限。

上述两种方法的失败说明，只考虑输入空间的特性并不能准确检测对抗样本。因此，后续使用 PCA 进行对抗样本检测的做法通常改为利用 PCA 分析神经网络中间层结果，并设计一个分类器来检测对抗样本。该种方法在更大型的数据集 ImageNet 上显示了良好的效果。然而，测试表明，在小型数据集(如 MNIST 和 CIFAR-10)上，这种方法的效果仍然不理想。这说明，尽管考虑输入特性以外的网络层面特性可能增加检测能力，但仍然存在欠缺，尤其是在数据集的复杂性和攻击类型的多样性面前。

3) 模型扰动检测法

正如前面所述，有一种生成对抗样本的方法是基于训练好的模型。这意味着，对抗样本的生成过程依赖于模型的梯度信息，即模型在某个输入样本上的变化速率。因此，这类对抗样本非常敏感，一旦模型的参数发生轻微变化，模型对这些对抗样本的预测结果可能会发生很大的波动。这是因为对抗样本专门被设计成能最大限度地"利用"模型当前的参数配置，而当模型参数稍有调整时，这种"利用"效果就会显著降低，导致预测结果不稳定。

利用这一特点，可以在推理阶段(即模型做出预测时)引入一定程度的随机性，并观察模型预测结果是否发生变化。例如，可以在模型推理过程中随机改变某些参数，或添加一些噪声，然后查看预测结果是否保持稳定。如果某个输入样本的预测结果在模型参数微调后有显著波动，那么该样本很可能是对抗样本。这是因为正常的样本通常不会对小幅的模型变化表现出如此强烈的敏感性，而对抗样本则不同。

从高维非线性空间的角度来看，对抗样本往往出现在高维空间中的低概率区域。也就是说，模型正常训练下不会经常遇到这些样本，它们"隐藏"在数据空间的某些边缘区域，不属于模型对常见输入的预期行为范围。正因如此，对抗样本的本质是不稳定且不可预测的。它们"居住"在一个远离正常样本分布的区域，这使得它们对微小的扰动异常敏感，也使其预测结果很难一致。利用这些特性，能够帮助检测并识别出对抗样本，因为相对于常规样本，对抗样本在预测结果上的不稳定性和不一致性更加明显。

一个非常具有代表性的检测方法为贝叶斯不确定性(Bayesian uncertainty)方法。贝叶斯不确定性方法巧妙地使用了前面所述的随机失活(dropout)技术，在推理阶段保持随机失活开启状态(通常情况下，随机失活在推理阶段是关闭的)，同时对样本进行多次推理并计算模型预测结果的方差 $\mathrm{Var}(p) = E(p^2) - [E(p)]^2$，具体的计算公式如式(7-36)所示：

$$U(x) = \frac{1}{T}\sum_{i=1}^{T} \boldsymbol{y}_i^{\mathrm{T}} \boldsymbol{y}_i - \left(\frac{1}{T}\sum_{i=1}^{T} \boldsymbol{y}_i\right)^{\mathrm{T}} \left(\frac{1}{T}\sum_{i=1}^{T} \boldsymbol{y}_i\right) \tag{7-36}$$

其中，$\boldsymbol{y}_i$ 表示在第 i 次推理时得到的模型输出概率向量。

基于这种方法,可以利用正常样本和对抗样本的贝叶斯不确定性特征来训练逻辑回归模型(或其他类似性能的模型),进行对抗样本检测。在多种数据集上的实验显示,这种基于推理不确定性的方法能够检测包括绝大多数攻击在内的多种经典攻击方法。

3. 对抗训练

对抗训练是已知最有效的对抗防御方法,其通过在对抗样本上训练模型来提升模型自身的鲁棒性。此外,对抗训练以及前面介绍的对抗样本检测是领域内研究最多的两种防御方法,其中对抗训练可以认为是一种主动防御,而对抗样本检测则是一种被动防御。"主动"是指模型本身是鲁棒的,而"被动"是指模型本身不鲁棒,但是可以对潜在攻击进行检测并拒绝服务。

对抗训练具有一些显著特点。首先,它被认为是目前已知最鲁棒的对抗防御方法之一。其次,对抗训练方法相对简单,可以直接训练一个对抗鲁棒的模型,而不需要依赖额外的输入去噪或对抗检测等辅助防御技术,尽管这些技术可以叠加使用。然而,对抗训练也有一些不足之处。首先,它需要更多的训练时间,通常耗时是正常训练的 8~10 倍。其次,对抗训练更容易导致模型过拟合训练数据,从而增大了训练和测试性能之间的差距。另外,经过对抗训练的模型在自然(干净)测试样本上通常会有不同程度的性能下降。

最早的对抗训练方法是基于快速梯度符号攻击方法(fast gradient sign method, FGSM)的对抗训练方法[116]。FGSM 通过在输入样本上添加一个沿梯度方向的小扰动,使得模型的损失最大化,从而生成一个对抗样本。这个方法之所以有效,是因为它"利用"了模型对输入小变化的敏感性。具体来说,FGSM 沿着模型对输入的损失函数梯度的符号方向添加噪声,使模型对输入样本的预测发生显著变化。该方法同时在普通和 FGSM 对抗样本上训练模型,具体的优化目标如式(7-37)和式(7-38)所示:

$$\min_{\theta} E_{(x,y) \in D} \left[\alpha \mathcal{L}_C(f(x), y) + (1-\alpha) \mathcal{L}_C(f(x_{\text{adv}}), y) \right] \quad (7\text{-}37)$$

$$x_{\text{adv}} = x + \varepsilon \cdot \text{sign}(\nabla_x \mathcal{L}_C(f(x), y)) \quad (7\text{-}38)$$

其中,$\mathcal{L}_C$ 是交叉熵损失函数;x_{adv} 是 x 的对抗样本,通过式(7-38)的单步 FGSM 攻击生成;α 是调和两部分损失的权重系数(实验中设为 0.5)。值得注意的是,该方法并未使用中间层的对抗样本,因为发现中间层对抗样本并无作用。与此同时,该方法进一步提出了对对抗训练的六种理解。第一,将其视为一种基于数据增广的训练方式,其中对抗样本生成被认为是一种特殊的数据增广。第二,对抗训练被视为一种正则化技术,有助于提高模型的泛化能力。第三,对抗训练被解释为优化模型在最差情况下的错误,以应对最具挑战性的输入情况。第四,对抗训练被看作最小化模型在噪声输入上期望错误的上界。第五,对抗训练被理解为一个对抗博弈的过程,其中模型和对手相互竞争以提高或降低模型的性能。第六,对抗训练被视为一种主动学习方式,即模型在训练过程中主动请求标注新的样本(即对抗样本),以提高对抗攻击的鲁棒性。这些不同层面的理解为后续工作提供了不同的探索和改进方向,推动了对对抗训练的深入研究。接下来介绍几类主要的对抗训练方法,分别是映射梯度下降(projected gradient descent, PGD)对抗训练、TRADES 对抗训练、数据增广对抗训练和参数空间对抗训练。

1) PGD 对抗训练

2018 年,一项 PGD 研究工作提出从鲁棒优化的角度去解决深度神经网络的对抗鲁棒性问题。具体来说,该算法将考虑了对抗因素的模型训练看作一个鞍点问题,鞍点是指在某些方向上是局部最小值,而在其他方向上是局部最大值的点。在损失函数的高维空间中,鞍点的存在会导致梯度下降或其他优化方法在这些点附近停滞,从而减缓收敛速度。PGD 攻击的目标是最大化损失,因此它的优化过程也可能会受到鞍点的影响,其定义如式(7-39)所示:

$$\min_{\theta} E_{(x,y)\sim D}\left[\max_{|r|\leqslant \epsilon}\mathcal{L}\big(f(x+r),y\big)\right] \tag{7-39}$$

上述鞍点问题由内外两层优化组成,即内部最大化问题和外部最小化问题。内部最大化问题的目标是生成更强的对抗样本,而外部最小化问题的目标是最小化模型在(内部最大化过程中生成的)对抗样本上的损失,求解上述鞍点问题的过程也就是对抗训练的过程。从鲁棒优化的角度研究式(7-39)中的鞍点问题,并提出使用 PGD 算法求解内部最大化问题,其定义如下:

$$x_{\text{adv}}^{t+1} = \text{Proj}_{x+S}(x^t + \alpha \cdot \text{sign}(\nabla_{x^t})L(\theta, x^t, y)) \tag{7-40}$$

其中,Proj_{x+S} 是一个投影操作,将对抗样本约束在以 x 为中心的高维球 $x+S$ 之内;x^t 是第 t 步(总步数为 T)对抗攻击产生的对抗样本;α 是单步步长,其大小要求能探索到 ϵ-球之外的空间(即 $\alpha T > \epsilon$)。PGD 对抗训练也经常被称为标准对抗训练或者 Madry 对抗训练(Madry adversarial training)。PGD 算法实际上是求解有约束 min-max 问题的一阶最优算法,所以 PGD 攻击也可以被认为是最强的一阶攻击算法。

PGD 对抗训练所带来的显著鲁棒性提升让研究者看到了训练对抗鲁棒模型的可能,后续出现了很多专门探究其工作原理的工作,以便进一步提升其鲁棒性。例如,基于攻击步数的课程表对抗训练,以及为了防止遗忘,提出了多步混合的累积学习方式。有方法结合了多个模型的集成对抗训练方法,由于训练中的对抗样本是集合了多个模型生成的,所以得到的模型一般对迁移攻击很鲁棒[117]。DVERGE 方法则通过在集成模型之间更好地分散对抗脆弱性来防御迁移攻击。当与 PGD 对抗训练结合时,DVERGE 集成技术展现了稳定的鲁棒性提升。

2) TRADES 对抗训练

TRADES 对抗训练是对 PGD 对抗训练的一个重要改进。其方法本身很简单,即用 KL 散度代替交叉熵来作为对抗训练的损失函数。

该算法提出鲁棒分类错误(robust classification error)可以分解为自然分类错误(natural classification error)和边界错误(boundary error),具体定义如式(7-41)所示:

$$\mathcal{R}_{\text{rob}}(f) = \mathcal{R}_{\text{nat}}(f) + \mathcal{R}_{\text{bdy}}(f) \tag{7-41}$$

其中,TRADES 对抗训练优化目标中的第一项和第二项分别对应自然分类错误和边界错误。基于上述分解,可以对对抗训练的准确率-鲁棒性权衡问题进行理论分析和更好的解决。

基于 KL 散度的对抗损失会在训练的初期生成对模型"更有针对性"的对抗样本，因为其最大化对抗样本与干净样本之间的预测概率分布，对模型已经学到的预测分布产生反向作用，从而会阻碍模型的收敛。因此，TRADES 对抗训练保留了在干净样本上定义的交叉熵损失函数，以此来加速收敛。相对来说，基于交叉熵损失函数的对抗训练的收敛性问题会轻一点，因为对抗损失是基于真实类别 y 定义的，所以在模型预测错误的样本上不会产生特别大的反向作用。

3) 数据增广对抗训练

数据增广对抗训练是利用额外的训练数据来提升对抗鲁棒性常见的对抗训练提升方法。在原始数据集 D 的基础上，这种方法通过数据选择技术选择了未标注的额外数据 D_u，然后在原始数据集和额外数据集上同时进行对抗训练，如式(7-42)所示：

$$\min_{\theta}\left[E_{(x,y)\sim D}\max_{|r|\leqslant\epsilon}\mathcal{L}\big(f(x+r),y\big)+E_{x_u\sim D_u}\max_{|r|\leqslant\epsilon}\mathcal{L}\big(f(x_u+r),\hat{y}\big)\right] \tag{7-42}$$

其中，$\hat{y}$ 是未标注样本 x_u 的预测类别 $f(x_u)$。

有一个隐藏的额外数据使用技巧：外部数据必须要和原始数据集中的样本进行 $1:1$ 混合训练才能够提升鲁棒性，否则(如随机混合)不但不会提升，反而还会降低鲁棒性。这说明外部数据更多的是起到了一种正则化的作用，通过增加更多样的训练数据来学习更加平滑的决策边界，但是这种正则化无法脱离原始训练数据。

有学者研究了三种数据增广方式，即 Cutout、CutMix 和 MixUp。Cutout 是一种简单的遮挡增强方法，通过在图像中随机切出一个矩形区域并用零值或均值填充该区域。Cutout 方法鼓励模型学习图像的局部特征，并增强其对部分信息缺失情况的鲁棒性。CutMix 是 Cutout 的一种改进方法。CutMix 不仅仅裁剪图像，还将裁剪出的区域替换为另一张图像中的同一区域。这种操作有效地将两张图像的特征融合在一起，使模型在训练时学习到更复杂的特征组合。MixUp 是通过将两张图像进行加权混合，生成一张新图像，同时对其标签也进行相应的加权混合。与 Cutout 和 CutMix 不同，MixUp 在像素层面上对两张图像进行了线性组合。通过这三种数据增强方法和 TRADES 对抗训练的结合，发现结合了模型权重平均(model weight averaging, MWA)的 CutMix 可以显著提高对抗训练的鲁棒性。研究者将数据增广所带来的收益归因于多样化的数据对鲁棒过拟合问题的缓解。实际上，此前已有工作将数据增广、逻辑平滑、参数平均等技巧用以解决鲁棒过拟合问题。基于此，可以进一步结合生成模型 DDPM(denoising diffusion probabilistic model)与 CutMix 数据增广，在不借助任何外部数据的情况下取得当前最优的对抗鲁棒性。此外，基于多种数据增广技术的自监督鲁棒预训练也可以看作此类的方法。

4) 参数空间对抗训练

参数空间对抗训练通过在对抗样本上训练模型，使其输入损失景观(input loss landscape)变得平坦。与前面的方法不同，通过研究模型的权重损失景观(weight loss landscape)与对抗训练之间的关联，发现损失景观的平坦程度与鲁棒性泛化之间的相关性，可以得到一些对抗训练的改进技术，如早停、新损失函数、增加额外数据等，都可隐式地让损失景观变得更平坦[118]。

基于上述发现,提出对抗权重扰动(adversarial weight perturbation, AWP)对抗训练方法,在对抗训练过程中通过显式地约束损失景观的平坦度来提高鲁棒性。AWP 方法交替对输入样本和模型参数进行对抗扰动,在对抗训练框架下形成了一种双扰动机制。AWP 的优化框架定义如式(7-43)所示:

$$\min_{\theta} \max_{v \in V} E_{(x,y) \sim D} \max_{|r| \leqslant \varepsilon} L(f_{\theta+v}(x+r), y) \tag{7-43}$$

其中,$v \in V$ 是对模型参数的对抗扰动,V 是可行的扰动区域;相应的 r 是对输入样本的对抗扰动,$r \leqslant \varepsilon$ 是其可行的扰动区域。借鉴输入扰动的大小限定,参数空间的扰动可以限定为 $v_l \leqslant \gamma \theta_l$,其中 l 表示神经网络的某一层。这种按照缩放比例的上界限定主要是考虑不同层之间的权重差异较大,且权重具有隔层缩放不变性。在具体的训练步骤方面,AWP 先使用 PGD 算法构造对抗样本 $x_{\text{adv}} = x + r$,然后使用对抗最大化技术对模型参数生成扰动 v,最后计算损失函数 $L(f_{\theta+v}(x+r), y)$ 对于扰动后参数 $\theta+v$ 的梯度并更新模型参数 θ。

实验表明,AWP 确实会带来更平坦的损失景观和更好的鲁棒性,认证了显式地约束损失景观的重要性。AWP 可以和已有对抗训练方法,如 PGD、TRADES 等相结合,进一步提升它们的鲁棒性。然而,AWP 对抗训练是一个 min-max-max 三层优化框架,会在普通对抗训练的基础上继续增加计算开销。

7.2.2 模型遗忘

模型遗忘(model unlearning),又称为模型反学习、选择性学习或数据删除。它用于在训练后从机器学习模型中删除或"遗忘"特定的信息或样本,从而使模型不再受到这些信息或样本的影响。这种技术的目的是在不重新训练整个模型的情况下,使模型能够适应新的数据或调整其行为。

一方面,单从任务本身而言,该技术可以有效地保护用户隐私数据。在如今很多应用中,公司都会使用用户的数据去训练模型,而用户又有权利要求公司停止使用他们的数据,当用户发出"被遗忘"要求时,可以等价于模型的训练集发生了变化,如果每次用户要求"被遗忘"时都要重新训练一遍模型,这个时间开销是不可接受的。而这一领域研究的方法可以探究如何快速高效地达成"敏感数据遗忘"这件事情,从而可以有效地满足用户需求,或者是保护重要的敏感数据。

另一方面,模型遗忘领域中有很多工作从数据对模型的影响方面着手,进一步挖掘出了各种数据在模型收敛时会贡献怎样的梯度。这有助于更好地达成目的,但同时也在异常数据监测等任务上具有很好的表现能力。

目前,该领域主要有两种方法。第一种为参数遗忘,也称为粗略遗忘。这种方法会通过直接调整模型的参数,消除遗忘数据对模型的影响。虽然遗忘的速度会快一些,但是往往达不到想要的遗忘效果。第二种为剪枝训练,或者称为精确遗忘。这种方法会考虑重新训练模型,但是会加入各种各样的剪枝方法减少模型重新训练的开销。相比于第一种方法,该方法虽然往往会耗费更多的时间和资源,但是可以达到更好的遗忘效果。

近年来，该领域出现了越来越多的工作，吸引了广泛的业界关注。PUMA(probabilistic unlearning by maximizing accuracy)是一种模型遗忘算法，旨在高效、安全地从机器学习模型中"遗忘"指定的数据。该算法的目标是使模型在剔除指定数据后，尽量保持原模型的性能，同时避免泄露已删除数据的信息。PUMA是面向概率模型设计的，尤其适用于一些深度学习应用，如分类器和生成模型。PUMA从理论的角度探究了每个数据对模型的影响，从而可以在遗忘时更好地消除掉需遗忘数据的影响，是较为有效的第一类方法。如式(7-44)所示，该算法的目标为训练一组新的模型参数，与之前的表现差距小于等于阈值 σ：

$$\frac{1}{|D_{tn}|}\sum_{i=1}^{|D_{tn}|}L_c(x_i,y_i,\theta_{mod}) - \frac{1}{|D_{tn}|}\sum_{i=1}^{|D_{tn}|}L_c(x_i,y_i,\theta_{org}) \leqslant \sigma \tag{7-44}$$

式(7-44)表示，期望能以很小代价完成模型参数的调整，从而实现遗忘。其中，D_{tn} 为进行模型训练的最初训练集，θ_{org} 是基于之前数据集上的目标优化函数的最优解，θ_{mod} 是当前目标优化函数的最优解，如式(7-45)所示：

$$\begin{aligned}\theta_{mod} &= \arg\min_{\theta} J_{mod}(\theta) \\ &= \arg\min_{\theta} \frac{1}{|D_{tn}|}\sum_{i=1}^{|D_{tn}|}L_t(x_i,y_i,\theta) + \frac{1}{|D_{up}|}\sum_{j=1}^{|D_{up}|}\lambda_j L_t(x_j,y_j,\theta)\end{aligned} \tag{7-45}$$

该公式表示从原数据集中划分子集 D_{up}，并在新数据集上额外训练新的目标优化函数。

ARCANE(adversarial robustness via causal approaches in neural networks)则是第二类方法，该方法将一个大的数据集分为一堆堆小数据集，在遗忘请求到来时，只对遗忘数据所在的数据集对应的模型进行再训练。首先，该算法根据数据的类别标签对数据进行分类，每个类别的数据分为同一类。然后，利用类间数据的关系计算数据的信息量，每次训练时只将一个类内信息量最大的 n 个数据拿出来参与训练，计算公式如式(7-46)所示：

$$H(S_i') = H(X_1, X_2, \cdots, X_n) = -\sum_{x_1 \in X_1}\sum_{x_2 \in Y_2}\cdots\sum_{x_n \in X_n} P(x_1, x_2, \cdots, x_n)\log P(x_1, x_2, \cdots, x_n) \tag{7-46}$$

即将所有可能的数据组合的熵都算出来，挑选其中熵最大的若干数据组合加入训练。接下来，将粗分组分出来的数据集进一步切分成若干小块，这样可以进一步减少重训练的开销。同时，将其他模型的参数引入重训练模型，可以进行快速重训练。例如，第 j 块的数据发生变动，则只需要将第 $j-1$ 块的数据学习出来的模型参数用来初始化第 j 块，然后用第 j 块的数据重新训练。最后，进行数据排序操作，该操作类似于操作系统里的进程排序，也类似于数据结构中的栈：将经常会发生变化的数据放到一个(或者若干个)数据集中，不经常发生变化的数据集放到另一个(或者若干个)数据集中。

7.2.3 针对模型窃取的防御

本节介绍对模型参数和模型结构进行窃取的防御手段。从某种角度来看,当模型训练结束后,模型的参数和结构就可以当作一般性的数据,7.1节所介绍的数据保护方法在一定程度上也可以抵御对于模型权重和模型结构信息的窃取。除此之外,也有专门针对模型窃取的防御方法。

模型窃取防御的目的是确保攻击者无法通过简单的查询方式来窃取模型的参数和内部信息。一般来说,经过训练的模型会有一套精确且固定的参数,这意味着模型对每一个不同的输入样本都会产生特定的激活状态。这种精确的参数设置使得模型在处理相同或相似的输入时,始终给出一致的输出,这无疑给了攻击者可乘之机,因为他们可以通过多次查询模型,分析其输出,从而反推模型的参数。

为了防止这种情况发生,可以采用模糊化技术。模糊化可以对模型参数、决策边界甚至输入概率等进行处理,使得模型的行为变得更加不确定和难以预测。例如,可以在决策边界周围增加一些随机性,使得即使攻击者输入相似的样本,模型的输出也可能会有所不同。这种方式虽然能有效增加攻击的难度,但在某些情况下,可能会影响模型的性能,这就产生了性能与安全性的权衡。

除了模糊化技术外,还有一种相对简单且有效的防御措施,即查询控制。通过限制用户的查询方式、查询次数等,使恶意查询行为难以进行。例如,可以设定每个用户每天只能查询一定次数,或者限制每次查询的输入样本类型。这种方法可以有效地阻止模型的窃取行为,使得攻击者无法通过大量查询来获取模型的内部信息。

在模型窃取发生后,还需要利用模型溯源技术。这项技术可以帮助人们追踪和调查窃取的模型,以便了解其来源和使用情况。通过对窃取模型进行详细的分析和取证,可以收集足够的证据,以便采取法律手段保护模型所有者的权益,追究模型窃取者的责任。

可见,通过模糊化、查询控制以及模型溯源技术,能较好地保护模型的安全性,降低模型被窃取的风险。这些措施相辅相成,为模型开发者提供了多重保护,确保他们的成果不会轻易被他人窃取。

信息模糊防御是指在保证模型性能的前提下,对模型的输出进行模糊化处理,尽可能地扰动输出向量中的敏感信息,从而保护模型隐私。由于攻击者所需的输入正好是受害者模型返回的输出,因此窃取防御需要在不影响受害者模型性能的前提下,模糊处理攻击者可获得的敏感信息,从而实现信息模糊防御。然而,此类防御也存在一定的局限性,需要在模糊强度和性能保持方面做一个权衡,模糊化更多信息会导致模型性能下降更多,但是防御窃取攻击更有效,反之亦然。根据具体防御方法的不同,信息模糊防御又可以分为截断混淆和差分隐私。其中,差分隐私在7.1.2节中已经介绍,在此简要介绍截断混淆。

截断混淆的主要思想是:通过对受害者模型的输出概率向量进行模糊化操作,使得输出的向量包含更少、更粗糙的信息,从而实现窃取防御。最容易想到的模糊化技术就是取整操作(rounding operation),当然如果只返回概率最大的类别,也可以大幅减少攻击者可获得的信息。于是,有方法讨论了针对模型逆向攻击的有效防御对策,即降低攻击者从受害者模型中获取到的置信度分数的精度。该方法通过对 Softmax 层输出的置信度分数进行四舍五入，达到对输出向量模糊的效果。实验表明，该方法可以在保持模型性能的情况下，具有抵抗窃取攻击的能力。有研究工作讨论了四种模型防御的有效对策，分别是将输出向量限制为前 k 类、将输出向量四舍五入、增加输出向量的信息熵和加入正则化。

查询控制防御在保证用户正常使用模型 API 的情况下，根据用户查询行为进行判别，分辨出正常用户和攻击者，从而在模型输入阶段实现精准控制与防御。直观来讲，模型窃取者需要不断地变换输入样本来刺探模型的参数和决策边界，需要多样的输入来覆盖更大的测试空间，就好像是在尝试完成一个"拼图"。这种行为与普通的 API 使用有很大的区别，可以利用这种区别来检测模型窃取行为，即所有尝试完成"拼图"的查询行为都有可能是窃取。

一种最简单的防御技术就是控制所有用户的查询次数和查询频率，一方面可以降低被窃取的风险，另一方面可以降低服务器的计算压力，一举两得。实际上，很多国际互联网公司就是通过这种技术来控制免费用户的查询权限的。当然，这会带来很不好的用户体验，尤其是针对付费用户时。更灵活一点，可按照查询行为进行检测，根据每个用户自己的行为特点进行查询控制。

当模型泄露已经发生时，模型所有者需要通过溯源技术证明窃取者所拥有的模型来自防御者，即两个模型是同源的且窃取模型是受害者模型的衍生品，以此帮助模型拥有者在知识产权诉讼过程中掌握主动权。目前领域内还没有工作能同时达成这两个目标。现有模型溯源方面的方法大致可以分为两类：模型水印和模型指纹。

向模型中添加所有者印记也是一种最直接的模型版权保护方法，这样就可以通过验证所有者印记来对模型进行溯源。基于此想法，研究者提出模型水印(model watermarking)的概念，将数字水印(digital watermarking)的概念从多媒体数据版权保护推广到深度神经网络模型知识产权保护。但是，人工智能模型与多媒体数据有很大差异，需要特殊的水印嵌入和提取方式。

一般地，模型水印可分为水印嵌入(watermark embedding)和水印提取(watermark extraction)两个步骤。如何设计高效、鲁棒的模型水印嵌入和提取方法是模型水印防御的关键。在水印嵌入阶段，模型所有者可以向需要保护的模型参数 θ 中嵌入水印信息 wm，如式(7-47)所示：

$$\theta_{\text{pro}} = \lambda \cdot \theta + (1-\lambda) \cdot A(\arg\min_{\theta} L_{\text{wm}}(f_{\theta_{\text{pro}}}(\theta), \text{wm})) \tag{7-47}$$

其中，θ_{pro} 是嵌入水印后(即受保护)的模型参数；L_{wm} 是引导水印嵌入的损失函数；$f_{\theta_{\text{pro}}}(\cdot)$ 是水印嵌入矩阵的函数。在水印提取阶段，模型所有者可以通过提取可疑模型中的水印 wm′ 来验证模型的所有权，如式(7-48)所示：

$$\text{Verify} = \frac{1}{N}\sum_{i=1}^{N}\delta(\text{wm}_i, \text{wm}_i') \tag{7-48}$$

其中，$\delta(\cdot,\cdot)$ 是一个相似度函数，衡量提取水印和原始水印的相似程度，二者越相似，验证结果的置信度就越高；wm_i 为第 i 个水印，一个模型可以嵌入多个水印。

目前，基于模型水印的人工智能模型版权保护方法可以根据适用的场景分为白盒水印和黑盒水印两大类。白盒水印场景假设模型所有者可以得到可疑模型的参数，而在黑盒水印的场景下，模型所有者(即验证者)不可访问可疑模型的内部参数，但是可以通过查询模型并观察其输出进行版权验证。

前面介绍的模型水印是一种侵入式的模型版权保护方案，因为它需要向模型中植入信息；而模型指纹是一种非侵入式的模型版权保护方案。与生物学上的指纹唯一性类似，深度神经网络模型同样具有独一无二的指纹(属性或特征)。模型所有者通过提取模型指纹，使其与其他模型区分开，从而验证模型的版权。与侵入式的模型水印不同，模型指纹不会干预模型的训练过程，也不会修改模型的参数，因此不会影响受保护模型的功能和性能，也不会引入新的风险。

模型指纹分为指纹生成(fingerprint generation)和指纹验证(fingerprint verification)两个阶段。在指纹生成阶段，模型所有者基于模型的独有特性提取得到指纹。在指纹验证阶段，模型所有者将指纹样本(可以区别两个模型特性的样本)通过调用可疑模型的 API，计算受害者模型和可疑模型在一个样本子集上的输出匹配率，从而验证模型版权。

7.3 本章小结

本章从数据安全和模型安全两方面介绍了机器认知安全防御方法。数据安全防御方法主要包括伪造与篡改数据监测、差分隐私、同态加密和联邦学习。对于数据的非法篡改伪造和破坏行为，神经网络可以提取数据蕴含的可区分特征，利用这些特征有效检测这些异常数据；差分隐私通过在数据中添加噪声来使得任何单个数据条目的存在与否不会显著影响查询的输出结果，从而保护个体隐私；同态加密允许在密文上直接进行特定的数学运算，并且运算结果解密后仍然与在原始明文上进行相同运算的结果一致，这种技术使得在不解密数据的情况下，能够对加密数据进行计算，从而达到保护数据隐私的目的；在同态加密和差分隐私的基础上，联邦学习允许多个参与方在不共享原始数据的前提下，协作训练一个全局模型，通过这种方式，各参与方的数据隐私得到了保护。模型安全防御主要包括对抗样本攻击防御、模型遗忘和模型窃取防御。针对对抗样本攻击的防御主要分为三个方面：分析对抗性样本的成因、检测对抗性样本和模型对抗性训练，这三方面可以同时采用，以更有效地防御模型面临的各种对抗攻击和威胁。模型遗忘旨在从已经训练好的机器学习模型中移除特定数据的影响，这对防止模型泄露用户隐私非常重要。模型水印和模型指纹是两种用于保护与管理机器学习模型知识产权和安全性的技术，可以有效防御对于模型参数和结构的窃取攻击，通过嵌入或提取特定水印信息，帮助识别与验证模型的所有权和完整性。全面了解认知安全防御的各种手段和方法，有助于建立完整、有效的机器认知安全防护体系，更好地应对机器认知过程中面临的各种风险和威胁。

7.4 习　　题

1. 模型水印分为两个步骤，这两个步骤分别是什么？具体原理是什么？
2. 请阐述用神经网络进行伪造和篡改语音检测的基本算法流程。
3. 请介绍人脸伪造和篡改的基本方法。
4. 请解释差分隐私、全局敏感度和局部敏感度。
5. 请解释差分隐私的四条性质：顺序合成、平行合成、交换不变性和中凸性。
6. 请介绍三种同态加密方法，并比较它们的不同。
7. 请介绍全同态加密中的 Squashing 技术和 Bootstrapping 技术。
8. 请介绍几种对抗样本成因的假说。
9. 请简答检测对抗样本的基本方法。
10. 模型遗忘中经典的两类方法分别是什么？其主要步骤是什么？
11. 针对模型窃取的防御可以从哪三个方面进行？

参 考 文 献

[1] DAMA 国际. DAMA 数据管理知识体系指南(原书第 2 版)[M]. DAMA 中国分会翻译组, 译. 北京: 机械工业出版社, 2020.

[2] 陈至立. 辞海[M]. 7 版. 上海: 上海辞书出版社, 2020.

[3] 中华人民共和国中央人民政府. 中华人民共和国数据安全法 [EB/OL]. https://www.gov.cn/xinwen/2021-06/11/ content_5616919.htm. (2021-06-11) [2024-05-22].

[4] 国家市场监督管理总局, 国家标准化管理委员会. 信息技术服务 治理 第 5 部分：数据治理规范 (GB/T 34960.5—2018)[S]. 北京: 中国标准出版社, 2018.

[5] WANG R Y. Information technology in action: trends and perspectives[M]. Upper Saddle River: Prentice-Hall, Inc., 1993.

[6] WATSON H J, FULLER C, ARIYACHANDRA T. Data warehouse governance: best practices at blue cross and blue shield of north Carolina[J]. Decision support systems, 2004, 38(3): 435-450.

[7] ROBERT J S, KARIN S. Cognitive psychology[M]. 6th ed. Boston: Cengage Learning, 2011.

[8] PARKIN, ALAN J. Cognitive psychology: classic edition[M]. London: Psychology Press, 2013.

[9] 中央网络安全和信息化委员会办公室. 全球人工智能治理倡议[EB/OL]. https://www.cac.gov.cn/2023-10/18/c_1699291032884978.htm. (2023-10-18) [2024-05-22].

[10] BATINI C, CAPPIELLO C, FRANCALANCI C, et al. Methodologies for data quality assessment and improvement [J]. ACM computing surveys (CSUR), 2009, 41(3): 1-52.

[11] GUALO F, RODRIGUEZ M, VERDUGO J, et al. Data quality certification using ISO/IEC 25012: Industrial experiences[J]. Journal of systems and software, 2021, 176: 110938.

[12] RIVAS B, MERINO J, CABALLERO I, et al. Towards a service architecture for master data exchange based on ISO 8000 with support to process large datasets[J]. Computer standards & interfaces, 2017, 54: 94-104.

[13] SHI C, ZHANG Y, ZHAO Y X. Research on the construction of data factor standards system[J]. Information and communications technology and policy, 2023, 49(4): 16-21.

[14] 国家市场监督管理总局, 国家标准化管理委员会. 工业数据质量 通用技术规范(GB/T 39400—2020)[S]. 北京: 中国标准出版社, 2020.

[15] 国家市场监督管理总局, 国家标准化管理委员会. 数据质量(GB/T 42381—2023)[S]. 北京: 中国标准出版社, 2023.

[16] DE HERT P, PAPAKONSTANTINOU V, KAMARA I. The cloud computing standard ISO/IEC 27018 through the lens of the EU legislation on data protection[J]. Computer law & security review, 2016, 32(1): 16-30.

[17] 国家市场监督管理总局, 国家标准化管理委员会. 信息安全技术 大数据安全管理指南(GB/T 37973—2019)[S]. 北京: 中国标准出版社, 2019.

[18] 中国人民银行. 金融数据安全 数据生命周期安全规范(JR/T 0223—2021)[S]. 2021.

[19] HUMPHREYS E. Implementing the ISO/IEC 27001: 2013 ISMS standard[M]. Boston: Artech House, 2016.

[20] 国家市场监督管理总局, 国家标准化管理委员会. 信息安全技术 网络数据处理安全要求(GB/T 41479—2022)[S]. 北京: 中国标准出版社, 2022.

[21] MENDES D, RODRIGUES I. A semantic web pragmatic approach to develop clinical ontologies, and thus semantic interoperability, based in HL7 v2.xml messaging[C]//International conference on ENTERprise information systems, 2011. Vilamoura.

[22] HUMPHREYS E. Information security management system standards[J]. Datenschutz und Datensicherheit-DuD, 2011, 35(1): 7-11.

[23] VOSWINCKEL T, HARDJOSUWITO D, GEHRING T, et al. Impact analysis of industrial standards on blockchains for food supply chains[C]//Boosting collaborative networks 4.0: 21st IFIP WG 5.5 working conference on virtual enterprises, 2020. Valencia.

[24] 中华人民共和国国家质量监督检验检疫总局, 中国国家标准化管理委员会. 跨区域交通出行服务信息交换(GB/T 33576—2017)[S]. 北京: 中国标准出版社, 2017.

[25] 国家市场监督管理总局, 国家标准化管理委员会. 物联网 信息交换和共享(GB/T 36478—2018)[S]. 北京: 中国标准出版社, 2018.

[26] PARDAU S L. The california consumer privacy act: Towards a european-style privacy regime in the united states[J]. J. Tech. L. & Pol'y, 2018, 23: 68.

[27] DESTEFANO R J, TAO L X, GAI K K. Improving data governance in large organizations through ontology and linked data[C]//3rd international conference on cyber security and cloud computing (CSCloud), 2016. Beijing.

[28] OLSON M H, CHERVANY N L. The relationship between organizational characteristics and the structure of the information services function[J]. Mis quarterly, 1980, 4(2): 57-68.

[29] ALVAREZ-ROMERO C, MARTÍNEZ-GARCÍA A, BERNABEU-WITTEL M, et al. Health data hubs: an analysis of existing data governance features for research[J]. Health research policy and systems, 2023, 21(1): 70.

[30] SCHWARZ A, HIRSCHHEIM R. An extended platform logic perspective of IT governance: managing perceptions and activities of IT[J]. The journal of strategic information systems, 2003, 12(2): 129-166.

[31] 吴信东, 董丙冰, 堵新政, 等. 数据治理技术[J]. 软件学报, 2019, 30(9): 2830-2856.

[32] 于娟, 刘强. 主题网络爬虫研究综述[J]. 计算机工程与科学, 2015, 37(2): 231-237.

[33] VASSILIADIS P. A survey of extract–transform–load technology[J]. International journal of data warehousing and mining, 2009, 5(3): 1-27.

[34] BURR S. Active learning literature survey[R]. Madison: University of Wisconsin-Madison Department of Computer Sciences, 2009.

[35] 高慧, 张继威, 来扬, 等. 深度学习的人体图像半自动标注系统[J]. 北京邮电大学学报, 2021, 44(1): 104-109.

[36] GUPTA V, LEHAL GS. A survey of text mining techniques and applications[J]. Journal of emerging technologies in web intelligence, 2009, 1(1): 60-76.

[37] LIU B K, SU S J, WEI J Y. The effect of data augmentation methods on pedestrian object detection[J]. Electronics, 2022, 11(19): 3185.

[38] DWIBEDI D, MISRA I, HEBERT M. Cut, paste and learn: surprisingly easy synthesis for instance detection[C]//2017 IEEE international conference on computer vision (ICCV), 2017. Venice.

[39] GOODFELLOW I, POUGET-ABADIE J, MIRZA M, et al. Generative adversarial nets[C]//27th international conference on neural information processing systems, 2014. Montreal.

[40] CRESWELL A, WHITE T, DUMOLIN V, et al. Generative adversarial networks: an overview[J]. IEEE signal processing magazine, 2018, 35(1): 53-65.

[41] DHARIWAL P, NICHOL A. Diffusion models beat gans on image synthesis[J]. Advances in neural information processing systems, 2021, 34, 8780-8794.

[42] MANN P S. Introductory statistics[M]. 2nd ed. Hoboken: John Wiley & Sons, Inc., 1995.
[43] NANVY L, KAREN B, GEORGE A M. Data coding and exploratory analysis (EDA) rules for data coding exploratory data analysis (EDA) statistical assumptions[M]. London: Routledge, 2004.
[44] MEEHL P E. Appraising and amending theories: the strategy of lakatosian defense and two principles that warrant it[J]. Psychological inquiry, 1990, 1(2): 108-141.
[45] SIEGEL E. Predictive analytics: the power to predict who will click, buy, lie, or die[J]. Journal of marketing analytics, 2013, 1: 184-185.
[46] 陈为, 张嵩, 鲁爱东. 数据可视化的基本原理与方法[M]. 北京: 科学出版社, 2013.
[47] HOOFNAGLE C J, VAN DER SLOOT B, BORGESIUS F Z. The European Union general data protection regulation: what it is and what it means[J]. Information & communications technology law, 2019, 28(1): 65-98.
[48] 范明志. 论数据安全的客体[J]. 法学杂志, 2023, 44(2): 71-84.
[49] 朱莉欣, 祁楚云. 个人信息保护法律制度十年回顾[J]. 中国信息安全, 2023, (2): 71-75.
[50] ISO, IEC. Information technology, security techniques, information security management systems requirements(IEC 27001: 2005) [S]. Geneva: ISO, 2005.
[51] 程风刚. 基于云计算的数据安全风险及防范策略[J]. 图书馆学研究, 2014(2): 15-17, 36.
[52] 孟小峰. 数据隐私与数据治理: 概念与技术[M]. 北京: 机械工业出版社, 2023.
[53] 石瑞生. 大数据安全与隐私保护[M]. 北京: 北京邮电大学出版社, 2019.
[54] 王忠. 大数据时代个人数据隐私规制[M]. 北京: 社会科学文献出版社, 2014.
[55] 芦天亮, 陈光宣. 大数据安全技术[M]. 北京: 清华大学出版社, 2022.
[56] 张莉, 中国电子信息产业发展研究院. 数据治理与数据安全[M]. 北京: 人民邮电出版社, 2019.
[57] 王安宇, 姚凯. 数据安全领域指南[M]. 北京: 电子工业出版社, 2022.
[58] 杨蕾, 袁晓光. 数据安全治理研究[M]. 北京: 知识产权出版社, 2020.
[59] SWEENEY L. K-anonymity: a model for protecting privacy[J]. International journal of uncertainty, fuzziness and knowledge-based systems, 2002, 10(5): 557-570.
[60] MACHANAVAJJHALA A, GEHRKE J, KIFER D, et al. L-diversity: privacy beyond k-anonymity[C]//22nd international conference on data engineering (ICDE'06), 2006. Atlanta.
[61] LI N H, LI T C, VENKATASUBRAMANIAN S. T-closeness: privacy beyond k-anonymity and l-diversity[C]//23rd international conference on data engineering, 2007. Istanbul.
[62] XIAO X K, TAO Y F. M-invariance: towards privacy preserving re-publication of dynamic datasets[C]//2007 ACM SIGMOD international conference on management of data, 2007. Beijing.
[63] DWORK C, MCSHERRY F, NISSIM K, et al. Calibrating noise to sensitivity in private data analysis[C]//Theory of cryptography: third theory of cryptography conference, 2006. New York.
[64] RIVEST R L, SHAMIR A, ADLEMAN L. A method for obtaining digital signatures and public-key cryptosystems[J]. Communications of the ACM, 1978, 21(2): 120-126.
[65] WAGH S, HE X, MACHANAVAJJHALA A, et al. DP-cryptography: marrying differential privacy and cryptography in emerging applications[J]. Communications of the ACM, 2021, 64(2): 84-93.
[66] 尼克. 人工智能简史[M]. 北京: 人民邮电出版社, 2017.
[67] 林尧瑞, 马少平. 人工智能导论[M]. 北京: 清华大学出版社, 1989.
[68] 周志华. 机器学习[M]. 北京: 清华大学出版社, 2016.
[69] 王珏, 周志华, 周傲英. 机器学习及其应用[M]. 北京: 清华大学出版社, 2006.
[70] GOODFELLOW I, BENGIO Y, COURVILLE A. Deep learning[M]. Cambridge: MIT Press, 2016.
[71] BISHOP C M. Pattern recognition and machine learning[M]. New York: Springer, 2006.
[72] NIELSEN M A. Neural networks and deep learning[M]. San Francisco: Determination Press, 2015.

[73] Sutton R S, Barto A G. Reinforcement learning: an introduction[M]. MIT press, 2018.

[74] 邱锡鹏. 神经网络与深度学习[M]. 北京: 机械工业出版社, 2020.

[75] SZELISKI R. Computer vision: algorithms and applications[M]. 2nd ed. Boston: Springer Nature, 2022.

[76] YU Y, SI X, HU C, et al. A review of recurrent neural networks: LSTM cells and network architectures[J]. Neural computation, 2019, 31(7): 1235-1270.

[77] HAN K, WANG Y H, CHEN H T, et al. A survey on vision transformer[J]. IEEE transactions on pattern analysis and machine intelligence, 2021, 45(1): 87-110.

[78] LIU P F, YUAN W Z, FU J L, et al. Pre-train, prompt, and predict: a systematic survey of prompting methods in natural language processing[J]. ACM Computing Surveys, 2023, 55(9): 1-35.

[79] WU L K, ZHENG Z, QIU Z P, et al. A survey on large language models for recommendation[J]. World wide web, 2024, 27(5): 60.

[80] 张奇, 桂韬, 郑锐, 等. 大规模语言模型: 从理论到实践[M]. 北京: 电子工业出版社, 2023.

[81] LIU F L, ZHU T T, WU X, et al. A medical multimodal large language model for future pandemics[J]. NPJ digital medicine, 2023, 6(1): 226.

[82] WU J Y, GAN W S, CHEN Z F, et al. Multimodal large language models: a survey[C]//2023 IEEE international conference on big data (bigdata), 2023. Singapore.

[83] SAHA A, SUBRAMANYA A, PIRSIAVASH H. Hidden trigger backdoor attacks[C]//AAAI conference on artificial intelligence, 2020. New York.

[84] LIU X, JIA X, GU J, et al. Does few-shot learning suffer from backdoor attacks?[C]//Proceedings of the AAAI conference on artificial intelligence, 2024. Vancouver.

[85] CHEN P Y, ZHANG H, SHARMA Y, et al. Zoo: Zeroth order optimization based black-box attacks to deep neural networks without training substitute models[C]//10th ACM workshop on artificial intelligence and security, 2017. Dallas.

[86] PAPERNOT N, MCDANIEL P, GOODFELLOW I, et al. Practical black-box attacks against machine learning[C]//2017 ACM on Asia conference on computer and communications security, 2017. Abu Dhabi.

[87] CINA A E, TORCINOVICH A, PELILLO M. A black-box adversarial attack for poisoning clustering[J]. Pattern recognition, 2022(122): 108306 .

[88] 梁瑞刚, 吕培卓, 赵月, 等. 视听觉深度伪造检测技术研究综述[J]. 信息安全学报, 2020, 5(2): 1-17.

[89] 肖琴. 换脸 AI 升级版: 面部表情、身体动作、视线方向都能实时迁移[EB/OL]. https://cloud.tencent.com/developer/article/1151352. (2018-06-22) [2024-05-10].

[90] SUWAJANAKORN S, SEITZ S M, KEMELMACHER-SHLIZERMAN I. Synthesizing obama[J]. ACM transactions on graphics (ToG), 2017, 36(4): 1-13.

[91] KHANJANI Z, WATSON G, JANEJA V P. Audio deepfakes: a survey[J]. Frontiers in big data, 2023, 1001063.

[92] SHOKRI R, STRONATI M, SONG C Z, et al. Membership inference attacks against machine learning models[C]//2017 IEEE symposium on security and privacy (SP). IEEE, 2017. San Jose.

[93] HU H S, SALCIC Z, SUN L C, et al. Membership inference attacks on machine learning: a survey[J]. ACM computing surveys, 2022, 54(11s): 1-37.

[94] FREDRIKSON M, JHA S, RISTENPART T. Model inversion attacks that exploit confidence information and basic countermeasures[C]//22nd ACM SIGSAC conference on computer and communications security, 2015. Denver.

[95] CARLINI N, LIU C, ERLINGSSON Ú, et al. The secret sharer: evaluating and testing unintended memorization in neural networks[C]//28th USENIX security symposium (USENIX security 19), 2019. Santa Clara.

[96] CARLINI N, TRAMER F, WALLACE E, et al. Extracting training data from large language models[C]//30th USENIX Security Symposium (USENIX Security 21), 2021. Vancouver.

[97] KHOWAJA S A, LEE I H, DEV K, et al. Get your foes fooled: proximal gradient split learning for defense against model inversion attacks on iomt data[J]. IEEE transactions on network science and engineering, 2022, 10(5): 2607-2616.

[98] ZHU J, BLASCHKO M B. R-gap: recursive gradient attack on privacy[C]//International conference on learning representations, 2020.

[99] DUMFORD J, SCHEIRER W. Backdooring convolutional neural networks via targeted weight perturbations[C]//2020 IEEE International Joint Conference on Biometrics (IJCB), 2020. Houston.

[100] LI Y C, HUA J Y, WANG H Y, et al. Deeppayload: black-box backdoor attack on deep learning models through neural payload injection[C]//43rd international conference on software engineering (ICSE), 2021. Madrid.

[101] OH S J, AUGUSTIN M, SCHIELE B, et al. Towards reverse-engineering black-box neural networks[J]. Explainable AI: interpreting, explaining and visualizing deep learning, 2019: 121-144.

[102] TIAN J, ZHOU J, LI Y, et al. Detecting adversarial examples from sensitivity inconsistency of spatial-transform domain.[C]//Proceedings of the AAAI conference on artificial intelligence, 2021. New York.

[103] GOMEZ-ALANIS A, PEINADO A M, GONZALEZ J A, et al. A light convolutional GRU-RNN deep feature extractor for ASV spoofing detection[C]//Interspeech, 2019. Graz.

[104] LI L Z, BAO J M, ZHANG T, et al. Face X-ray for more general face forgery detection[C]//IEEE/CVF conference on computer vision and pattern recognition(CVPR), 2020. Seattle.

[105] WANG C R, DENG W H. Representative forgery mining for fake face detection[C]//IEEE/CVF conference on computer vision and pattern recognition(CVPR), 2021. Nashville.

[106] DING Y Z, THAKUR N, LI B X. Does a GAN leave distinct model-specific fingerprints?[C]//British machine vision conference, 2021. London.

[107] KIFER D, LIN B R. Towards an axiomatization of statistical privacy and utility[C]//Twenty-ninth ACM SIGMOD-SIGACT-SIGART symposium on Principles of database systems, 2010. Indianapolis.

[108] RIVEST R L, ADLEMAN L M, DERTOUZOS M L. On data banks and privacy homomorphisms[J]. Foundations of secure computation, 1978, 4(11): 169-180.

[109] PAILLIER P. Public-key cryptosystems based on composite degree residuosity classes[C]//International conference on the theory and applications of cryptographic techniques, 1999. Berlin.

[110] GALBRAITH S D. Elliptic curve paillier schemes[J]. Journal of cryptology, 2002, 15(2): 129-138.

[111] HOFFSTEIN J, PIPHER J, SILVERMAN J H. NTRU: a ring-based public key cryptosystem[C]//International algorithmic number theory symposium, 1998. Berlin.

[112] MICHEL A, JHA S K, EWETZ R. A survey on the vulnerability of deep neural networks against adversarial attacks[J]. Progress in artificial intelligence, 2022, 11(2): 131-141.

[113] BUCKNER C. Understanding adversarial examples requires a theory of artefacts for deep learning[J]. Nature machine intelligence, 2020, 2(12): 731-736.

[114] GONG Z T, WANG W L. Adversarial and clean data are not twins[C]//6th international workshop on exploiting artificial intelligence techniques for data management, 2023. Seattle.

[115] BHAGOJI A N, CULLINA D, SITAWARIN C, et al. Enhancing robustness of machine learning systems via data transformations[C]//52nd annual conference on information sciences and systems (CISS), 2018. Princeton.

[116] GOODFELLOW I J, SHLENS J, SZEGEDY C. Explaining and harnessing adversarial

examples[C]//Proceedings of the international conference on machine learning(ICML), 2015. Lille.

[117] TRAMÈR F, KURAKIN A, PAPERNOT N, et al. Ensemble adversarial training: attacks and defenses[C]//Proceedings of the international conference on learning representations(ICLR), 2018. Vancouver.

[118] LI L, SPRATLING M. Understanding and combating robust overfitting via input loss landscape analysis and regularization[J]. Pattern recognition, 2023(136): 109229.

附录　常用符号表

分类	符号	名称
数与数组	$x, y, \alpha, \varepsilon$	标量
	$\boldsymbol{x}, \boldsymbol{y}, \boldsymbol{\alpha}, \boldsymbol{\varepsilon}$	向量
	$\boldsymbol{A}, \boldsymbol{W}, \boldsymbol{V}$	矩阵
	$\mathbf{X}$	张量
	$\boldsymbol{I}$	单位矩阵
	$\mathcal{X}, \mathcal{Y}, \mathcal{F}$	空间
索引	α_i	向量 $\boldsymbol{\alpha}$ 中索引 i 处的元素
	$\omega_{i:j}$	序列 ω 中从第 i 个元素到第 j 个元素组成的片段或子序列
	A_{ij}	矩阵 $\boldsymbol{A}$ 中第 i 行、第 j 列处的元素
	$\boldsymbol{A}_{i,:}$	矩阵 $\boldsymbol{A}$ 中第 i 行
	$\boldsymbol{A}_{:,j}$	矩阵 $\boldsymbol{A}$ 中第 j 列
集合	X, Y, D	集合
	$\mathbb{R}$	实数集
	$\{0, 1, \cdots, n\}$	含 0 和 n 的正整数集合
	$[a, b]$	a 到 b 的实数闭区间
	$(a, b]$	a 到 b 的实数左开右闭区间
	$\cap$	交集
	$\cup$	并集
	$|X|$	集合 X 大小
	$\boldsymbol{x}^{(i)}$	数据集中第 i 个样本
	$\boldsymbol{y}^{(i)}$ 或 $y^{(i)}$	第 i 个样本 $\boldsymbol{x}^{(i)}$ 的标签
线性代数	$\boldsymbol{A}^\mathrm{T}$	矩阵 $\boldsymbol{A}$ 的转置
	$\boldsymbol{A} \odot \boldsymbol{B}$	矩阵 $\boldsymbol{A}$ 与矩阵 $\boldsymbol{B}$ 的 Hadamard 乘积
	$\det(\boldsymbol{A})$	矩阵 $\boldsymbol{A}$ 的行列式
	$[\boldsymbol{x}; \boldsymbol{y}]$	向量 $\boldsymbol{x}$ 与 $\boldsymbol{y}$ 的拼接
	$[\boldsymbol{A}; \boldsymbol{B}]$	矩阵 $\boldsymbol{A}$ 与 $\boldsymbol{B}$ 沿行向量拼接
	$\boldsymbol{x} \cdot \boldsymbol{y}$ 或 $\boldsymbol{x}^\mathrm{T} \boldsymbol{y}$	向量 $\boldsymbol{x}$ 与 $\boldsymbol{y}$ 的点积

续表

分类	符号	名称
微积分	$\dfrac{\partial y}{\partial \boldsymbol{x}}$	y 对 $\boldsymbol{x}$ 的偏导数
	$\nabla_{\boldsymbol{x}}\mathcal{L}$	$\mathcal{L}$ 对 $\boldsymbol{x}$ 的梯度
	$\nabla_{\boldsymbol{A}} y$	y 对矩阵 $\boldsymbol{A}$ 的梯度
	$\nabla_{\boldsymbol{X}} y$	y 对张量 $\boldsymbol{X}$ 梯度
	$\int_{\boldsymbol{x}} f(\boldsymbol{x})\mathrm{d}\boldsymbol{x}$	在定义域 $\boldsymbol{x}$ 上的积分
函数	$f:\mathcal{A}\to\mathcal{B}$	由定义域 $\mathcal{A}$ 到值域 $\mathcal{B}$ 的函数(映射) f
	$f\circ g$	f 与 g 的复合函数
	$f(\boldsymbol{x};\theta)$	由参数 θ 定义的关于 $\boldsymbol{x}$ 的函数(也可以写作 $f(\boldsymbol{x})$，省略 θ)
	$\log x$	x 的以 10 为底的对数
	$\exp(x)$	x 的指数函数
	$x \bmod y$	x 对 y 取模
	$\|\boldsymbol{x}\|_p = \left(\sum_{i=1}^{n}\|x_i\|^p\right)^{\frac{1}{p}}$	$\boldsymbol{x}$ 的 L_p 范数
	$\|\boldsymbol{x}\|_2 = \left(\sum_{i=1}^{n}\|x_i\|^2\right)^{\frac{1}{2}}$	$\boldsymbol{x}$ 的 L_2 范数
	$\sigma(x)$	Sigmoid 函数 $\dfrac{1}{1+\exp(-x)}$
	$\mathcal{L}$	损失函数
	$\max_{D}\|f(D)\|_1$	集合 D 中元素能让函数 f 取得 L_1 范数下的最大值
	$\underset{\theta}{\operatorname{argmax}}\, f(\boldsymbol{x};\theta)$	函数 $f(\boldsymbol{x};\theta)$ 取得最大值时，参数 θ 的值
	$\max f(x)$	函数 $f(x)$ 的最大值
	$\underset{\theta}{\operatorname{argmin}}\, f(\boldsymbol{x};\theta)$	函数 $f(\boldsymbol{x};\theta)$ 取得最小值时，参数 θ 的值
	$\min f(x)$	函数 $f(x)$ 的最小值
概率论与信息	$a \perp b$	随机变量与 b 独立
	$a \perp b \mid c$	随机变量 a 与 b 关于 c 条件独立
	$P(a)$	离散变量概率分布
	$p(a)$	连续变量概率分布
	$a \sim P$	随机变量 a 服从分布 P
	$\mathbb{E}_{x\sim P}\big[f(x)\big]$ 或 $\mathbb{E}\big[f(x)\big]$	$f(x)$ 在分布 $P(x)$ 下的期望

续表

分类	符号	名称
概率论与信息	$\mathrm{Var}(f(x))$	$f(x)$ 在分布 $P(x)$ 下的方差
	$H(f(x))$	随机变量 x 的信息熵
	$D_{\mathrm{KL}}(P \| Q)$	概率分布 P 与 Q 的 KL 散度
	$\mathcal{N}(x;\mu,\Sigma)$	均值为 μ、协方差为 Σ 的高斯分布
	$\mathrm{Cov}(f(x),g(x))$	$f(x)$ 与 $g(x)$ 在分布 $P(x)$ 下的协方差